Jan Lüdtke

Herstellung leichter Holzwerkstoffkomposite

Jan Lüdtke

Herstellung leichter Holzwerkstoffkomposite

Ein Konzept zur kontinuierlichen Herstellung von Schaumkernplatten mit polymerbasiertem Kern und Holzwerkstoffdecklagen

Südwestdeutscher Verlag für Hochschulschriften

Impressum/Imprint (nur für Deutschland/only for Germany)
Bibliografische Information der Deutschen Nationalbibliothek: Die Deutsche Nationalbibliothek verzeichnet diese Publikation in der Deutschen Nationalbibliografie; detaillierte bibliografische Daten sind im Internet über http://dnb.d-nb.de abrufbar.
Alle in diesem Buch genannten Marken und Produktnamen unterliegen warenzeichen-, marken- oder patentrechtlichem Schutz bzw. sind Warenzeichen oder eingetragene Warenzeichen der jeweiligen Inhaber. Die Wiedergabe von Marken, Produktnamen, Gebrauchsnamen, Handelsnamen, Warenbezeichnungen u.s.w. in diesem Werk berechtigt auch ohne besondere Kennzeichnung nicht zu der Annahme, dass solche Namen im Sinne der Warenzeichen- und Markenschutzgesetzgebung als frei zu betrachten wären und daher von jedermann benutzt werden dürften.

Coverbild: www.ingimage.com

Verlag: Südwestdeutscher Verlag für Hochschulschriften GmbH & Co. KG
Heinrich-Böcking-Str. 6-8, 66121 Saarbrücken, Deutschland
Telefon +49 681 37 20 271-1, Telefax +49 681 37 20 271-0
Email: info@svh-verlag.de

Zugl.: Hamburg, Universität Hamburg, Diss., 2011

Herstellung in Deutschland (siehe letzte Seite)
ISBN: 978-3-8381-3323-2

Imprint (only for USA, GB)
Bibliographic information published by the Deutsche Nationalbibliothek: The Deutsche Nationalbibliothek lists this publication in the Deutsche Nationalbibliografie; detailed bibliographic data are available in the Internet at http://dnb.d-nb.de.
Any brand names and product names mentioned in this book are subject to trademark, brand or patent protection and are trademarks or registered trademarks of their respective holders. The use of brand names, product names, common names, trade names, product descriptions etc. even without a particular marking in this works is in no way to be construed to mean that such names may be regarded as unrestricted in respect of trademark and brand protection legislation and could thus be used by anyone.

Cover image: www.ingimage.com

Publisher: Südwestdeutscher Verlag für Hochschulschriften GmbH & Co. KG
Heinrich-Böcking-Str. 6-8, 66121 Saarbrücken, Germany
Phone +49 681 37 20 271-1, Fax +49 681 37 20 271-0
Email: info@svh-verlag.de

Printed in the U.S.A.
Printed in the U.K. by (see last page)
ISBN: 978-3-8381-3323-2

Copyright © 2012 by the author and Südwestdeutscher Verlag für Hochschulschriften GmbH & Co. KG and licensors
All rights reserved. Saarbrücken 2012

INHALT

1	Einführung	7
2	Ressourceneffizienz in der Holzwerkstoffindustrie	11
2.1	Theorie der Ressourceneffizienz	12
2.2	Relative und absolute Ressourceneffizienz	14
2.3	Potentiale für Ressourceneffizienz in der Holzwerkstoffindustrie	17
2.3.1	Einflussfaktor Arbeit	19
2.3.2	Einflussfaktor Rohstoffe	19
2.3.3	Einflussfaktor Energie	21
2.4	Steigerung der Ressourceneffizienz durch Leichtbauwerkstoffe	23
3	Kenntnisstand	25
3.1	Leichtbau	26
3.2	Einordnung des Leichtbaubegriffs	28
3.3	Leichtbauwerkstoffe und Herstellung	29
3.3.1	Strukturauflösung in Werkstoffen	30
3.3.2	Optimierung von Werkstoffen	34
3.3.2.1	Minimum Weight Design	36
3.3.2.2	Steifigkeit von Sandwichwerkstoffen	38
3.3.2.3	Materialauswahl	41
3.3.3	Herstellung von mehrlagigen Werkstoffen	51
3.3.3.1	Diskontinuierliche Herstellung	52
3.3.3.2	Kontinuierliche Herstellung	56
4	Zielsetzung und Forschungskonzept	63
4.1	Anforderungsprofil leichter Holzwerkstoffe	64
4.2	Zielsetzung	67
4.3	Arbeitsablauf	68

4.4	Verwendete Materialien	70
4.4.1	Schaumkernplatten mit gestreuten Mittellagen	70
4.4.1.1	Decklagenmaterial	70
4.4.1.2	Mittellagenmaterial	71
4.4.2	Schaumkernplatten mit papiergebundenem Mittellagenmaterial	76
4.4.2.1	Decklagenmaterial	77
4.4.2.2	Voruntersuchungen zum Mittellagenmaterial	77
4.4.2.3	Mittellagenwerkstoff	79
4.5	Angewandte Herstellungsverfahren	81
4.5.1	Schaumkernplatten mit gestreuten Mittellagen	82
4.5.1.1	Allgemeine Darstellung des Herstellungsprinzips	82
4.5.1.2	Prozessführung	83
4.5.1.3	Probenvorbereitung	88
4.5.2	Schaumkernplatten mit papierbasierten Mittellagen	89
4.5.2.1	Herstellung von papierbasierten Mittellagen	90
4.5.2.2	Herstellung von Schaumkernplatten	91
4.5.3	Herstellung von Schaumkernen	94
4.6	Charakterisierende Untersuchungen der hergestellten Platten	95
4.6.1	Mechanische und physikalische Untersuchungen	95
4.6.1.1	Querzugfestigkeit	97
4.6.1.2	Biegeeigenschaften	97
4.6.1.3	Schraubenauszugwiderstand	99
4.6.1.4	Dickenquellung und Wasseraufnahme	99
4.6.1.5	Brandverhalten	100
4.6.1.6	Dynamische Differenzkalorimetrie	101
4.6.2	Bildanalytische Untersuchungen	102
4.6.2.1	Dichteprofil	103
4.6.2.2	Feldemissions-Rasterelektronenmikroskopie (FESEM)	103
4.7	Versagensanalyse an Schaumkernplatten	104
4.7.1	Mechanik von Sandwichwerkstoffen	105
4.7.2	Theoretische Betrachtung der Versagensarten	109
4.7.3	Decklagenversagen	112
4.7.4	Decklagenknittern	112

4.7.5	Schubversagen des Kerns	113
4.7.6	Failure Mode Maps	114
4.7.7	Ermittlung der relevanten Kennwerte	115
4.7.7.1	Decklageneigenschaften	116
4.7.7.2	Schubverhalten des Schaumkerns	117
4.7.7.3	Druckverhalten des Schaumkerns	118
4.7.7.4	Zugverhalten des Schaumkerns	118
4.8	Ökonomische Analyse der Produktion	119
4.8.1	Wahl des Mittellagenmaterials für die Kostenbetrachtung	120
4.8.2	Methodik	122
4.8.3	Produktdefinition	124
4.8.4	Anlagendefinition	125
4.8.5	Kostenarten	130
4.8.6	Sensitivitätsanalysen	133

5	**Ergebnisse und Diskussion**	**135**
5.1	Herstellungsprozess	135
5.1.1	Platten mit gestreuten Mittellagen	136
5.1.2	Platten mit papierbasierten Mittellagen	140
5.2	Mechanische und physikalische Untersuchungen	145
5.2.1	Querzugfestigkeit	146
5.2.1.1	Platten mit gestreuten Mittellagen	146
5.2.1.2	Platten mit papierbasierten Mittellagen	150
5.2.2	Biegung	153
5.2.3	Schraubenauszugwiderstand	158
5.2.4	Dickenquellung und Wasseraufnahme	162
5.2.5	Brandverhalten	168
5.2.6	Dynamische Differenzkalorimetrie	175
5.3	Versagensanalyse an Schaumkernplatten	178
5.3.1	Experimentell ermittelte Kennwerte	178
5.3.2	Mathematische Versagensanalyse für die Biegebeanspruchung	184
5.3.3	Experimentelle Versagensanalyse	187
5.3.4	Vergleich und Bewertung des Modells	189

5.4	Ökonomische Analyse der Produktion	192
5.4.1	Sensitivitätsanalyse	197
5.4.1.1	Variation des Presszeitfaktors	198
5.4.1.2	Variation der Produktzusammensetzung	200
5.4.2	Kostenbetrachtung der analytisch optimierten Schaumkernplatten	205
5.5	Ressourcenverbrauch	207
6	**Schlussfolgerungen**	**211**
6.1	Verfahrenstechnisches Fazit	211
6.2	Produkttechnisches Fazit	215
7	**Ansätze für zukünftige Forschungen**	**219**

Kurzfassung 223

Abbildungsverzeichnis 225

Tabellenverzeichnis 228

Normenverzeichnis 230

Literatur 231

ABKÜRZUNGEN UND BEGRIFFE

Å	Ångström	[Å, m]
atro	absolut trocken	[-]
b	Breite des Probenkörpers	[mm]
c	Kerndicke	[mm]
C	Konstante der mechanischen Eigenschaft des Schaums	[-]
d	Mittenabstand der Decklagen	[mm]
D	Biegesteifigkeit	[Nmm^{-2}]
DL	Decklage (bei Sandwichplatten)	[-]
DS	Deckschicht (bei Holzwerkstoffen)	[-]
DSC	Differential Scanning Calorimetry	[-]
E	Elastizitätsmodul	[Nmm^{-2}]
F_{max}	Maximalkraft, die zum Versagen der Probe führt	[N]
ft	Fuß (feet), hier: Maßeinheit für die Breite von Holzwerkstoffpressen (1 Fuß = 30,48 cm)	[-]
G_h	Dickenquellung nach Wasserlagerung	[%]
h, h_1, h_2	Dicke des Probenkörpers	[mm]
L_A	Stützweite	[mm]
M	Biegemoment	[Nm]
M_C	Mechanische Eigenschaft des Schaums	[-]
min^{-1}	(Umdrehungen) pro Minute	[-]
ML	Mittellage (bei Sandwichplatten)	[-]
MS	Mittelschicht (bei Holzwerkstoffen)	[-]
t_1, t_2	Decklagendicke	[mm]
T_g	Glasübergangstemperatur	[°C]
u	Holzfeuchtigkeit	[%]
V	Querkraft	[N]
w	Gesamtdurchsenkung	[mm]
w_0	Durchsenkung infolge Biegeverformung	[mm]
w_s	Durchsenkung infolge Schubverformung	[mm]
σ_{3P}	Biegefestigkeit im Dreipunkt-Biegeversuch	[Nmm^{-2}]
τ_c	Schubspannung des Kerns	[Nmm^{-2}]
τ_c^*	Schubfestigkeit des Kerns	[Nmm^{-2}]

Indices

c	Mittellage (*core*)
f	Decklage (*face*)
n	Exponent der mechanischen Eigenschaft des Schaums
s	Schub (*shear*)
w	Knittern (*wrinkle*)
y	Versagen (*yield*)

1 Einführung

Mit der Einführung moderner Holzwerkstoffe, wie der Faserplatte in den 1930er Jahren oder der Spanplatte in den 1960er Jahren, wurde der Einsatz von Vollholz in vielen Bereichen unterstützt, neue Anwendungsgebiete wurden erschlossen und nicht zuletzt wurde die Effizienz der Holzverwendung gesteigert. Insbesondere die Spanplatte entwickelte sich in der Folge zu einem Universalwerkstoff, der ohne wesentliche Adaptionen in vielen Bereichen eingesetzt wurde. In der Diskussion in den 1970er und 1980er Jahren wurde die Zukunft des Werkstoffs in Frage gestellt, da zum einen die Weiterentwicklung der Produkteigenschaften kritisch betrachtet wurde und die Spanplatte sich zum anderen dem Wettbewerb mit MDF und später auch OSB stellen musste, die verstärkt Marktanteile beanspruchten. In dieser Zeit wurden verstärkt Überlegungen angestrengt, die Spanplatte durch Anpassungen der Eigenschaften zu spezialisierten Produkten zu definieren (Deppe, 1977, Deppe, 1978, Deppe, 1980, Kossatz, 1988). Neben den Eigenschaften der Spanplatte traten auch die Verfügbarkeit von Rohstoffen und der Preis für Energie zunehmend in den Vordergrund (Heller, 1980).

In den frühen 1980er Jahren wurde die Senkung der Plattendichte als Feld zukünftiger Forschungen an Spanplatten ausgemacht (Clad, 1982, Walter, 1984). Insbesondere die Weiterentwicklungen in der Prozesstechnik, wie die Optimierung der Zerspanung, die Möglichkeit eines Einsatzes unterschiedlicher Rohstoffsortimente und -kombinationen oder die anwendungstechnischen Eigenschaften der Klebstoffe, haben eine positive Entwicklung in Richtung eines verringerten Materialeinsatzes initiiert. Die aktuelle Tendenz der Rohstoff- und Energiepreisentwicklungen forciert jedoch einen weiteren Handlungs- und Forschungsbedarf im Sinne eines effizienteren Umgangs mit den eingesetzten Ressourcen.

Einführung

Ungeachtet der Tatsache, dass die Forderung nach leichten Holzwerkstoffen primär vom Möbelsektor vorangetrieben wird, ist in diesem Bereich für die Hersteller von Holzwerkstoffen das größte Absatzpotential zu sehen. Innerhalb dieses Sektors ist es in erster Linie der Bereich der Mitnahmemöbel, für den ein Vorteil in der Reduktion der Plattendichte und somit der Verringerung des Eigengewichts gesehen wird. Das Prinzip der Mitnahmemöbel beruht auf der sofortigen Mitnahme der in flachen Paketen abgepackten Ware am Verkaufsort. Das Gewicht einer einzelnen Verpackungseinheit soll dabei das maximale, vom Kunden zu bewältigende Gewicht nicht übersteigen. Große Möbelstücke werden daher auf mehrere Einheiten aufgeteilt, wobei das Volumen in der Regel nicht der begrenzende Faktor ist. Eine Reduktion des Gesamtgewichtes eines Möbelstückes wirkt sich auf die Anzahl der Verpackungseinheiten aus, da eine größere Anzahl Einzelkomponenten in einer Verpackungseinheit zusammengefasst werden können. Die Tendenz geht dabei zu einem maximalen Gewicht von 25 kg pro Verpackungseinheit. Neben diesem Vorteil bedeutet ein reduziertes Eigengewicht zum einen eine erhöhte potentielle Nutzlast der Bauteile, beispielsweise durch Spiegel oder dekorative Elemente. Dazu zählen auch neue Möglichkeiten in den Bereichen der Bauteildimensionen oder Technikintegration, die zusätzliche Freiheiten im Design erlauben. Wird die mögliche Gewichtsgrenze durch die Konstruktion nicht ausgeschöpft, so können zum anderen die Beschläge und Befestigungen derart optimiert werden, dass hierdurch weitere Gewichtsersparnisse und darüber hinaus verringerte Kosten durch verlängerte Wartungsintervalle zu erzielen sind.

Durch das verringerte Gewicht bei identischem Volumen lässt sich die Logistik während Produktion, Transport und Nutzung deutlich verbessern. Da der vorhandene Transportraum durch das hohe Volumengewicht bei konventionellen Spanplatten (ca. 650 kgm^{-3}) nur unvollständig genutzt werden kann, zeigt sich bei Leichtbaumaterialien (ca. 400 kgm^{-3}) eine deutlich optimierte Auslastung. Neben den verminderten Transportkosten sind außerdem verringerte Schäden durch eine vereinfachte Handhabung zu erwarten. Dieser Vorteil zeigt sich auch während der Nutzungsdauer des Produktes. Reduzierte Produktgewichte erhöhen kundenseitig die Ergonomie während der Möbelmontage, woraus eine gesteigerte Kundenzufriedenheit und weniger Reklamationen resultieren. Der Trend zu einer steigenden Mobilität innerhalb der Bevölkerung lässt diesen Vorteil während der Nutzungsdauer unter Umständen mehrfach auftreten.

Pöyry, 2010, identifizierte drei Mega-Trends, denen sich der Holzwerkstoffmarkt in den kommenden Jahren stellen werden muss. Die demographische Entwicklung in den Industrieländern wird sich auf die Nachfrage nach Plattenwerkstoffen auswirken und eine Konzentration der Anbieter nach sich ziehen. Gleichzeitig wird sich die Nachfrage in den Schwellenländern aber in großem Maße verstärken und dadurch einen insgesamt gestiegenen Bedarf hervorrufen. Nach den Rückgängen der Spanplattennachfrage um 3 % in 2008 und um weitere 9 % in 2009, wird global bis 2015 ein jährlicher Zuwachs von 5 % prognostiziert. Dies übertrifft die durchschnittliche jährliche Zunahme des Spanplattenverbrauchs von 0,5 % zwischen 2004 und 2007 (EPF, 2009) in der EU deutlich.

Die Verstädterung als zweiter Mega-Trend wird zu neuen Ballungsräumen führen und die Entfernung zwischen Rohmaterialien, Halbwaren und Märkten vergrößern. Dies bedeutet einen steigenden Transportkostenanteil an den Gesamtkosten der Werkstoffe. Hier kann die erwähnte optimierte Transportlogistik dichtereduzierter Plattenwerkstoffe einen positiven Effekt einbringen. Die innerstädtische Nachverdichtung von Wohnraum bedeutet aufgrund begrenzter Flächenausdehnung ein vertikales Wachstum und eine Steigerung des Einsatzes von Holzwerkstoffen im Innenausbau. Hier können sich im Bereich der Aufstockung von Gebäuden vor allem leichte Werkstoffe etablieren, die die Statik der vorhandenen Gebäudestruktur nur in geringem Maße belastet.

Umweltaspekte können als weiterer Trend die Nutzung von Bioenergie forcieren. Dies führt zu einer verstärkten Nachfrage nach dem Rohstoff Holz, was eine entsprechende Verteuerung nach sich ziehen kann. Die Holzwerkstoffindustrie wird sich zukünftig einer sich verstärkenden Konkurrenzsituation um das vorhandene Holz ausgesetzt sehen.

Der verringerte Rohstoffeinsatz im Werkstoff auf der einen und der verminderte Energieverbrauch während der Produktion und des Transports auf der anderen Seite, erhöhen die Ressourceneffizienz und somit die Wertschöpfung. Die zunehmende Nachfrage nach plattenförmigen Werkstoffen, verbunden mit dem Bedürfnis einer Dichtereduktion dieser Materialien, stellt daher vor dem

EINFÜHRUNG

Hintergrund steigender Kosten für Energie und Rohstoffe eine Motivation für die Entwicklung leichter Werkstoffe dar.

2 Ressourceneffizienz in der Holzwerkstoffindustrie

Ein effizienter Umgang mit Ressourcen gilt heute als etabliertes Vorgehen jeder Produktion, um ökonomische und ökologische Zielvorstellungen und Anforderungen zu erfüllen. Es zeigt sich, dass überdies Steigerungen der Effizienz in vielen Bereichen der Herstellung möglich sind. Diese Potentiale zur Effizienzsteigerung können als Ausgangspunkte für die Einführung verbesserter Techniken, neuer Verfahren oder innovativer Produkte betrachtet werden. Für die Erarbeitung ist ein grundlegendes Verständnis der Umwandlung von Ressourcen zu Produkten während der Fertigung notwendig.

Hierfür werden in diesem Kapitel zunächst die Grundlagen der Ressourceneffizienz im Allgemeinen herausgearbeitet und anschließend in eine Beziehung zur Holzwerkstoffherstellung, insbesondere der Spanplattenproduktion, gebracht.

Im Folgenden sollen die grundlegenden Zusammenhänge aufgezeigt werden, die zur Verbesserung der Ressourceneffizienz genutzt werden können. Eine detaillierte Betrachtung ökonomischer Aspekte, der in dieser Arbeit untersuchten Leichtbauplatten, erfolgt in Kapitel 5.4.

2.1 Theorie der Ressourceneffizienz

Die Entnahme natürlicher Ressourcen bildet die Grundlage für fast alle Produktionsvorgänge. Der Abbau der Ressourcen hat in den letzten hundert Jahren beständig zugenommen. Schon zwischen 1900 und 1920 wurde mehr Energie verbraucht, als im gesamten Zeitraum bis 1900 (Endres und Querner, 2000). Bis zum Jahr 2005 hatte sich der Verbrauch an fossilen Brennstoffen mehr als verzwanzigfacht. Bereits 1931 entwickelte Hotelling Theorien über die Endlichkeit der natürlichen Ressourcen und die Bedeutung für die Wirtschaft. Der Wert einer endlichen Ressource erhöht sich demnach mit steigender Nachfrage bzw. sinkender Verfügbarkeit, so dass eine Gewinnung über einen langen Zeitraum ökonomisch sinnvoller ist, als ein zu schneller Abbau (Hotelling, 1931). In der jüngeren Vergangenheit zeichnete sich das bevorstehende Ende der wirtschaftlich vertretbaren Förderbarkeit erschöpflicher Ressourcen ab, insbesondere der des Energieträgers Öl (Cramer et al., 2009). Infolgedessen steigen die Kosten für Energie, so dass die Bedeutung regenerierbarer Energieträger langfristig zunehmen wird (Lindenberger et al., 2006, Bräuniger et al., 2005). Dieses Prinzip gilt in gleicher Weise für rohstoffliche Ressourcen.

Die Ressourceneffizienz beschreibt, wie wirkungsvoll Eingangsparameter wie Arbeit, Rohstoffe und Energie, zu einem Produkt umgewandelt werden können bzw. wie groß die Verluste bei der Umwandlung sind. Während des Umwandlungsprozesses wirken unterschiedliche Faktoren, die individuell die Eingangsparameter, Arbeit, Rohstoffe und Energie betreffen und entsprechend die Effizienz beeinflussen können (Abbildung 2.1). Im Einzelnen sind dies das Herstellungsverfahren, die bei der Herstellung angewandte Technologie, das Produktdesign und die Reststoffnutzung während der Herstellung. Außerhalb des eigentlichen Herstellprozesses kann eine Nutzungskonkurrenz zu anderen Ressourcen entstehen. Zusätzlich kann durch eine Kaskadennutzung von Produkten Einfluss auf die Effizienz genommen werden. Die Ressourcen sind in unterschiedlicher Art und in unterschiedlichem Umfang an diese Faktoren gekoppelt. Daher tritt nicht jeder Faktor bei der Umwandlung der einzelnen Ressourcen in gleichem Maße auf.

Die erwähnte Endlichkeit von Ressourcen trifft primär auf die Einsatzfaktoren Rohstoffe und Energie zu. Die entstehende Verknappung führt somit indirekt zu einer Kostensteigerung. Eine Bewertung kann somit anhand der endlichen Verfügbarkeit einer Ressource durchgeführt werden und wie der Einsatz optimiert werden kann, um eine langfristige Nutzung zu gewährleisten. Die Betrachtung der Kosten dient als indirektes Hilfsmittel zur Bestimmung und Darstellung des Einsparungspotentials während der erwähnten Stufen des Herstellungsprozesses.

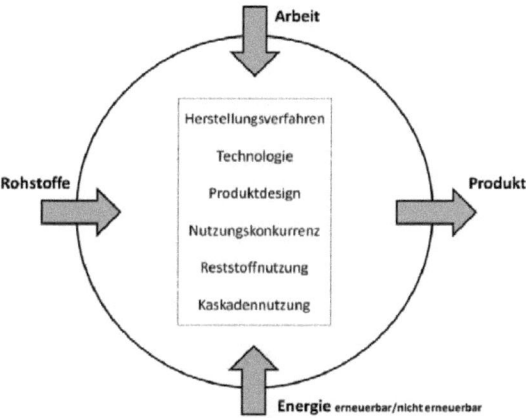

Abbildung 2.1 Umwandlungsprozess von Ressourcen zu Produkten. Die Eingangsgrößen Arbeit, Rohstoffe und Energie unterliegen während der Umwandlung unterschiedlichen Einflussfaktoren, die die Effizienz der Produktion in unterschiedlichem Maße beeinflussen.

Die Holzwerkstoffindustrie ist von einer Steigerung der Energie- und Rohstoffkosten in besonderem Maße betroffen. Bei der Herstellung von Holzwerkstoffen zählen die Spanaufbereitung, die Trocknung, das Pressen und das Schleifen zu den energieintensiven Teilprozessen (Fruehwald et al., 2000). Die Rohstoffkosten für Holz, Leim und Additive machen mit 50 bis 70 % den größten Teil der Ressourcenkosten von Spanplatten, MDF und OSB aus (Janssen, 2001).

Preissteigerungen für Ressourcen entstehen auf dem Markt und können von den Holzwerkstoffherstellern nur bedingt beeinflusst werden. Sie wirken sich direkt auf die Produktionskosten aus. Unter wirtschaftlichen Gesichtspunkten führt eine energie- und rohstoffeffiziente Herstellung zur Erhöhung der Produktivität im Sinne eines Material- und Kosteneinsatzes und kann somit einen Wettbewerbsvorteil bieten.

Das Ziel einer effektiven Ressourcenstrategie muss es daher sein, die Einflussfaktoren zu identifizieren, durch die während der Herstellung die größtmöglichen Effizienzsteigerungen ermöglicht werden können. Eine Optimierung dieser Faktoren kann die Effizienz der Holzwerkstoffproduktion so erhöhen, dass der Nutzen pro Materialeinsatz deutlich vergrößert wird.

2.2 RELATIVE UND ABSOLUTE RESSOURCENEFFIZIENZ

Mit der Entwicklung neuer Technologien und dem Übergang zu modernen rationalisierten und mechanisierten Produktionsmethoden wurde im Laufe der letzten Jahre die globale Ressourceneffizienz gesteigert. Dies führte zu einer stärkeren Entkoppelung des Wirtschaftswachstums vom Ressourcenverbrauch. Zwischen den Jahren 1980 und 2005 wurde allgemein bereits ein Viertel weniger Material für eine äquivalente Wertschöpfung benötigt (Giljum und Behrens, 2005). Während sich die Materialintensität, d.h. der Ressourcenverbrauch pro Einheit Wertschöpfung verringert hat, nahm die Ressourcenextraktion im gleichen Zeitraum weltweit um etwa ein Drittel zu. Es findet also eine relative Entkopplung bei einem gleichzeitig dennoch steigenden Ressourcenverbrauch statt; das Wachstum der Weltwirtschaft kompensiert die Effizienzsteigerungen.

Auch der absolute Ressourcenabbau forstlicher Biomasse zeigt im Vergleich zur Materialintensität einen entsprechenden Verlauf (Abbildung 2.2). Trotzdem die Effizienz des Materialeinsatzes einen positiven Trend zeigt, indem weniger Rohstoffe für eine gleichwertige Wertschöpfung aufgewandt werden müssen, steigt der absolute Ressourcenabbau forstlicher Biomasse signifikant an. Die Ausschläge in den Jahren 1990 und 1999/2000 spiegeln einen kurzzeitigen, extremen Anstieg des Holzaufkommens aufgrund von Sturmereignissen wider. Die in den Jahren 1980 bis 2007 gemachten Effizienzsteigerungen in der

Verarbeitung konnten die Zunahme des Gesamtbedarfs an Biomasse nicht ausgleichen. Mittelfristig lässt sich eine weitere Steigerung des Abbaus an Biomasse prognostizieren, die zu einer Verknappung der Ressource und einer Verteuerung forstlicher Biomasse führen wird. Dies zeigt, dass weitere Effizienzsteigerungen in der Verarbeitung notwendig sind, um die Verwendung der vorhandenen Ressourcen zu optimieren und eine langfristig ausgerichtete Nutzungsstrategie zu etablieren.

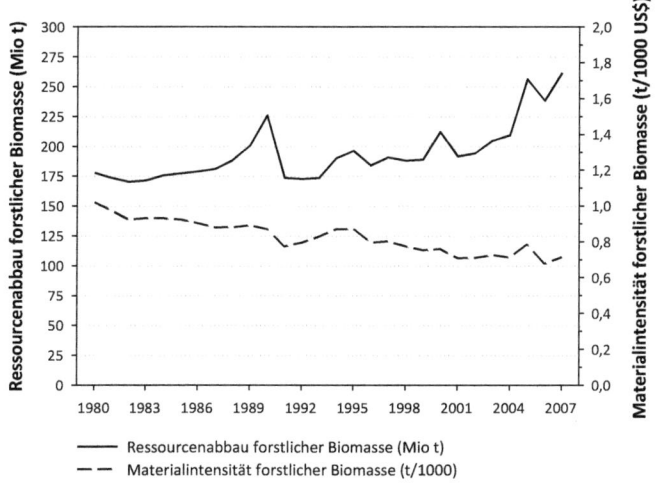

Abbildung 2.2 Gegenüberstellung von absolutem Ressourcenabbau und der Materialintensität forstlicher Biomasse (EU15) (nach SERI, 2010)

Ein ähnlicher Trend zeichnet sich in der Holzwerkstoffindustrie beim Vergleich des produzierten Volumens mit der eingesetzten Energie ab (Abbildung 2.3). Trotz der lediglich indirekten Vergleichbarkeit, ist die gegenläufige Entwicklung deutlich erkennbar. So konnte zwischen 1960 und 2000 der notwendige Einsatz an Primärenergie um 62,4 % verringert werden (Fruehwald, 2002), was eine signifikante Steigerung der Energieeffizienz darstellt. Während die Anteile elektrischer Energie und fossiler Energieträger am Gesamtenergieeinsatz vermindert werden konnten, fand eine leichte Erhöhung des Einsatzes biogener Brennstoffe statt. Dies ist in erster Linie auf die verstärkte Erzeugung thermischer Energie aus Holz in den Werken zurückzuführen. Diese Optimierungen werden auch bei der Betrachtung der Rohstoffeffizienz, dem Mengenverhältnis zwischen eingesetzten Rohstoffen und hergestelltem Produkt, deutlich. Im Jahr 2000 lag die Rohstoffeffizienz bei der Spanplattenherstellung bei etwa 90 % (Fruehwald et al., 2000). Für das Jahr 1984 beschrieb Ressel, 1986, noch eine Ausnutzung des eingesetzten Rohholzes von lediglich 67,5 %. Der verbesserten Materialausnutzung steht indes der Anstieg der Gesamtmenge an verwendetem Rohstoff gegenüber. Im Zeitraum 1960 bis 2000 hat sich das Produktionsvolumen mit einer Steigerung von 2,5 Mio. m³ auf etwa 32 Mio. m³ mehr als verzwölffacht (FAOSTAT, 2011). Dieser Anstieg an hergestelltem Volumen übersteigt die oben erwähnten Einsparungen und führt zu einer absoluten Zunahme der benötigten Rohstoffe, insbesondere des Holzes.

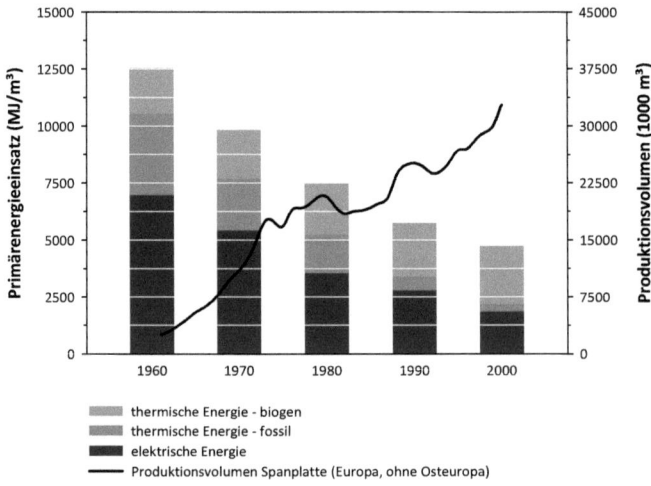

Abbildung 2.3 Energieeffizienzsteigerung in der Holzwerkstoffindustrie gegenüber dem Produktionsvolumen. Änderung des Einsatzes von Primärenergie bei der Herstellung von Spanplatten (nach Fruehwald, 2002) und Spanplattenproduktionsvolumen in Europa von 1960 bis 2000 (FAOSTAT, 2011)

Die im Bereich der Holzwerkstoffherstellung gemachten Effizienzsteigerungen können demnach dem steigenden Produktionsvolumen nicht in einem Maße folgen, dass eine annähernde Kompensation stattfinden würde. Ausgehend von einer gleichbleibenden Verfügbarkeit des Rohstoffes Holz kann insgesamt also von einer Verknappung der Ressource ausgegangen werden. Zusätzlich entwickelt sich eine vermehrte Nachfrage durch eine zunehmende Nutzungskonkurrenz zwischen stofflichem und energetischem Einsatz des Holzes. Die im vorliegenden Kapitel beschriebenen Untersuchungen beschränken sich auf die Betrachtung der Ressourceneffizienz in der Herstellung von Holzwerkstoffen, weil hier das größte Potential zur stofflichen und energetischen Effizienzsteigerung gesehen wird. Eine konsequent ökologische Umsetzung dieser Betrachtung würde neben dem Herstellungsprozess auch Stoffverbräuche während der Nutzungsphase, z. B. für die Wartung und die Emissionen während Herstellung und Nutzung beinhalten. Im Folgenden soll analysiert werden, wie groß das individuelle Potential der Faktoren Rohstoff, Energie und Arbeit in Bezug auf Effizienzsteigerungen in der Holzwerkstoffherstellung ist und wie eine Umsetzung realisiert werden kann.

2.3 POTENTIALE FÜR RESSOURCENEFFIZIENZ IN DER HOLZWERKSTOFFINDUSTRIE

Die fortschreitende Automatisierung in der Holzwerkstoffindustrie hat in den letzten Jahren bereits zu einer Steigerung der relativen Effizienz geführt. Dennoch lassen sich Bereiche identifizieren, in denen sich weitere ressourcensparende Maßnahmen durchführen lassen.

Abbildung 2.4 zeigt beispielhaft die Kostenstruktur der eingesetzten Ressourcen bei der Spanplattenherstellung. Die Herstellungskosten einer Spanplatte setzen sich anteilig aus den Ressourcenkosten für Material, Energie und Personal zusammen. Mit 69 % machen die Materialkosten den größten Anteil der Herstellungskosten aus (Janssen, 2001). Zum Materialeinsatz zählen neben dem Rohstoff Holz auch Leim und Additive. Ein Viertel der Herstellungskosten entsteht für den Energieeinsatz zum Betrieb der Anlagen und durch die Bereitstellung elektrischer und thermischer Energie für Trocknungs- und Heizprozesse. Die Energiekosten haben in der jüngeren Vergangenheit die stärkste Preissteigerung erfahren und sind neben den Materialkosten ein weiterer sehr instabiler Kostenfaktor. Die Personalkosten stellen mit 6 % einen geringen Anteil an den Herstellungskosten dar und hängen vom technologischen Stand der Anlagen ab. Moderne Anlagen führen in der Regel zu einem verringerten Personaleinsatz. Diese Kostenstruktur wurde im Rahmen dieser Arbeit auch durch die eigenen Berechnungen in Kapitel 5.4 bestätigt. Die Abschreibungs- und Wartungskosten werden aus Gründen der Vereinfachung im Zusammenhang mit den Betrachtungen der Ressourceneffizienz nicht betrachtet. Die in Abbildung 2.4 aufsummierten Kosten stellen insgesamt etwa 75 % der Gesamtkosten der Spanplattenherstellung dar.

Die dargestellte Kostenstruktur ist nur bedingt auf die MDF-Herstellung übertragbar. Zum einen ist die Fasererzeugung energieintensiver, so dass die Energiekosten gegenüber der Spanplattenproduktion einen höheren Anteil an den Ressourcenkosten einnehmen (Walter, 1984). Zum anderen sind die für die MDF-Herstellung eingesetzten Holzsortimente teurer, da verfahrensbedingt primär Rundholz eingesetzt wird.

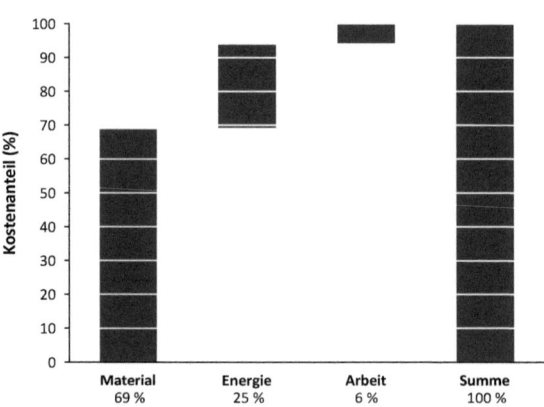

Abbildung 2.4   Kostenstruktur der eingesetzten Ressourcen einer Spanplatte (nach Fruehwald et al., 2000, und Janssen, 2001)

Daher erfolgt die weitere Betrachtung ausschließlich auf der Herstellung von Spanplatten. Im Folgenden werden die in Abbildung 2.1 dargestellten Einflussfaktoren in Bezug zu den Ressourcen gesetzt und ihre Bedeutung für den jeweiligen Ressourcenverbrauch betrachtet. Dadurch wird es möglich, die potentielle Eignung zur Steigerung der Effizienz zu identifizieren.

2.3.1 EINFLUSSFAKTOR ARBEIT

Die in Abbildung 2.4 dargestellte Kostenstruktur (Material, Energie, Arbeit) von Spanplatten zeigt, dass die Lohnkosten mit ca. 6 % in die Ressourcenkosten eingehen. Die Erklärung liegt in erster Linie am hohen Maschineneinsatz der Holzwerkstoffproduktion, so dass sich der Anteil der Personalkosten an den gesamten Ressourcenkosten auf einem geringen Niveau befindet. Die Personalkosten stellen einen im Vergleich geringen Kostenfaktor dar und lassen somit lediglich ein geringes Potential zur Effizienzsteigerung erwarten.

Die **Technologie der Herstellung** ist abgestimmt auf das Produktdesign, die eingesetzten Rohstoffe und das gewünschte Outputvolumen. Durch den hohen Grad der Automatisierung in der Holzwerkstoffindustrie ist der Personaleinsatz gering. Daher kann die Effizienz bei unverändertem Produktdesign durch weitere Mechanisierungen und technologische Innovationen kaum gesteigert werden. Entsprechend den Untersuchungen von Deppe, 2005, bieten Optimierungen im Personalbereich in der hochautomatisierten Fertigung von Spanplatte demzufolge kein nennenswertes Potential für eine Gesamteffizienzsteigerung der Produktion.

2.3.2 EINFLUSSFAKTOR ROHSTOFFE

Die Rohstoffkosten stellen in der Kostenstruktur der Spanplatte den bedeutendsten Kostenfaktor dar. Die Kosten für Holz, Leim und Additive machen einen Anteil von mehr als zwei Dritteln an den Ressourcenkosten des Produktes aus (Abbildung 2.4). Vom Hersteller kaum beeinflussbare Preisentwicklungen der einzelnen Rohstoffe schlagen sich somit direkt im spezifischen Materialkostenanteil nieder. Zwar birgt beispielsweise die Nutzung günstigerer

Holzsortimente ein gewisses Einsparpotential, eine zunehmende Verknappung - und somit weitere Verteuerung - der Ressource steht dieser Möglichkeit jedoch zunehmend entgegen. So berichten Mantau et al., 2010, von einer potentiellen Versorgungslücke zwischen 2015 und 2030, die sich vermutlich auch durch eine deutlich verstärkte Holzmobilisierung nicht decken lassen wird. Die Annahme basiert auf einer Zunahme der Energieeffizienz von 20 % und einem Biomasseeinsatz zur Energieerzeugung von 40 %. Während sich der derzeitige energetische Einsatz forstlicher Biomasse in den EU27-Staaten von ca. 350 Mio. m³ (2010) mit prognostizierten 750 Mio. m³ in 2030 mehr als verdoppelt, wird der Einsatz von Holz als Rohstoff für eine stoffliche Nutzung von derzeit ca. 450 Mio. m³ auf ca. 620 Mio. m³ (2030) um 35 % steigen. Damit würde zum einen der Energiesektor einen höheren Bedarf an forstlicher Biomasse verlangen als der stoffliche Sektor, zum anderen würde ersterer allein die potentielle Holzmobilisierung von 680 Mio. m³ in 2030 übersteigen. Die Rohstoffnutzung der europäischen Spanplattenindustrie beläuft sich dabei auf knapp 20 Mio. t (atro), wovon Rundholz 30 %, industrielle Nebenprodukte 47 % und Recyclingholz 23 % ausmachen (EPF, 2011).

Zudem bestimmt insbesondere das Produktdesign die grundsätzlich eingesetzten Anteile der Rohstoffe. Eine Erhöhung der Funktionsdichte, also ein verringerter Materialeinsatz pro Nutzeneinheit, führt bei vergleichbaren Eigenschaften zu einer Verminderung des Rohstoffverbrauchs und somit zu einer verbesserten Ressourceneffizienz. Die Erhöhung der Ressourceneffizienz aufgrund von Materialeinsparungen durch Produktanpassungen und Optimierungen der Technologie bieten somit das größte Potential und können als wichtigste Parameter gelten.

In der Regel geht es bei der Optimierung der **Technologie der Herstellung** um Verbesserungen innerbetrieblicher Abläufe und Prozesstechnologien, wie Vermeidung von Abfällen und Emissionen oder die Verringerung von Prozessschwankungen durch verbesserte Technologien. Da das Produkt selbst und somit der maßgebliche Teil des Rohstoffeinsatzes davon weitgehend unberührt bleiben, können diese Produktionsoptimierungen zu moderaten Effizienzsteigerungen führen (Bierter, 2003). Schleifstäube und Fehlschüttmaterial werden bereits heute, sofern nicht energetisch genutzt, wieder in den Prozess eingespeist. Optimierungen in den Bereichen der Spanaufbereitung, der Beleimung, der Energierückgewinnung oder der Prozessüberwachung und -steuerung bieten zwar ein ausgeprägtes Potential für Effizienzsteigerungen, beschränken sich aber auf die Optimierung der Herstellung des konventionellen Plattenwerkstoffes.

Eine Änderung des **Produktdesigns,** durch Re-Design oder Neu-Design, wirkt sich direkt auf die Materialzusammensetzung, den Materialmengeneinsatz und somit auf die Höhe und Zusammensetzung der Einzelkosten aus. Insbesondere das Neu-Design von Produkten bietet die Möglichkeit den Nutzen pro Einheit, z.B. Einheit Festigkeit pro Einheit Gewicht, zu erhöhen. Hier können bereits bei der Gestaltung von Werkstoffen anwendungsorientierte Materialverteilungen erdacht werden, die zu einer Optimierung der statischen Eigenschaften führen. Im Gegensatz zur Herstellungsoptimierung können beim Neu-Design bisher eingesetzte Werkstoffe durch effektivere Alternativen substituiert und die strukturelle Bauweise des Produktes verändert werden. Einen Ansatz stellt die Auflösung des monolithischen Aufbaus des Werkstoffes zu Gunsten einer optimierten mehrlagigen Struktur dar, welche neben reduziertem Gewicht und einer verbesserten spezifischen Festigkeit die Option auf Technikintegration im Material bietet. So können optimal angepasste Werkstoffe für individuelle Anwendungen konstruiert werden. Im Idealfall ist eine Änderung des Produktdesigns eine Gemeinschaftsaufgabe von Konstruktions-, Werkstoff- und Fertigungstechnik (Reuscher et al., 2008).

2.3.3 EINFLUSSFAKTOR ENERGIE

Die Energiekosten stellen mit einem Anteil von 25 % einen großen Faktor der Ressourcenkosten dar. Als wesentliche Energieverbraucher in der Spanplattenproduktion sind die Trocknung (64 %), die Pressen- und Schleifsektion (20 %) und die Spanerzeugung (5 %) zu identifizieren (Fruehwald et al., 2000). Grundsätzlich kann dem Bereich Energie ein großes Potential für Effizienzsteigerungen zugesprochen werden.

Das in der Holzwerkstoffindustrie eingesetzte Holz kann zum einen als Rohstoff und zum anderen als Energieträger eingesetzt werden. Schleifstäube, Besäumungsreste und Fehlschüttmaterial werden dabei entweder wieder in den Prozess eingespeist oder, neben Rinden- und Abfallholzanteilen, welche für die Plattenherstellung nur bedingt geeignet sind, als Brennstoff zur Energiegewinnung genutzt. So kann über die **Reststoffnutzung** der größte Teil der Prozessenergie im Werk erzeugt werden. Dieses Vorgehen hat sich bei vielen Holzwerkstoffherstellern bereits etabliert und bietet daher nur begrenztes Potential für weitere Effizienzsteigerungen.

Trotz kontrovers diskutierter zukünftiger Förderraten fossiler Energieträger (Hubbert, 1949, Maugeri, 2004, Charpentier, 2005, Campbell, 2005) steht fest, dass der Bedarf an Energie- und Rohstoffressourcen und der Aufwand für Exploration und Förderung mittel- bis langfristig steigen werden (Cramer et al., 2009). Die prognostizierten Förderverläufe zeigen Ölfördermaxima, die sog. Peak Oil, zwischen 2007 und 2030. Mit Erreichen dieser Maxima nimmt die geförderte Menge Rohöl ab und der Energieverbrauch wird sich zunehmend auf andere Primärenergieträger verlagern. Die Bedeutung von Holz als alternativem und regenerierbarem Energieträger wird somit steigen. Die entstehende **Nutzungskonkurrenz** für unterschiedliche Verwendungen des Rohstoffes Holz wird zukünftig einen noch deutlicheren Einfluss auf die Holzpreise und die Verfügbarkeit ausüben. Die deutsche Holzwerkstoffindustrie nutzt pro Jahr etwa 20 Mio. m³ Holz zur Herstellung von Spanplatten, MDF und OSB. Ein Großteil der Rohstoffe wird in Form von Industrieholz oder Industrierestholz oder Sägenebenprodukten bezogen. Es bestehen klassische stoffliche Nutzungskonkurrenzen zur Papier- und Zellstoffindustrie. Seit Einführung des Erneuerbare-Energien-Gesetzes (EEG) im Jahre 2000 und den damit verbundenen Förderungen und Einspeisevergütungen steigt die Nutzung von Biomassekraftwerken stark an. Entsprechend verstärkt sich einerseits die, in der holzverarbeitenden Industrie bereits zuvor praktizierte, Verwertung von biogenen Reststoffen, andererseits findet aber auch eine steigende, zusätzliche Erzeugung von Nutzpflanzen statt. Damit tritt die Energiegewinnung aus Holz zunehmend in eine stoffliche und energetische Nutzungskonkurrenz zu den traditionellen Holzverarbeitern. In 2009 wurden in Deutschland 1,6 Mio. Tonnen Pellets, bei einer Gesamtkapazität von 2,5 Mio. Tonnen, produziert (DEPV, 2010). Das bedeutet, dass sich die Nutzungskonkurrenz, insbesondere vor dem

Hintergrund einer steigenden Anzahl an Biomassekraftwerken und biomassebasierten Hausfeueranlagen, in Zukunft weiter verschärfen wird. Demzufolge werden sich die Rohstoffkosten für die Holzwerkstoffhersteller aufgrund gestiegener Nachfrage weiter erhöhen und der Einzugsbereich, der zur Rohstoffversorgung genutzt wird, wird sich stark vergrößern müssen. Mittelfristig wird dabei die Nachfrage das Angebot überschreiten. Zwischen 2015 und 2030 wird erwartet, dass die potentielle Holznachfrage das potentielle Aufkommen übersteigt (Mantau, 2010). In der Konsequenz wird über die Verbindung der Energie- und Materialsektoren diskutiert. Dieser Ansatz sieht vor, durch eine - eventuell mehrfache - stoffliche Nutzung und eine anschließende energetische Verwertung der Ressource Holz, denselben Rohstoff wiederholt zu nutzen. Eine solche **Kaskadennutzung** steigert die Material- und Flächeneffizienz und die Wertschöpfung der Ressource. Holzwerkstoffe, insbesondere Spanplatten, können eine wichtige Rolle in einer Kaskadennutzung einnehmen, denn sie eignen sich bereits heute für den Einsatz von Gebrauchtholz als Rohstoff. Die Holzwerkstoffindustrie wird sich zukünftig einem veränderten Rohstoffangebot ausgesetzt sehen und sich auf die Nutzung entsprechender Sortimente vorbereiten müssen. Der Einsatz von designoptimierten Holzwerkstoffen hat das Potential, sowohl strukturell bedingt Rohstoffe einzusparen, als auch Element einer multiplen stofflichen Nutzung der Ressource Holz zu sein.

2.4 STEIGERUNG DER RESSOURCENEFFIZIENZ DURCH LEICHTBAUWERKSTOFFE

Die Betrachtung der Wirkungen individueller Einflussfaktoren auf eine Steigerung der Ressourceneffizienz in der Holzwerkstoffindustrie zeigt potentielle Optimierungsansätze auf. Die Ausführungen zeigen, dass die Ressource Material den größten Kostenfaktor darstellt und gleichzeitig das größte Potential für Effizienzsteigerungen bietet. Wie oben diskutiert, wird Holz zunehmend auch als Energieträger genutzt. Die Kosten für diesen Energieträger sind an den

Rohstoffpreis für Holz gekoppelt, welcher infolge der Nutzungskonkurrenz steigt. Einsparungen im Bereich des Energieverbrauchs können einen bedeutenden Beitrag zur Verbesserung der Energieeffizienz leisten.

Das mögliche Potential der Ressourceneinsparung, das durch ein Neudesign eines Produktes erzielt werden kann, kann die Effizienzsteigerungen durch die Optimierung der Anlagentechnik übertreffen. Das Ziel muss daher ein grundlegend neuer Ansatz sein, der mit dem Ziel eines "*Design for resource efficiency*" bereits in einer frühen Phase der Produktentwicklung beginnt. Ein leichter Werkstoff beinhaltet im Sinne dieser Betrachtung sowohl Vorteile in Bezug auf Rohstoff- als auch auf Energieeffizienzsteigerungen. Zum einen reduziert der verringerte Verbrauch an Rohstoffen die Menge des zu bearbeitenden Materials und senkt dadurch die Auslastung von Anlagenteilen, wie beispielsweise der energieintensiven Spänetrocknung. Zum anderen bedingt die verringerte Menge an Material im Formstrang der Plattenherstellung, dass weniger thermische Energie zur Erhitzung notwendig ist. Darüber hinaus können Kosten für Wartung, Instandhaltung und somit auch Personalkosten reduziert werden. Gleichzeitig muss die Struktur des Produktes optimiert werden, damit vergleichbare mechanische und physikalische Eigenschaften, wie die des zu substituierenden Werkstoffes erreicht werden können. Die Erfüllung der erforderlichen technischen Eigenschaften gilt als obligatorisches Kriterium.

Die Verbindung beider Ansätze führt zu einem Werkstoff mit mehrlagiger Struktur im Sinne eines Sandwichwerkstoffes. Hier werden die Ansätze von Materialreduktion in einem optimierten Aufbau umgesetzt, so dass Rohstoff- und Energieeffizienzsteigerungen in idealer Weise verbunden werden können. Die Ermittlung des Ressourcenverbrauchs pro produziertem Kubikmeter Schaumkernplatte wird in der Analyse dem Ressourcenverbrauch der Spanplattenproduktion gegenübergestellt. Hierdurch kann der Einsatz von Material und Energie anhand der realen Verbrauchsmengen betrachtet und bewertet werden. Darüber hinaus müssen neben der Darstellung des Energieeinsatzes in der Produktion des Werkstoffes die entsprechenden Vorketten einbezogen werden. Dies geschieht durch die Darstellung der Differenzen der Primärenergieverbräuche aus fossilen Ressourcen zwischen Spanplatten und Leichtbauplatten. Dadurch kann auf Basis eines vergleichenden Parameters eine Betrachtung des gesamten Herstellungsprozesses erstellt werden.

3 KENNTNISSTAND

Der in diesem Kapitel vorgestellte Kenntnisstand stellt die Entwicklung der Disziplin Leichtbau im Allgemeinen und die Umsetzungen in unterschiedliche Kompositwerkstofftypen im Speziellen dar. Die ursprüngliche Entwicklung des Leichtbaus im Bauwesen ging aus dem allgemeinen Streben nach Tragwerken mit großen Spannweiten und der Einsparung kostenintensiver Rohstoffe hervor. Ab der zweiten Hälfte des 20. Jahrhunderts passte sich die Entwicklung der theoretischen Optimierungsansätze zur Berechnung und Auslegung von Konstruktionen den spezifizierten Einsatzanforderungen an. Insbesondere die Verbindung unterschiedlicher Materialien in einem mehrlagigen Werkstoff stellte hohe Ansprüche an die analytischen und später numerischen Optimierungstheorien. Infolgedessen konnten Kompositwerkstoffe auf spezifische Einsatzzwecke hin ausgelegt und die konstruktiven Lösungen differenziert werden, indem der Einsatz von Materialien in Kern und Decklagen optimiert wurde. Das in diesem Kapitel beschriebene Prinzip der Strukturauflösung muss als Grundlage für diese Entwicklung, gleichzeitig aber auch als bestehende Leitlinie für gegenwärtige Entwicklungen, gesehen werden.

Die Herstellung von mehrlagigen Verbundwerkstoffen stellt in vielen Fällen eine Herausforderung an Materialwissenschaften und Fertigungstechnik dar. Wurden ursprünglich gleiche Materialien zur Eigenschaftsverbesserung miteinander verbunden, wie beispielsweise in mehrschichtigen Holzplatten, so werden die Kombinationen immer extremer und erfordern innovative Ansätze zur Herstellung.

Vor dem Hintergrund dieser unterschiedlichen Ausprägungen von Leichtbauwerkstoffen werden Materialien und Herstellungsweisen dargestellt und ihre Anwendbarkeit mit Fokus auf den Bereich der Holzwerkstoffe beleuchtet.

3.1 Leichtbau

Der Leichtbau als eigenständiger Zweig in der Wissenschaft existiert nicht. Vielmehr ist Leichtbau interdisziplinär geprägt von den Einflüssen der Materialwissenschaften, der Bemessung von Konstruktionen (Statik und Dynamik), der Verfahrenstechnik und nicht zuletzt der Ökonomie.

Bereits für das Jahr 1820 wird dem Franzosen Duleau die erstmalige Darstellung eines Sandwichwerkstoffes zugeschrieben, der aus zwei durch einen leichten Kern auf Abstand gehaltenen Decklagen besteht (Zenkert, 1997). Die theoretischen Grundlagen des Leichtbaus gehen mindestens auf Fairbairn, 1849, Maxwell und Niven, 1890, und Michell, 1904, zurück. Sie erkannten, dass die Verteilung der Kräftepfade innerhalb belasteter Körper Regionen stärker und schwächer ausgeprägter Spannungen erzeugt. Da spannungsarme Bereiche keinen oder einen lediglich geringen Beitrag zur statischen Festigkeit leisten, kann die Materialsubstanz an diesen Stellen verringert werden. Neben der statischen Optimierung kann die Reduktion bzw. Substitution des Materials durch günstigere Werkstoffe und eine effizientere Funktion des Bauteils gleichzeitig zu ökonomischen Vorteilen führen.

Eine Umsetzung des Leichtbauprinzips in größerem Stil wurde zuerst in der Luftfahrt betrieben. Da sich Massereduktionen in diesem Bereich in besonderem Maße auf die Kosten während der Nutzungsphase auswirken, stehen die Mehrkosten für aufwändigere Konstruktionen in der Regel nicht im Vordergrund. Durch diese Insensitivität konnten Lösungen entwickelt werden, die die grundlegenden Impulse für Leichtbauwerkstoffe und -konstruktionen geschaffen haben.

In der jüngeren Vergangenheit haben, über die Luftfahrtindustrie hinaus, weitere Wirtschaftszweige begonnen sich für leichte Werkstoffe zu interessieren. So forcierte die Möbelindustrie die Entwicklung leichter plattenförmiger Holzwerkstoffe, als Reaktion auf den stark wachsenden Markt der Mitnahmemöbel, wobei eine Gewichtsreduktion einerseits positive Aspekte für den Kunden bedeutet, andererseits eine optimierte Kostenstruktur für den Hersteller.

KENNTNISSTAND

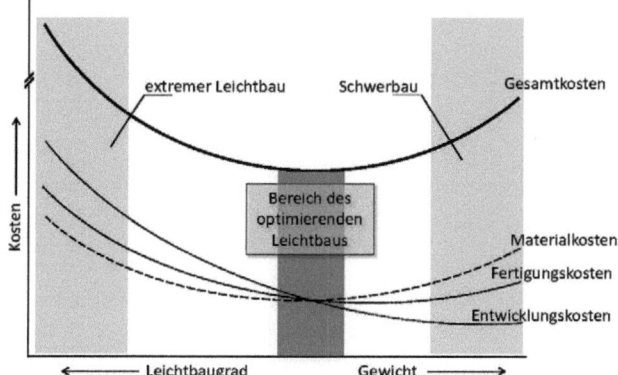

Abbildung 3.1   Gewicht-Kosten-Relation von Leichtbaumaterialien. Der Leichtbaugrad hat einen Einfluss auf Entwicklungs-, Material- und Fertigungskosten. Am Tiefpunkt der Gesamtkostenkurve bildet sich der Bereich des optimierenden Leichtbaus heraus (nach Klein, 2007).

Ein anderer Nachfragerkreis für leichte Werkstoffe, die Bauindustrie, bildet sich aus der innerstädtischen Nachverdichtung aufgrund einer zunehmenden Verstädterung. Leichte Werkstoffe und Bauteile sind hier bei der Aufstockung von bestehenden Gebäuden aus statischer Sicht in vielen Fällen notwendig und werden aufgrund der begrenzten Flächenausdehnung zukünftig weiter an Bedeutung gewinnen.

Der Entwicklung neuer Leichtbaumaterialien sind jedoch Grenzen gesetzt. Eine Beschränkung der Gewichtsreduktion in Richtung extremer Leichtbauformen entsteht typischerweise durch die Abnahme der mechanischen Eigenschaften und durch die steigenden Kosten für Entwicklung, Materialien und Herstellung (Klein, 2007). In der Regel führt der Einsatz eines leichten Werkstoffes nicht *per se* zu einer Kostensenkung (Abbildung 3.1). Erst wenn beim sogenannten optimierten Leichtbau eine vernünftige Relation von Kosten und Nutzen durch Einsparungen von Ressourcen bei der Herstellung und während des Lebenszyklus erreicht wurde, können die Effizienzsteigerungen die höheren Kosten kompensieren.

3.2 EINORDNUNG DES LEICHTBAUBEGRIFFS

Aufgrund seiner Interdisziplinarität kann der Begriff Leichtbau nur unzureichend einem Grundsatz zugeordnet werden. Er wird vielmehr als Philosophie verstanden, Gewicht aus unterschiedlichen Gründen zu verringern. Bei genauerer Betrachtung kann Leichtbau über die Zielmodellierung einer funktionalen, ökonomischen oder ökologischen Dimension definiert werden (Wiedemann, 2007):

(1) (Funktionale Dimension) Die Umsetzung einer geforderten Funktion in eine Konstruktion kann erst durch eine Reduktion der Masse möglich werden. Die Verringerung des Gewichtes ist hierbei die entscheidende Voraussetzung für die Realisierung eines leichten Systems. Da das Ziel auf der Ausführbarkeit liegt, treten Kostenkriterien in vielen Fällen in den Hintergrund.

(2) (Ökonomische Dimension) Über Materialeinsparungen am Produkt, verbesserte verfahrenstechnische Abläufe oder eine Optimierung der Bauteilstruktur lassen sich unmittelbar Kosten und Gewicht reduzieren. Diese auf ökonomischen Prinzipien basierende Dimension des Leichtbaus lässt sich beispielsweise durch Holzwerkstoffe mit leichten Kernmaterialien oder röhrenförmigen Hohlräumen erreichen.

(3) (Ökologische Dimension) In der Regel erhöhen Gewichtseinsparungen am Werkstoff die Nutzlast oder senken die Energiekosten während des Transports bzw. der Bewegung des Bauteils. Diese indirekten Effizienzsteigerungen besitzen sowohl eine ökonomische als auch eine ökologische Dimension. Die Vorteile rechtfertigen die in vielen Fällen gestiegenen Produktionskosten.

Der Bezug zu Holzwerkstoffen blieb in der Literatur lange unbeachtet, da eine Gewichtsreduktion von Spanplatten, in den 1950er und 1960er Jahren nicht den Fokus der Forschung darstellte. Vielmehr war eine Erhöhung der mittleren Plattendichte von 570 kgm^{-3} (1955) auf 720 kgm^{-3} (1972) zu verzeichnen (Clad, 1982). Nicht unerwähnt bleiben soll in diesem Zusammenhang, dass Himmelheber in seinen Patentschriften bereits 1956 die Herstellung von Spanplatten mit einer Dichte von 400 kgm^{-3} mit Hilfe gasbildender Schaumsysteme beschrieb (Himmelheber et al., 1956, Himmelheber et al., 1958). Diese Bestrebungen wurden aber bis in die späten 1960er Jahre nicht weiter vorangetrieben. Parallel dazu entwickelte Otto Kreibaum im Jahre 1956 ein Strangpressverfahren für Spanplatten für spezielle Anwendungen mit Dichten von bis zu 300 kgm^{-3} (Kreibaum, 1956). Die Hintergründe dieser Entwicklung sind aber in erster Linie in verfahrenstechnischer Hinsicht zu sehen, da das Flachpressverfahren zu dieser Zeit noch nicht ausgereift war (Soiné, 1988).

Erst Deppe, 1968, und Gfeller, 1973, befassten sich mit der Herstellung und den Eigenschaften von leichten flachgepressten Spanplatten (360…650 kgm^{-3}) unter Verwendung von Polyurethan. Myers, 1976, dokumentierte Herstellung und Eigenschaften leichter Holzwerkstoffplatten mit Phenolschäumen mit Dichten von 210…260 kgm^{-3}.

Durch die stärkere Fokussierung auf leichte Werkstoffe wurde eine Definition notwendig, die eine Charakterisierung von dichteverringerten Holzwerkstoffen zulässt. Zur Abgrenzung der holzwerkstoffbasierten Leichtbaumaterialien gegenüber konventionellen Holzwerkstoffen hat sich im Laufe der letzten Jahre eine Dichte von etwa 500 kgm^{-3} als Grenze etabliert. Die im Rahmen dieser Arbeit hergestellten und untersuchten Platten sind demnach als Leichtbauwerkstoffe zu klassifizieren.

3.3 LEICHTBAUWERKSTOFFE UND HERSTELLUNG

Die Entwicklung von Leichtbaustrukturen aus der Ermittlung von Kraftpfaden und der resultierenden gezielten Entfernung von unbelasteten Elementen und Bereichen führte zur Bildung verschiedener Ausprägungen leichter Werkstoffe. In diesem Kapitel werden die Gestaltungsgrundlagen und Ansätze zur Berechnung und Optimierung von mehrlagigen Kompositwerkstoffen vorgestellt, da diese in der Literatur einen großen Stellenwert einnehmen. Gleichzeitig sind sie von maßgeblicher Bedeutung für das Design von Sandwichwerkstoffen, die auf spezifische Anforderungen ausgerichtet sind.

Die Materialwahl richtet sich in erster Linie nach dem Einsatzzweck des Produktes. Es ergeben sich verschiedene Möglichkeiten, die Dichte im Sinne einer Gewichtsreduktion zu optimieren. Neben dem Einsatz weniger dichter Rohstoffe bzw. einer geringeren Verdichtung des Materials kann eine Substitution durch geeignete Alternativen erfolgen. Der einfachste Ansatz beinhaltet die Einbringung luftgefüllter Hohlräume in die Plattenmitte.

Zur Befriedigung bestimmter Anforderungen werden aber auch andere geeignete Substitute eingesetzt, meist zellulare Materialien unterschiedlicher Form und Dichte. Es erfolgt in diesem Kapitel keine explizite Vorstellung der praktisch infiniten Anzahl unterschiedlicher Materialkombinationen, sondern eine grundlegende Unterscheidung und Darstellung.

Die präsentierten Fertigungsmethoden bilden den aktuellen Stand der Herstellung mehrlagiger Kompositwerkstoffe ab. Den Schwerpunkt dieser Arbeit bildet der Einsatz eines kontinuierlich anwendbaren Prozesses. Die ausführliche Vorstellung des im Rahmen der Untersuchungen angewandten Verfahrens findet in einem späteren Kapitel (siehe 4.5.1.1) statt. Die Beschreibungen beziehen sich in erster Linie auf Sandwichwerkstoffe. Durch die Nähe zu einschichtigen Kompositwerkstoffen kann und soll eine Überschneidung in relevanten Bereichen nicht vermieden werden.

3.3.1 Strukturauflösung in Werkstoffen

Nach den wegbereitenden Gedanken von Maxwell und Niven, 1890, und Michell, 1904, entwickelte eine Vielzahl von Autoren Ansätze zur Gestaltoptimierung von Werkstoffen und Konstruktionen. Ausgelöst durch die wachsende Dimensionierung von Tragwerken stand dabei in der Regel die Reduktion des Gewichtes unter Beibehaltung der statischen Eigenschaften im Vordergrund.

Die ersten wissenschaftlichen Arbeiten auf diesem Gebiet befassten sich zunächst mit der grundsätzlichen Erarbeitung der Kraftpfade innerhalb von Bauteilen zur Optimierung der dreidimensionalen Struktur. Später verlagerte sich der Fokus auf die Berechnung der Eigenschaften solcher optimierter Werkstoffe, da die komplexer werdenden Anwendungen größere Ansprüche an die Vorhersage der Deformationen stellten. Die Mitte des 20. Jahrhunderts war dann geprägt von Arbeiten zur Optimierung von Strukturen. Frühzeitig wurde dabei erkannt, dass die maximale Effizienz einer Struktur erreicht wird, wenn unter Einwirkung einer gegebenen Last alle Versagensarten, wie lokale Gestaltänderungen der Struktur oder Materialversagen, zur gleichen Zeit eintreten. Diese Philosophie des optimalen Designs bildet die Grundlage für die in der Folge durchgeführten Optimierungen der Struktur.

Zahorski, 1944, beschrieb als einer der Ersten den Einfluss der Materialverteilung innerhalb plattenförmiger Werkstoffe. Er entwickelt Konzepte, welche anhand von Ladungsindices und Effizienzfaktoren die Analyse der Struktureffizienz ermöglichen.

Erst einige Jahre später erfolgte die Übertragung dieser Konzepte auf die Statik von Holzwerkstoffen. Keylwerth, 1958, entwickelte die Theorie zum Beplankungseffekt von Spanplatten, in der er die Mehrschichtigkeit als Grundlage der mechanischen Eigenschaften beschrieb. Er untersuchte gesondert die Festigkeiten der Deck- und Mittelschichten. Entsprechend bezog er nicht nur die individuellen Zug-, Druck-, Biege- und Schubfestigkeiten, sondern auch das Verhältnis der Eigenschaften zwischen den einzelnen Schichten auf die mechanischen Eigenschaften des Gesamtsystems. Aus den berechneten Korrelationen leitete er den Beplankungseffekt ab, der, je ausgeprägter vorhanden, die Biegesteifigkeiten der Platte deutlich erhöht. Ausgeprägte Deckschichten erhöhen zudem die Schubsteifigkeiten der Platten senkrecht zur Plattenebene, während die Mittelschicht verantwortlich für die Schubsteifigkeit parallel zur Plattenebene ist.

Während Keylwerth, 1958, sich auf die Betrachtung von Holzwerkstoffen beschränkte, band Plath, 1972, auch Komposit-Holzwerkstoffe in seine Berechnungen ein. Er griff die Beschreibung des Beplankungseffektes auf und entwickelte nicht nur Berechnungen für Spanplatten, die mit Kunststoffen oder Metallen beschichtet sind, sondern auch für aufgeschäumte Kunststoffe, die eine Holzwerkstoffdeckschicht besitzen. In beiden Fällen muss der Elastizitätsmodul der Deckschicht um ein Vielfaches höher sein als der der Trägerplatte, um eine signifikante Erhöhung der Festigkeiten gegenüber unbeschichteten Platten zu erzielen. Daher bieten sich als Beplankungen von Spanplatten nach seinen Untersuchungen nur GFK-Lagen oder dünne Metallbleche an. Dieses

Modulverhältnis wird grundsätzlich auch dann erzielt, wenn ein Schaumkern zwischen zwei Spanplattendecklagen eingesetzt wird. Der Schubmodul von Schäumen erlaubt jedoch nicht grundsätzlich den Einsatz in statisch belasteten Anwendungen, da Querkräfte bei Schäumen mit geringem Schubmodul nur unzureichend aufgenommen werden können.

Ebenso wie Plath, 1972, schrieben Geimer et al., 1975, den Deckschichten in Holzwerkstoffen eine übergeordnete Bedeutung im Hinblick auf die Plattensteifigkeit zu. In Ihren Versuchen war durch den graduellen Übergang von den Decklagen zum Kern keine diskrete Dreischichtigkeit der Platten wie bei Plath, 1972, gegeben. Daher erweiterten sie ihre Berechnungen auf einen n-lagigen Werkstoff, deren n Lagen sie aufgrund individueller Dicke und Elastizitätsmodul charakterisierten. Die Berechnung der Gesamtbiegesteifigkeit führte zu einer guten Übereinstimmung mit den Messergebnissen. Auch wenn die Autoren Ansätze zur Berechnung von Verbundwerkstoffen lieferten, gingen sie nicht umfassend auf das Bruchverhalten und die Analyse von Sandwichwerkstoffen ein, obwohl zuvor bereits Hoff et al., 1945, Kuenzi, 1959, und insbesondere Plantema, 1966, und Allen, 1969, später auch Stamm und Witte, 1974, die Grundlagen detailliert dargestellt hatten. Auf ihren elementaren Ausführungen zur Mechanik von Sandwichwerkstoffen beruhen fast alle nachfolgenden Arbeiten. Dabei behandelten sie ähnlich detailliert die unterschiedlichen Aufbauten und Belastungsfälle von Sandwichwerkstoffen und leiteten daraus die sog. Sandwichtheorie ab. Diese ist als Erweiterung der klassischen Balkentheorie in der Lage, Aussagen und Berechnungen zum Verhalten von mehrlagigen und mehrkomponentigen Werkstoffen zu treffen. Die Darstellungen der Sandwichtheorie und der Berechnungen zum Versagen von Sandwichbauteilen werden unter 4.7.1 und 4.7.2 detailliert aufgegriffen und im Kontext vertieft. Das Design von mehrlagigen Kompositwerkstoffen setzt ein grundlegendes Verständnis des Aufbaus und des Zusammenwirkens der Einzelelemente voraus. Mangelhafte Vorhersagen zur Versagenswahrscheinlichkeit führen einerseits durch zu große Sicherheitsaufschläge zu einer Überdimensionierung von Bauteilen, andererseits durch zu große Unsicherheiten zu einer zu geringen Nutzung von prinzipiell vorteilhaften Sandwichwerkstoffen. Die Modellierung von Kompositwerkstoffen rückt daher seit Mitte der 1980er Jahre in den Fokus der Forschung. In der Literatur findet sich eine Vielzahl theoreti-

KENNTNISSTAND

scher, teils sehr komplexer, Ansätze zur Versagensvorhersage von Kompositwerkstoffen. Bislang hat sich jedoch keine universale Theorie in der Wissenschaft durchsetzen können. Zum einen beruhen die Ansätze auf unterschiedlichen Kriterien, durch die das Eintreten des Versagens definiert wird. Zum anderen fehlt oftmals das Vertrauen in die Modellierung, so dass die Dimensionierung von Bauteilen in der Praxis bevorzugt auf empirischen Versuchen an Prototypen beruht.

In diesem Zusammenhang muss das zwischen 1994 und 2004 durchgeführte World-Wide Failure Exercise (WWFE) Erwähnung finden, da hier alle anerkannten Theorien zur Versagensmodellierung gemeinsam dargestellt werden. Ziel eines zufriedenstellenden Versagensmodells muss es demnach sein, aufgrund von verlässlichen Daten validierbare Ergebnisse zu produzieren. Nach Hinton und Soden, 1998, existierte ein solches Modell nicht. Ziel dieses außerordentlich umfassenden Projektes war es, die weltweit angewandten Theorien zur Versagensvorhersage von mehrschichtigen Laminatbauteilen im Biegeversuch objektiv zu evaluieren. Die Teilnehmer waren aufgefordert, einen Lösungsansatz für eine allen gemeinsame Aufgabenstellung zu präsentieren (Hinton und Soden, 1998, Hinton et al., 2002, Hinton et al., 2004a, Hinton et al., 2004b, Schulte, 2004, Soden et al., 2004, Kaddour et al., 2004). Insgesamt wurden innerhalb des in drei Phasen unterteilten Projektes 19 theoretische Berechnungsansätze eingereicht. Diese wurden zunächst einander gegenübergestellt und dann zur qualitativen Beurteilung mit experimentell ermittelten Daten verglichen. Grundsätzlich unterschieden sich die Ansätze in der Ausgangsebene: Während die Mehrzahl der beteiligten Autoren die Einzellagen des Werkstoffes als Grundlage annahm und die Eigenschaften aufgrund isolierter Untersuchungen als Basis für das Laminat einsetzte (Meso-Ebene), nutzten einige Autoren die Kenntnisse über Fasern und Matrixmaterial zur Modellierung der Lagen (Mikro-Ebene). Der Vorteil der letztgenannten Methode liegt in der universelleren Anwendbarkeit, da Berechnungen vor der Herstellung von Laminaten durchgeführt werden können. Allerdings ergab sich aus dieser Exaktheit kein Vorteil für diese Variante. Die Autoren stellten fest, dass die Mehrzahl der angewandten Modelle gute Vorhersagen lieferten, insbesondere die Berechnungen von Puck und Schürmann, 2002, Zinoviev et al., 1998, und Liu und Tsai, 1998. Das WWFE beschränkte sich in seiner Ausrichtung auf die rein analytische Modellierung von Festigkeiten ebener Kompositwerkstoffe; eine Einbeziehung von äußeren Einflüssen auf die Struktur oder eine Finite Elemente-Analyse fand nicht statt.

In mechanischer Hinsicht kann die Einleitung von konzentrierten Kräften zu lokaler Intrusion oder Biegeversagen der Decklage führen (siehe hierzu auch Kapitel 4.7.2), da der Kern in der Regel weich gegenüber Querkrafteinflüssen ist und die Decklagen geringe Biegesteifigkeiten aufweisen. Lokale Kernversteifungen, wie Holz- oder Polymereinlagen, erhöhen zwar punktuell die Druckfestigkeit und ermöglichen die Ausbildung von Krafteinleitungspunkten, begünstigen durch die unterschiedlichen elastischen Eigenschaften gegenüber dem Kernwerkstoff aber Spannungskonzentrationen an den Materialübergängen. Nygaard et al., 2005, stellten ein Konzept einer Sandwichplatte vor, bei der die Einlagen einen horizontal graduiert ausgebildeten Übergang zum Kernmaterial besitzen. Sie beschrieben ein dadurch deutlich verbessertes Verhalten gegenüber Punktlasten. Während bei Ihnen die Formgebung noch über Rapid-Prototyping[1] erzielt wurde, ist eine horizontale Dichteverteilung eines kontinuierlichen Holzwerkstoffprozesses durch eine Variation des Flächengewichtes während der Mattenstreuung denkbar.

3.3.2 Optimierung von Werkstoffen

Nach der Entwicklung der Berechnungsgrundlagen für mehrlagige Werkstoffe bildeten sich Ansätze zur Optimierung von Werkstoffen und Bauteilen heraus. Dabei zeigten sich zwei grundsätzliche Ebenen, auf denen eine Effizienzsteigerung erarbeitet wurde.

Eine **Optimierung der äußeren Gestalt** von Bauteilen soll eine verbesserte Ausnutzung des Materials bei erhöhter Formsteifigkeit erbringen. Dadurch wird nicht nur der Materialeinsatz reduziert, sondern gleichzeitig auch eine Verringerung des Gewichtes ermöglicht. Diese Ebene wird im Rahmen dieser Arbeit

---

[1] Über einen schichtweisen Materialauftrag wird aus einer CAD-Vorlage eine dreidimensionale Struktur, meist zur Erstellung von Musterbauteilen, erzeugt.

nicht weiter verfolgt, da die Zielsetzung einen plattenförmigen Werkstoff herzustellen und die Ausprägung der Gestalt bereits definiert sind. Es soll hier lediglich auf die Arbeit von Ding, 1986, verwiesen werden, der eine umfassende Übersicht verschiedener Methoden zur Gestaltoptimierung gab. Seine Arbeit fasst verschiedene Ansätze zur Optimierung von Bauteilen aus homogenen Materialien zusammen.

Als weitere Ebene gilt die **Optimierung der inneren Struktur** von Werkstoffen, die in der Regel nicht nur einen hohen Anspruch an die Berechnungsgrundlagen stellt, sondern auch den ökonomisch größten Nutzen bietet.

Diesen Ansatz verfolgten unter anderem Bendsøe, 1989, sowie Xie und Steven, 1993, die die Werkstoffstruktur durch das qualitative Bewerten von finiten Strukturelementen auflösten. Den Strukturelementen wurde aufgrund der auf sie wirkenden Kraft eine Dichte zugeschrieben, welche dieses Element durch Diskretisierung als existent bzw. nicht existent erscheinen ließ. Die sich daraus ergebende Auflösung einiger innerer Strukturelemente führte in vielen Fällen zu einem fachwerkähnlichen Aufbau.

Burgueño et al., 2005, untersuchten den Einfluss unterschiedlicher Designs zellularer Werkstoffaufbauten auf die Effizienz der Struktur. Als Probenmaterial nutzten sie dabei naturfaserverstärkte Polymerwerkstoffe. Ihr Ansatz bestand darin, verschiedene hierarchische Anordnungen zellularer Hohlräume in Balken- und Plattenwerkstoffe einzubringen. Die ermittelten spezifischen Eigenschaftswerte erreichten das Niveau vergleichbarer Bauteile aus Beton ohne Hohlräume. Sie zeigten damit, dass der strukturelle Aufbau von Bauteilen gegenüber der Festigkeit des Materials einen bedeutenden Einfluss besitzt.

Obwohl die Berechnungen der inneren Spannungen zu Bauteilstrukturen mit einem idealen Verhältnis von Masse zu Festigkeit führen, bedeutet die Komplexität der Form in der Regel eine enorm aufwändige und damit teure Herstellung. In der Praxis werden derartige Bauteile zwar nur im Funktionsleichtbau eingesetzt, sie zeigen jedoch, dass eine gezielte Massereduktion die Festigkeit nicht herabsetzt und die Effizienz der Struktur deutlich verbessern kann.

Als Konsequenz einer optimalen Ausbildung der inneren Struktur findet sich in der Literatur in den letzten Jahren eine steigende Anzahl an Arbeiten, die eine gezielte Verbesserung spezifischer Eigenschaften anstrebten. Im Vordergrund der Untersuchungen standen hierbei vor allem das Gewicht, die Steifigkeit und die Versagensarten des Materials unter Belastung, die in den folgenden Abschnitten vorgestellt werden. Die zunehmende Anzahl der Arbeiten zu diesen Themen deutet auf die wachsende Bedeutung von Sandwichwerkstoffen im Allgemeinen und auf eine steigende Bedeutung der Effizienzsteigerung durch Optimierung der Werkstoffstruktur im Speziellen hin.

3.3.2.1 Minimum Weight Design

Mit der Entwicklung neuer Fertigungsverfahren und dem steigenden Bedarf an leichten Materialien in der Mitte des 20. Jahrhunderts finden sich in der Literatur vermehrt Arbeiten zur Gewichtsoptimierung von Sandwichbauteilen. Durch den mehrlagigen Kompositaufbau steht den Herstellern und Entwicklern bis heute ein großes Potential an Materialkombinationen und –aufbauten zur Verfügung. Dabei erfolgt die Optimierung in der Regel durch eine Zielbedingung zu deren Zweck das Gewicht optimiert werden soll. In der Regel handelt es sich hierbei um Biege- oder Scherfestigkeiten oder maximal zulässige Durchsenkungen unter Belastung.

Gerard, 1956, beschrieb als einer der ersten Autoren die mathematischen Ansätze einer Gewichtsoptimierung und bezog auch Sandwichmaterialien in seine Betrachtungen ein. Kaechele et al., 1957, gehörten zu den ersten, die die Gewichtsoptimierung beim Design von Sandwichstrukturen in den Vordergrund stellten. Sie entwickelten eine Methode, um den Aufbau von Sandwichplatten mit Wabenkernen bei gegebener Last, Breite und bekanntem Spannungs-Dehnungs-Verhältnis der Decklagen unter einachsiger Belastung zu optimieren.

Bei Kuenzi, 1970, finden sich theoretische Berechnungen, in denen das Gewicht eines Sandwichaufbaus mit homogenem Kernmaterial bei Belastungsfällen parallel und senkrecht zur Oberfläche minimiert wurde. Da er in seiner Darstellung keine Spannungsbegrenzungen berücksichtigte, konnte in seinen Berechnungen eine zu starke Gewichtsreduktion ein Versagen der Decklagen oder des Kerns zur Folge haben, wenn die zulässige Maximalspannung überschritten wurde.

Huang und Alspaugh, 1974, erkannten diese Einschränkung und führten in ihrer Arbeit Spannungsbegrenzungen ein. Sie optimierten das Gewicht durch Änderungen der Deck- und Mittellagendicken unter der Vorgabe maximaler

Spannungen. Ergänzend ist die Arbeit von Ueng und Liu, 1988, zu nennen, die ein ähnliches Problem an einer Wabenkernplatte mit hexagonalen Trapezoidwaben behandelten. In beiden Fällen führte die Komplexität der Bedingungen zu einem numerischen Lösungsansatz.

Im Zusammenhang mit der Optimierung der Mittellagendichte zur Minimierung des Gewichtes muss die Arbeit von Gibson, 1984, berücksichtigt werden. Insbesondere basierend auf den Erkenntnissen von Gibson und Ashby, 1982, wurde der Zusammenhang zwischen der Schaumdichte und den mechanischen Schaumeigenschaften berücksichtigt. Die von Gibson, 1984, erarbeiteten Grundlagen ermöglichten es neben den Dimensionen der Einzellagen auch die Dichte des Schaumkerns in die analytischen Berechnungen einzubinden. Insbesondere korrelierten die Elastizitäts- und Schubmodule spröder Schäume mit dem Quadrat der relativen Dichte und die Festigkeiten mit der relativen Dichte erhoben zur 3/2-ten Potenz. Gibson, 1984, optimierte das Gewicht bei gegebener Steifigkeit und ihr Ansatz bildete die Basis für eine Vielzahl folgender wissenschaftlicher Arbeiten. So griffen unter anderem Demsetz und Gibson, 1987, Triantafillou und Gibson, 1987b, und Fleck und Sridhar, 2002, ihren Ansatz auf und verifizierten ihn anhand unterschiedlicher Materialkombinationen und Zieldefinitionen.

Die Mehrzahl der wissenschaftlichen Arbeiten befasste sich mit einem oder nur wenigen Parametern, die als Zielvorgabe zur Optimierung dienten. Sharma und Raghupathy, 2008, stellten einen ganzheitlichen Ansatz vor, der ebenfalls vorwiegend auf den Darstellungen von Gibson und Ashby, 1982, und Gibson, 1984, beruhte. Dieser beschränkte sich nicht mehr nur auf die Festigkeit von Schaumkernplatten. Vielmehr bezogen die Autoren auch die während der Nutzung zu erwartende Belastung anhand der Versagensarten und die maximal zulässige Durchbiegung des Bauteils ein. In ihren Algorithmus integrierten sie darüber hinaus noch die maximale Verringerung des Bauteilgewichts gegenüber einem monolithischen Material. Der Vorteil dieses universellen Lösungsansatzes ist, dass außer der Vorgabe von Bauteilbreite und -länge, Belastung und Durchbiegung, die Wahl der übrigen Parameter, wie Decklagenmaterial und -dicke, Mittellagendichte und -dicke nicht von vornherein eingeschränkt ist.

3.3.2.2 Steifigkeit von Sandwichwerkstoffen

Mit der Evolution der Sandwichtheorien und Optimierungsmöglichkeiten entwickelte sich eine steigende Verwendung in komplexer werdenden Anwendungen. Das Konzept der Sandwichbauweise, erhöhte Steifigkeiten bei vermindertem Gewicht zu erzeugen, setzte sich nach der Mitte des 20. Jahrhunderts verstärkt durch. Unter anderem stellte die wachsende Luftfahrtindustrie eine treibende Kraft für Innovationen und die Akzeptanz von Sandwichstrukturen dar (Steeves und Fleck, 2004a).

Froud, 1980, berichtete über Potentiale zur Eigenschaftsoptimierung von Sandwichkonstruktionen. Er begründete damit die Untersuchungen zur Steifigkeit von Sandwichwerkstoffen, die in den folgenden Jahren an Bedeutung gewannen. Er zeigte an theoretischen Berechnungen, wie ein Sandwichbauteil nach Festigkeits- bzw. Steifigkeitskriterien optimiert werden kann. Seine grundsätzlichen Überlegungen wurden in der Folgezeit von anderen Autoren aufgegriffen. Murthy et al., 2006, übertrugen seine Ansätze auf Wabenplatten mit Glasfaser-/Epoxy-Decklagen und Aramidfaser-Wabenkern. Sie stellten die maßgeblichen Gleichungen für die Kriterien auf, indem sie die optimalen Gewichtsverhältnisse ableiteten. Die so errechneten Werte wurden mit experimentell im Vierpunktbiegeversuch ermittelten Ergebnissen verglichen. Die Autoren beschrieben eine gute Übereinstimmung mit den analytisch abgeleiteten Optima.

Bei Kemmochi und Uemura, 1980, finden sich Untersuchungen über die innere Spannungsverteilung beim Biegeversuch. Die Autoren untersuchten verschiedene Materialkombinationen unter Anwendung der Multilayer-Theorie nach Sun, 1971, welche unterschiedliche Materialien in die Betrachtung einbezieht. Beim Einsatz eines relativ weichen Kernmaterials ergibt sich ein großer Unterschied zwischen den Elastizitätsmodulen E_f bzw. E_c der Deck- bzw. Mittellage, dem Verhältnis $k=E_f/E_c$. Infolgedessen kommt es unter einer Biegebelastung durch den schubweichen Kern zu einer relativen Positionsveränderung zwischen der oberen und unteren Decklage. Die durchgeführten Prüfungen zeigten gute Übereinstimmungen mit den Berechnungen bei E-Modulverhältnissen von $k>120$.

Auch Gibson, 1984, maß der Schubsteifigkeit des Kerns einen großen Einfluss in Bezug auf die Gesamtbiegesteifigkeit des Sandwiches bei. Die Gesamtbiegesteifigkeit ergibt sich aus der reinen Biegesteifigkeit und der Schubsteifigkeit. Während der Einfluss der Schubsteifigkeit bei isotropen Werkstoffen vernachlässigbar ist, kann er hier infolge des relativ schubweichen Kernmaterials nicht unberücksichtigt bleiben. Ergänzend zog sie die wegweisende Arbeit von Gibson und Ashby, 1982, hinzu, denen es erstmals gelungen war, eine Beziehung zwischen der Dichte und dem Schubmodul des Schaumkerns herzustellen. Dadurch gelang es Gibson, 1984, parallel zur Optimierung der Steifigkeit der Gesamtplatte das Gewicht durch eine Anpassung der Schaumdichte zu minimieren. Ihre ausführlichen analytischen Berechnungen der optimalen Kerndichte bzw. Kern- und Decklagendicken zeigten eine gute Übereinstimmung mit den experimentell durchgeführten Messungen. Ergänzend dazu führte auch Nast, 1997, Versuche mit zweidimensionalen Wabenstrukturen durch und fand eine sehr gute Korrelation zwischen experimentellen und den nach Gibson et al., 1982, berechneten Ergebnissen.

In ihrer Arbeit über das Design von Kompositwerkstoffen entwickelten Ashby und Bréchet, 2003, eine systematische Methode zur Evaluierung von Materialkombinationen in ein- und mehrlagigen Kompositwerkstoffen im Hinblick auf die Optimierung einer spezifischen Eigenschaft. Sie definierten die Gestaltungsgrundlage als:

Material A + Material B + Form + Dimension

Die Auswahl der beiden Komponenten A und B zielte in erster Linie auf reine Kompositwerkstoffe und leitete sich aus Materialauswahltabellen ab, nach denen die Qualität einer Eigenschaftskombination beurteilt werden kann. Die Autoren erlaubten hierbei explizit die Möglichkeit, dass eines der beiden Materialien ein Gas oder ein freier Raum innerhalb eines leichten Werkstoffes ist. Für die Beurteilung einer Form, die den ein- oder mehrlagigen Aufbau eines Werkstoffes beschreibt, entwickelten die Autoren sogenannte Formfaktoren. Hierdurch wird die Qualität einer Form in Bezug auf Steifigkeit oder Festigkeit, die strukturelle Effizienz, durch das Verhältnis zu einem Referenzwerkstoff dargestellt. Sie verglichen ein homogen aufgebautes Kompositmaterial mit einem mehrlagig aufgebauten Werkstoff gleicher Gesamtdichte und Materialwahl. Auch wenn die idealisierte Berechnung Scherbeanspruchungen ausnahm und die Kerndichte optimierte, ergab sich eine dreifach erhöhte Biegesteifigkeit des Sandwichaufbaus. Ihre Untersuchungen schrieben dem Aufbau einer Platte als Sandwich eine "*ultimate efficiency*", also die optimale Kombination von Material und Form, zu.

Mit der Dimensionierung eines Werkstoffes ändert sich in besonderem Maße seine Charakteristik. Die Dimensionsabhängigkeit der mechanischen Eigenschaften beruht insbesondere auf der Zusammensetzung des Werkstoffes aus unterschiedlichen Komponenten. Die kontinuumsmechanischen Gesetzmäßigkeiten gelten auf Submikron-Ebene nicht mehr und gehen in diskrete Übergänge über, wodurch die Eigenschaften stark beeinflusst werden. Ashby und Bréchet, 2003, beschränkten sich in ihrer Arbeit auf die ersten drei Faktoren (Material A, Material B und Form) und vertieften die Dimensionsabhängigkeit mit Hinweis auf fortgeschritten entwickelte und zukünftige Fertigungsverfahren nicht weiter.

Steeves und Fleck, 2004b, erarbeiteten auf Grundlage dieser Steifigkeitsbetrachtungen eine Prozedur zur Optimierung des Gewichts durch systematische Anpassung der relativen Deck- und Mittellagendicken bei gegebener Materialkombination und Belastungsart. Nach Modellierung der wahrscheinlichen Versagensart fand eine Minimierung der relativen Dicken unter verschiedenen Belastungen statt. Die Wiederholung für unterschiedliche Materialkombinationen resultierte in einer Übersichtskarte, nach der Optima für variierende Belastungen gewählt werden können.

Johnson und Sims, 1986, wählten einen vereinfachten Ansatz zur gleichzeitigen Optimierung der mechanischen Eigenschaften und des Gewichts für den Einsatz in Anwendungen mit einem geringen Grad an Komplexität. Sie wendeten eine getrennte Betrachtung von Materialauswahl und strukturellem Design an. Während das Materialdesign auf den Eigenschaften der verwendeten Materialien und dem Festigkeitsverhältnis Decklage-Kern beruhte, folgte die Ermittlung des optimalen Designs den konventionellen Berechnungsmethoden der Sandwichtheorie.

Während sich in der Literatur überwiegend Arbeiten zu Sandwichstrukturen mit Schaumkern finden, gaben Carlsson et al., 2001, einen umfassenden Überblick zur Steifigkeitsberechnung von Sandwiches mit ein- oder mehrlagigen Wellpappekernen. Ihre Arbeit fasste Biege-, Scher- und Torsionsversuche zusammen und zeigte die Berechnungsgrundlagen für verschiedene Ausbildungen der Wellenform.

In einer der wenigen Arbeiten, die sich mit holzwerkstoffbasierten Sandwichelementen befasst, beschrieben Kawasaki et al., 2006, ausführlich den Optimierungsprozess für Sandwichisolationselemente. Die Steifigkeit ist für den Einsatz als tragendes Bauteil von elementarer Bedeutung. Anhand von leichten Faserplatten, die mit Sperrholzdecks bzw. MDF beplankt sind, ermittelten sie im Vierpunktbiegeversuch die optimalen Dicken von Deck- und Mittellagen. Die Herstellung der Platten erfolgte in einem halbkontinuierlichen Dampfinjektionsverfahren durch Verkleben der vorgefertigten Decklagen mit den beleimten Mittellagenfasern. Ihre Untersuchungen stützten sich in erster Linie auf die Arbeiten von Gibson und Ashby, 1997, und Allen, 1969, die sie auf Holzwerkstoffe übertrugen. Sie stellten fest, dass holzwerkstoffbasierte Sandwichmaterialien, insbesondere in Kombination mit Sperrholzdecklagen, sowohl den strukturellen als auch isolatorischen Anforderungen genügen können.

3.3.2.3 Materialauswahl

Die in diesem Kapitel vorgenommene Beschreibung soll einen Überblick über vorrangig verwendete Materialien und deren Formen in der Sandwichbauweise aufzeigen. Die Darstellung wird nach Kriterien der Relevanz im Sinne dieser Arbeit gegliedert und eingegrenzt, da die umfassende Abbildung der verfügbaren Materialien den Rahmen überschreiten würde.

Die Beschreibung der Decklagenmaterialien wird insofern eingegrenzt, als in erster Linie per Definition die Grenzen festgelegt werden, innerhalb derer die Materialwahl erfolgen kann. Weiterhin wurde eine Fokussierung in der Beschreibung der Mittellagenmaterialien vorgenommen. Zwar liegt der Schwerpunkt auf der Anwendung zellularer Materialien, jedoch werden im Rahmen der Materialbeschreibung leichte metallische und anorganische Kernmaterialien, wie beispielsweise Stein- und Glaswolle bzw. Glas- und Metallschäume von der Betrachtung ausgenommen, da sie nicht der Ausrichtung dieser Arbeit entsprechen.

Das technische Ziel einer mehrkomponentigen Materialzusammensetzung muss es immer sein, eine Verbesserung der Eigenschaften gegenüber den monolithischen Ausgangsmaterialien zu erzeugen oder bei gleichbleibenden Eigenschaften Material einzusparen. Durch den Einsatz und die gezielte Kombination unterschiedlicher Werkstoffe lassen sich Eigenschaften erreichen, die durch den alleinigen Einsatz eines Materials nicht möglich wären. Ausführliche Überlegungen zur gezielten Materialwahl finden sich in der Arbeit von Ashby, 1993. Er entwickelte die Gedanken der Effizienzsteigerung durch die Kombination von Materialien weiter, indem er die Ansätze zu Effizienzindices von Werkstoffen, Übersichtskarten zur Materialwahl und Grenzen der maximal und minimal möglichen Eigenschaften kombinierte. Dadurch wurde es möglich, eine sinnvolle Materialkombination gezielt aus den Eigenschaften abzuleiten und die Eigenschaften des aus der Kombination entstehenden Kompositmaterials zu prognostizieren.

Das Wissen um die Steigerungen der Werkstoffeffizienz durch eine gezielte Kombination von Materialien und die in Kapitel 3.3.2.2 erwähnte strukturelle Überlegenheit von Sandwichaufbauten, resultiert konsequenterweise in einem Komposit-Sandwichaufbau. Daher wird im Folgenden der Fokus auf die im modernen Sandwichbau eingesetzten Materialien gelegt. Die Einteilung folgt primär werkstofflichen Kriterien. Eine explizite Beschreibung der verfahrenstechnischen Merkmale und Möglichkeiten erfolgt in diesem Zusammenhang lediglich, wenn ein bedeutender Einfluss auf die Fertigung oder die Bearbeitbarkeit besteht.

Decklagenmaterial

Allen, 1969, definiert, dass *"nahezu jedes strukturelle Material, das in dünnlagiger Form erhältlich ist, als Deckmaterial in Sandwichplatten eingesetzt werden kann"* und stellt damit ein allgemeines Kriterium für die Decklagenwahl auf.

In Anlehnung an Zenkert, 1995, lassen sich die Kriterien für ein geeignetes Decklagenmaterial nach praktischen Gesichtspunkten auf Materialien eingrenzen, die

- eine hohe Eigensteifigkeit besitzen und damit eine große Biegesteifigkeit der Platte erzeugen,
- durch eine große Festigkeit in Druck- und Zugrichtung, ebenfalls zur Erfüllung der Anforderungen eines biegesteifen Werkstoffes beitragen,

- eine angemessene Widerstandsfähigkeit gegen punktuelle dynamische Belastungen besitzen, damit ein Eindrücken der Oberfläche in den Kern verhindert wird,
- über eine gute Oberflächenbeschichtbarkeit verfügen,
- resistent gegen Umwelteinflüsse, wie Hitze, UV-Strahlung, Chemikalien etc. sind und
- eine allgemein große Widerstandsfähigkeit gegen Abnutzung aufweisen.

Zur Anwendung in Sandwichdecklagen kommen profilierte oder unprofilierte Metallbleche, beispielsweise aus Aluminium, Stahl oder Titanlegierungen. Kunststoffe formen als Matrixwerkstoffe in Verbindung mit Glas- oder Kohlenstofffasern faserverstärkte Decklagen, die sich in einer Vielzahl von Möglichkeiten kombinieren und herstellen lassen. Holz ist von Natur aus ein anisotroper Kompositwerkstoff, dessen unidirektionale Ausrichtung in der Regel für den Einsatz als Decklage durch die Herstellung dünner Sperrhölzer und anderer Holzwerkstoffe ausgeglichen wird.

Die Auswahl der Decklagenmaterialien erfolgt demnach primär nach verfahrenstechnischen Merkmalen und dem geforderten Eigenschaftsprofil.

Mittellagenmaterial

Den Mittellagen- oder Kernmaterialien kommt die Aufgabe zu, einen definierten Abstand zwischen den Decklagen aufrecht zu erhalten. Davies, 2001, und Zenkert, 1997, geben eine umfassende Übersicht zu Kriterien und möglicher Materialwahl. Durch den großen Volumenanteil wirkt sich die Dichte des Kernmaterials in besonderem Maße auf die Gesamtdichte des Werkstoffes aus. Das vorrangige Kriterium bei der Wahl eines Mittellagenmaterials sieht demnach vor, dass dem Gesamtwerkstoff nur wenig Masse hinzugefügt wird. Aus mechanischer Sicht ergeben sich Anforderungen an die Querkraftaufnahme und die Schubfestigkeit. Eine ausreichende Querkraftaufnahme verhindert ein Eindringen der Decklage in den Kern unter äußerer Krafteinleitung und somit die Dickenreduktion des Werkstoffs. Der verringerte Querschnitt würde zu einer Abnahme der Biegesteifigkeit führen. Da innerhalb des Kerns in der Hauptsache Schubspannungen herrschen, die zum Versagen des Bauteils führen können, muss das Kernmaterial außerdem eine ausreichende Schubfestigkeit aufweisen. Beim Einsatz von *in situ*-geschäumten Kernen muss darüber hinaus eine hinreichende Verklebung gewährleistet sein. Zusätzliche Kriterien, wie thermische oder akustische Isolation und Beständigkeit gegen klimatische Änderungen, wie Feuchtigkeit oder Temperatur hängen in ihrer Relevanz stark vom Einsatzzweck des Werkstoffes ab. Sie lassen sich nicht als grundsätzliche Anforderung abbilden und können teilweise einen Widerspruch zueinander darstellen.

Entsprechend der individuellen Kriterien werden Kerne in gewellter Form, als Wabe oder als homogener oder multikomponentiger Schaum eingesetzt. In den meisten Formvarianten entstehen dabei zellulare Formen, die sich aufgrund ihrer Zellform und -größe unterscheiden. Eine zellulare Struktur von Werkstoffen ist in der Regel durch das Vorhandensein von Hohlräumen geprägt und kann als eine aus zwei Phasen bestehende Gas-Feststoff-Matrix beschrieben werden (Branner, 1995).

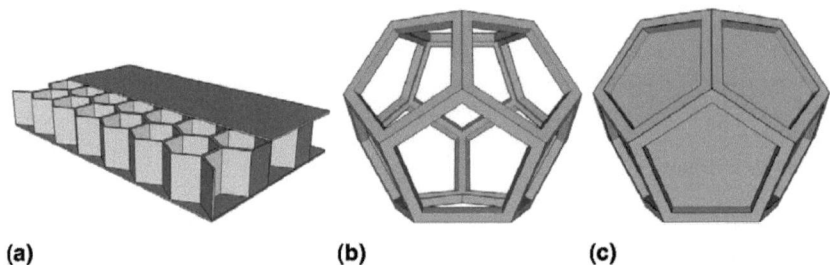

(a) (b) (c)

Abbildung 3.2 Formen des Aufbaus von Zellstrukturen. (a) Zweidimensionale hexagonale Zellstruktur als Mittellage eines Sandwichwerkstoffes, (b) offenzelliges und (b) geschlossenzelliges Pentagon-Dodekaeder als Grundbausteine eines dreidimensionalen Schaumgefüges

Nach Gibson und Ashby, 1997, lassen sich drei grundsätzliche Formen des zellularen Aufbaus unterscheiden. Die einfachste Struktur besteht in einer zweidimensionalen Anordnung aus Polygonen als wabenförmiger Aufbau (Abbildung 3.2a). Diese Anordnung besitzt in der Regel zweiseitig offene Zellen, die in einem Sandwichwerkstoff entweder von den Decklagen abgeschlossen werden oder in Plattenebene liegende tubusförmige Zellen bilden. Erweitert sich diese Struktur auf einen dreidimensionalen Aufbau, in dem die Zellen allseitig miteinander verbunden sind, wird das Gefüge als Schaum bezeichnet. Die

Zellen verfügen über gemeinsame Zellkanten, die primär die Festigkeit beeinflussen. Durch die Verbindung der Zellen über die offenen Zellwände stehen die Zelllumina miteinander in Kontakt und formen einen sog. offenzelligen Schaum. Sind die Öffnungen zwischen den Zellkanten ausgefüllt, so dass benachbarte Zellen eine gemeinsame Wand besitzen, findet kein Austausch von Zellinhalten mehr statt. Die Zellen bilden ein nicht kommunizierendes System und der Schaum wird als geschlossenzellig bezeichnet. Gibson und Ashby, 1997, konnten nachweisen, dass in den meisten Schäumen die überwiegende Zahl der Zellen unabhängig von ihrer Form Zellwände mit fünf Kanten haben muss. Die in Abbildung 3.2b und Abbildung 3.2c dargestellten Dodekaeder, als beispielhafte Grundbausteine eines Schaums, stellen aufgrund ihres Pentagonaufbaus gleichwohl eine idealisierte Morphologie dar, von der die reale Ausbildung von Schäumen teils deutlich abweicht. Hier soll lediglich festgehalten werden, dass auch solche aus zufälligen Zellgeometrien aufgebauten Schäume gewissen morphologischen Regeln folgen, so dass eine idealisierte Beschreibung möglich ist.

Die Kerne können in vielfältiger Form aus Papier, Kunststoff oder Metall geformt sein, aus Polymeren, wie Polyurethanen, Polystyrol oder Mischpolymeren, oder aus mineralischen Grundstoffen, Stein, Metall oder Glas aufgeschäumt bzw. zu Wolle gesponnen werden.

Waben

Wabenkerne stellen ein weit verbreitetes und in vielen Ausprägungen eingesetztes Mittellagenmaterial dar. Die häufigste Wabenform entspricht einer hexagonalen Zelle. Das sich im Kern symmetrisch wiederholende Muster von Prismen oder Wellstegwaben (Sinuswaben) kann aus Papieren, Metallen, Kunststoffen oder Keramiken bestehen. Durch eine individuelle Behandlung, beispielsweise durch Harztränkung von Papierwaben, kann eine deutliche Erhöhung der Festigkeit und Widerstandsfähigkeit gegenüber Feuchtewechseln erreicht werden. Den größten Anteil am Einsatz von Wabenkernen besitzen Aramid- oder Glasfaserwaben im Flugzeugbau bzw. expandierte Papierwaben im Möbelbau. Der Dichtebereich von 0,15 – 0,3 kgm^{-3} definiert sich primär über die Zellgröße. Eine Zunahme der Zellgröße führt unabhängig von der Zellform neben einer Abnahme der Dichte zu einer Reduktion der Kontaktfläche zwischen Decklage und Kern. Die verringerte Anbindung resultiert in einer lokalen Verringerung der Querzug- und Scherfestigkeit. Khan, 2007, wies in diesem Zusammenhang auf die Notwendigkeit einer gleichmäßigen Wabenoberfläche hin. Lokale Fehlstellen in der Verklebung können ein Versagen der Verbindung initiieren. Idealerweise bildet sich zwischen Decklage und Zellwand eine kehlnahtähnliche[1] Klebfuge aus, wodurch die Verbindungsfläche deutlich vergrößert wird. Bei Verwendung schäumender Kleber muss infolge der Gasentwicklung eine Perforation der Wabenstege vorhanden sein. Durch diese kann wiederum während der Nutzung Luftfeuchtigkeit eindringen, im Kern kondensieren und im Falle von Metallwaben zu Korrosion führen (Wiedemann, 2007). In diesem Fall ist eine Abdichtung der Schmalflächen von besonderer Bedeutung.

Bei einer Beschichtung mit dünnen Laminaten besteht die Gefahr des sogenannten Telegraphie-Effektes. Hierbei erzeugt die Wabengeometrie ein analoges Muster auf der Oberfläche der wenig biegesteifen Decklage, was ein nachträgliches und aufwändiges Entfernen durch Schleifen erfordert. Die während der Laminierung auf die Decklagen aufgebrachten Querdrücke können zudem zu einer Verringerung des Querschnitts führen und dadurch die Gesamtstruktur schwächen (Heimbs et al., 2006).

Aufgrund der offenen Wabenstruktur kann die Beschichtung der Schmalflächen nicht direkt erfolgen. Über eine während der Fertigung eingelegte Rahmenkonstruktion kann ein Schmalflächenverschluss hergestellt werden. Diese stellt die konstruktive Grundlage für eine weitere Beschichtung und für Eckverbindungen dar. Die Fertigung ist jedoch aufwändig und das Format der Platte ist durch den Rahmen definiert. Die verstärkte Produktion rahmenloser Wabenplatten erfordert Lösungen, durch die eine variable Aufteilung der Plattendimensionen ermöglicht wird. Möglichkeiten, insbesondere an Platten mit dünnen Decklagen, bieten das Einfräsen eines Falzes in die Decklagen und Einkleben einer Stützkante oder Ausschäumen der Kernstruktur. Erst aufgrund solcher Stabilisierungen kann die Beschichtung mit einer Sichtkante erfolgen.

---

[1] Durch die Ausbildung einer Kehlnaht wird bei der stumpfen Verbindung von Werkstücken durch Schweißen oder Kleben eine etwa dreieckige Naht gebildet, die eine Verbindung über die Oberflächen erzeugt.

Die verfahrenstechnischen Herausforderungen des zellularen Wabenkerns werden in vielen Anwendungsfällen durch die Vorteile der geringen Materialdichte kompensiert, so dass ein Einsatz zweckmäßig sein kann. Die technischen Eigenschaften des Wabenmaterials hängen stark vom Aufbau, dem Material und der Dichte der Waben ab. Grundsätzlich werden Wabenplatten wegen des günstigen Festigkeit/Gewicht-Verhältnisses gute spezifische Materialeigenschaften im Sandwichverbund zugeschrieben (Gibson et al., 1982, Becker, 1998).

Zhou et al., 2005, untersuchten den Einfluss der Wabengröße und -materials auf das Eindringverhalten von Punktlasten und die Biegeeigenschaften der Platte. Die durch die Zellgröße bestimmte diskontinuierliche Decklagenkontaktfläche der Wabenstruktur wirkt sich auf den Einbeulwiderstand der Decklage aus. Die Decklage muss entsprechend der Wabenstruktur in Dicke und Materialdichte angepasst werden, um die spezifischen Anforderungen zu erfüllen. Ihre Untersuchungen an Aramidfaser- und Aluminiumwabenkernen zeigen, dass Dichteveränderungen im Kern nur einen marginalen Einfluss auf die Biegesteifigkeit der Platte besitzen, der Einfluss auf den Übergang von elastischer zu plastischer Verformung jedoch bedeutend höher ist. Eine erhöhte Dicke der Decklage wirkt sich sowohl positiv auf die Biegesteifigkeit als auch auf die Festigkeit aus und hat damit den größten Einfluss auf die Gesamtenergieaufnahme der Platte. Unter punktförmiger Belastung zeigt sich ein ähnliches Verhalten von Sandwichplatten mit geschäumten Kernen und Wabenplatten. Swanson und Kim, 2002, beschrieben in ihren Untersuchungen den Einfluss des Kernmaterials auf die Biegemechanik. Sie ermittelten einen größeren Einfluss der Kerndichte auf die Biegefestigkeit als auf die Steifigkeit. Ihre Ergebnisse deckten sich im Grundsatz mit den von Zhou et al., 2005, gemachten Beobachtungen an Wabenkernplatten.

Rakutt, 2003, berichtete über die Gefahr eindringender Flüssigkeiten oder Gase. Insbesondere für papierbasierte Wabenmaterialien besteht das Risiko eines feuchteindizierten Festigkeitsverlustes und dem damit verbundenen Kollabieren des Gesamtsystems. Eine allseitige Beschichtung von Wabenplatten mit feuchteempfindlichen Kernen, die das Eindringen von Feuchtigkeit verhindert, ist daher in tragenden Strukturen essentiell.

LEICHTBAUWERKSTOFFE UND HERSTELLUNG

Die Zellstruktur bietet durch das große eingeschlossene Luftvolumen eine hohe thermische Isolationswirkung. Diese steht jedoch in enger Beziehung zu dem verwendeten Wabenmaterial. Aufgrund der höheren Wärmeleitfähigkeit besitzen Metallwaben einen niedrigen Wärmedurchgangswiderstand. Mit Verringerung der Zellgröße verringert sich durch den vergrößerten Materialanteil die Isolationswirkung. Bei Verwendung nichtmetallischer Waben aus Papier oder Kunststoff zeigt sich ein entgegengesetzter Effekt und mit Erhöhung der Dichte durch verkleinerte Zellweiten vergrößert sich der Wärmedurchgangswiderstand (Zenkert, 1997).

Die inhomogene Struktur innerhalb der Platte erschwert die Verankerung von Befestigungsmitteln, wie Verbindungsbeschlägen, Scharnieren oder Führungen. Insbesondere in Bezug auf Verschraubungen machen sich die Hohlräume negativ bemerkbar. So berichteten Petutschnigg et al., 2004a, Petutschnigg et al., 2004b, und Petutschnigg et al., 2005, in ihren Untersuchungen zum Schraubenauszugwiderstand aus Wabenplatten, dass die Befestigung in der Fläche der Platte mit Unterstützung herkömmlicher Dübelsysteme vielversprechende Ergebnisse liefert. Für die Verschraubung in die Schmalfläche konnten keine hinreichenden Festigkeiten ermittelt werden. Sie stellt somit eine Herausforderung bei der Verarbeitung der Platten dar. Im Laufe der letzten Jahre wurden neue Verfahren entwickelt, die eine flächige Verbindung durch spezialisierte Dübelformen und das Ausschäumen der Hohlräume ermöglichen.

Einen umfassenden Überblick über Wabenplatten im Möbelbau bieten Poppensieker und Thoemen, 2005. Sie bildeten neben den grundsätzlichen Herstellungsarten von Wabenplatten auch eine Analyse der Kostengruppen ab, die die Herstellungskosten von Wabenplatten beeinflussen. Zusätzlich führten sie orientierende Untersuchungen zur Übertragung der für konventionelle Holzwerkstoffe eingesetzten Prüfmethoden auf Wabenplatten durch.

Schäume

Die Entwicklung zellularer Polymerschäume, insbesondere die der Polyurethane, in den 1960er Jahren beeinflusste den Einsatz von Sandwichwerkstoffen. Mit Hilfe dieser Materialien lassen sich Schaumdichten im Bereich von 30...500 kgm^{-3} erzeugen. Die Aufschäumung erfolgt entweder durch eine chemische Reaktion mehrerer Komponenten oder durch eine, meist thermische, Aktivierung eines eingebrachten Treibmittels. Durch die geringe Zellgröße sind die verwendeten Schäume auch auf makroskopischer Ebene mechanisch stabil und lassen sich aufgrund ihrer Homogenität und ihren quasi-isotropen Eigenschaften richtungsunabhängig be- und verarbeiten. Die Schaumoberfläche erlaubt eine Verklebung mit anderen Materialien, da speziell bei geschlossenzelligen Schäumen durch verringertes Wegschlagen nur ein geringer Klebstoffverlust auftritt (Zenkert, 1995). Bei kleinzelligen Schäumen kann dadurch eine fast vollflächige Verklebung mit anderen Oberflächen erzielt werden und der von Wabenkernen bekannte Telegraphie-Effekt tritt nicht auf. Krafteinleitungspunkte, beispielsweise für Befestigungen oder Verbindungsmittel, können unabhängig von innenliegenden Rahmenkonstruktionen gesetzt werden, da der gesamte Kern bei geeigneter Dichte Kräfte aufnehmen kann. Da auf die Decklage aufgebrachte Kräfte vom gesamten Kern aufgenommen werden, kann bei optionalen Beschichtungsvorgängen ein über die Platte gleichmäßiger Flächendruck aufgebracht werden.

Die fehlende Rahmenkonstruktion ermöglicht die Aufteilung großformatiger Platten in kleine Untereinheiten, ohne dass das Format vor der Herstellung definiert werden muss. Bei einer *in situ*-Aufschäumung des Kernmaterials kann der expandierende Schaum Profilierungen, d.h. Abstandsänderungen der Decklagen, ausgleichen und ist somit für nicht parallele Decklagenausprägungen geeignet. Durch die Klebkraft des Schaums kann auf einen zusätzlichen Klebstofffilm zwischen Kern und Decklagen verzichtet und dadurch der Fertigungsaufwand verringert werden (Rakutt, 2003).

Darüber hinaus bieten viele Schäume eine thermische Isolations- und eine akustische Dämpfungswirkung. Eine umfassende Übersicht zu mechanischen und physikalischen Schaumeigenschaften geben Gibson und Ashby, 1997. Sie beschrieben nicht nur die Struktur und die Eigenschaften von zellularen Materialien, sondern leiten die Mechanik von Schäumen an experimentell belegten Theorien her. Sie führten die Mechanik des Schaums auf die Eigenschaften des ungeschäumten Polymers in Kombination mit dem Expansionsgrad zurück.

Holz

Viele natürliche Materialien, wie beispielsweise Holz, besitzen gestreckte Zellen, so dass diese im Querschnitt wie Waben erscheinen. Easterling et al., 1982, und Gibson und Ashby, 1997, schrieben den Zellen des Holzes daher ein ähnliches Verhalten wie einer Wabenstruktur zu.

Balsaholz (*Ochroma lagopus* Sw.) zählt zu den ersten Materialien, die in lasttragenden Sandwichbauteilen als Mittellage verwendet wurden. Aufgrund der hohen spezifischen Festigkeiten bei einer Dichte von 0,1...0,3 kgm^{-3} findet sich Balsa als Mittellagenmaterial von hochbeanspruchten modernen Sandwichkomponenten in marinen Anwendungen oder Rotorblättern im Windenergieanlagenbau. Aufgrund der in Faserrichtung höheren Druckfestigkeit wird Balsa vornehmlich faserparallel zu Blöcken verleimt und zu Platten verarbeitet. Der Einsatz als Mittellage erfolgt mit der Faserrichtung senkrecht zur Decklagenebene. Diese Ausrichtung bewirkt neben einem hohen Beitrag zur Druckfestigkeit der Decklage den Vorteil, dass sich eindringendes Wasser gegenüber einem offenzelligen Schaumsystem lediglich lokal verbreiten kann (Zenkert, 1995). Hier ist anzumerken, dass die Verbreitung eindringender Feuchtigkeit wohl auch durch den Einsatz von Balsaholz nicht vollständig unterbunden werden kann.

Der Einsatz von Holzwerkstoffen als Kernmaterial wird in der Literatur nur ansatzweise diskutiert. In der Regel steht hier nicht die Gewichtsersparnis im Fokus der Untersuchungen, sondern eine gezielte Verbesserung der Eigenschaften durch Zusammenführen von Materialien auf Basis nachwachsender Rohstoffe. Kawasaki et al., 1999, berichteten über die Herstellung von furnierbeschichteten Faserplatten geringer Dichte. Ihre Untersuchungen ergaben, dass die Platten aufgrund ihrer Festigkeit und ihrer überlegenen Dämmeigenschaften gegenüber anderen Materialien im strukturellen Einsatz vorzuziehen sind.

Im Rahmen einer Untersuchung zur grundsätzlichen Eignung von holzzementgebundenen Sandwichplatten im Bauwesen untersuchten Karam und Gibson, 1994, Holz-Zement-Kompositplatten als Decklagen für Sandwichelemente. Die mechanischen und mikrostrukturellen Prüfungen der untersuchten, kommerziell erhältlichen Werkstoffe zeigten eine starke Neigung zu Anisotropie.

Sie fanden, dass aufgrund der hohen Wasseraufnahmefähigkeit der Platten die Festigkeiten insbesondere beim Einsatz im Außenbereich signifikant reduziert sein können.

Boehme und Schulz, 1974, sowie Boehme, 1976, beplankten Spanplatten, Sperrholzplatten und Vollholzplatten mit GFK-Decklagen zu einem Verbundwerkstoff für tragende Konstruktionen. Es zeigte sich eine deutliche Verbesserung der mechanischen Eigenschaften infolge der Beplankung. Das Aufbringen einer dichten Deckschicht bringt zudem Vorteile in der Dauerhaftigkeit der Holzwerkstoffe und, eine entsprechende Schmalflächenversiegelung vorausgesetzt, ermöglicht den Einsatz in feuchtem Klima.

3.3.3 HERSTELLUNG VON MEHRLAGIGEN WERKSTOFFEN

Die Zusammenstellung eines Werkstoffes aus verschiedenen Komponenten erfordert eine stärkere Einbindung der Fertigung in den Designprozess als bei monolithischen Werkstoffen. Das Herstellungsverfahren hat dabei einen entscheidenden Einfluss auf die Funktion und die Wirtschaftlichkeit sowie das Verhalten während der Nutzungsdauer und letztlich auf die Effizienz der Werkstoffstruktur.

Nach Gellhorn, 1992, und Davies, 2001, wird die Wahl des Fertigungsprozesses durch das angestrebte Produktionsvolumen, die geometrische Struktur der Komponenten, die Wahl des Materialien für Deck- und Mittellage und die individuellen Produkteigenschaften, wie das Setzen von Krafteinleitungspunkten oder die Anzahl an Bauteilvarianten, maßgeblich beeinflusst. Eine grundlegende Einteilungsebene stellt daher die Differenzierung in diskontinuierliche und kontinuierliche Fertigungsverfahren dar. Die umfassende Darstellung der industriell angewandten Prozesse zur Herstellung von Kompositwerkstoffen überschreitet den Rahmen dieser Arbeit. Es werden daher nur Verfahren aufgezeigt, die eine Grundlage für das vorgestellte Verfahren bilden oder einen thematischen Bezug zum Schwerpunkt dieser Arbeit besitzen. Bewusst von der Betrachtung ausgenommen werden dabei Wickel- oder Strangziehverfahren (Pultrusion) für die Fertigung von Kompositprofilen. Ausgeklammert wird auch die verfahrenstechnische Abbildung von urformenden Verfahren zur Erzeugung dreidimensional geformter Werkstoffe. Obgleich ein Teilbereich dieser Arbeit sich mit Werkstoffen beschäftigt, die grundsätzlich zu dreidimensionalen Formteilen verarbeitet werden können, wurde diese Option im Rahmen der vorliegenden Arbeit nicht durchgeführt.

Die grundsätzliche Vorstellung des in Luedtke, 2007, entwickelten Herstellungsverfahrens für Schaumkernplatten findet in diesem Kapitel statt. Da es die Grundlage für die Untersuchungen dieser Arbeit bildet, erfolgt eine detaillierte Darstellung des Prozesses in Kapitel 4.5.1.

3.3.3.1 DISKONTINUIERLICHE HERSTELLUNG

Das Zusammenführen einzelner Elemente zu einem plattenförmigen, mehrlagigen Kompositwerkstoff wurde historisch durch einfaches Verbinden, in der Regel Verkleben der Einzellagen durchgeführt. Auch wenn in der Literatur unterschiedliche Angaben zum ursprünglichen Einsatz von Sandwichstrukturen zu finden sind, scheint sicher, dass die erste quasi-industrielle Anwendung im Flugzeugbau stattfand. Die Verwendung von Metallkernen und -decklagen bereitete jedoch insbesondere in Bezug auf die Verklebung Probleme, so dass an Stelle aufrecht stehender Stege zunächst niet- und schweißbare Wellstrukturkerne eingesetzt werden (Junkers, 1915, Dornier, 1924). Nach ersten Einsätzen im frühen 20. Jahrhundert wurden 1918 mit Balsakernen verklebte Furnierdecklagen im Flugzeugbau eingesetzt und 1924 von Kármán und Stock das erste Patent zum Einsatz von Sandwichstrukturen in Flugzeugzellen eingereicht (Paul et al., 2002). Als Mittellage wurde hier ebenfalls ein Balsakern verwendet, der mit faserverstärkten Polymerdecklagen beplankt war. Die Verklebung erfolgte mit dem 1907 von Baekeland erfundenen Phenolharz Bakelite. Im Jahr 1943 wurden die ersten Bauteile für Flugzeuge aus Glasfaser-/Polyesterlaminaten hergestellt, wobei auch hier der Kern aus Balsa bestand (Lang et al., 1986).

Allen Herstellungsprozessen ist gemein, dass die Verklebung der Einzellagen in diskontinuierlichen Verfahren stattfindet. Die Herstellung erfolgt nach dem in Abbildung 3.3 dargestellten Ablauf. Nach Bereitstellung einer unteren Decklage erfolgen die Beleimung und das Auflegen einer oberen Decklage. Die obere

KENNTNISSTAND

Decklage wird entweder in das vorbereitete Klebebett gelegt oder zuerst direkt beleimt und danach mit dem Kern verbunden. Die Verklebung erfolgt abhängig vom verwendeten Leimtyp als Kalt- oder Heißverpressung oder durch Anschmelzen des Kernmaterials. Entsprechend erfolgt optional eine Abkühlphase mit anschließender Formatierung. Individuelle Komponenten mit komplexeren Formen werden manuell laminiert und können in nahezu jeder Form auf Vakuumtischen verpresst werden (Gellhorn, 1992). In der modernen Sandwichelemente-Fertigung ist die diskontinuierliche Produktion der kontinuierlichen bei der Herstellung von sehr dicken Elementen und bei im Bauteil liegenden Rahmen- oder Befestigungselementen überlegen (Kapps und Buschkamp, 2000).

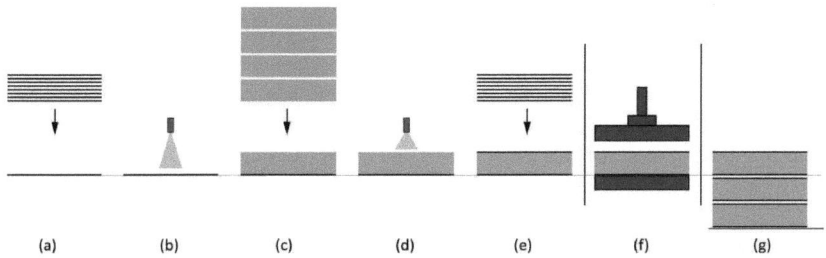

Abbildung 3.3 Diskontinuierliche Herstellung von Sandwichplatten mit (a) Bereitstellung der unteren Decklage, (b) Klebstoffauftrag, (c) Bereitstellung der Mittellage, (d) Klebstoffauftrag, (e) Bereitstellung der oberen Decklage, (f) Verpressen der Komponenten und (g) Abstapeln der fertigen Platten.

Mit der Entwicklung expandierbarer Polymerwerkstoffe wurde Balsaholz als Mittellage teilweise abgelöst. Polymerschäume werden als vorgeschäumte Blöcke produziert und dann ähnlich wie Balsa mit den Decklagen verpresst. Durch die relativ einfache Handhabung ergibt sich auch die Möglichkeit, das Polymer *in situ* zwischen die Decklagen einzubringen. Abhängig von der Reaktivität des eingebrachten Polymers handelt es sich um Harzinjektions- oder Reaktionsgießverfahren. Der Eintrag des flüssigen Polymers erfolgt in ein geschlossenes oder offenes Werkzeug. In beiden Fällen muss die gleichmäßige Verteilung des Polymers über die Fläche gewährleistet sein. Die obere Decklage wird durch Distanzhalter oder Unterdruck in ihrer Position fixiert. Die Verwendung eines geschlossenen Werkzeuges erfordert entweder einen punktförmigen Anguss, durch den der Schaum von einer Seite zwischen die Decklagen dosiert wird oder eine Schäumlanze, die in das Werkzeug eingebracht wird und mit dem Austritt des Schaums aus dem Werkzeug gezogen wird. Die letztgenannte Methode bietet gegenüber dem punktförmigen Anguss eine verbesserte Dichteverteilung, da Überwallungen durch den treibenden Schaum, der sich von einem Punkt ausbreitet, weitgehend vermieden werden (Oelkers, 1991). Wulf und Raffel, 2005, entwickelten ein Modell, mit dem dreidimensionale Aufschäumprozesse von Polyurethanen simuliert und somit optimale Werkzeugformen und Prozessabläufe gestaltet werden können.

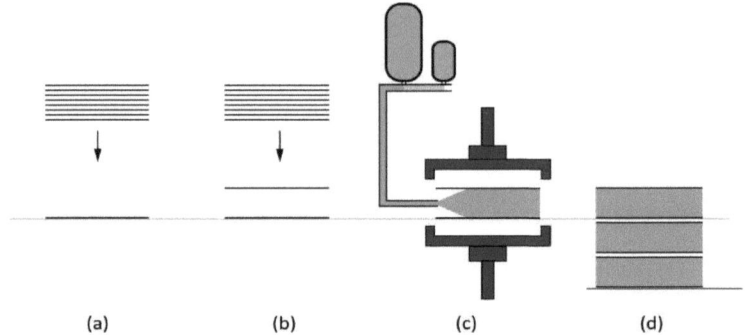

(a)   (b)   (c)   (d)

Abbildung 3.4 Diskontinuierliche *in situ*-Herstellung von Schaumkernplatten mit offenem Werkzeug mit (a) und (b) Bereitstellung der vorgefertigten Decklagen, (c) Eintrag in das offene Werkzeug und Verpressen der Komponenten und (d) Abstapeln der fertigen Platten.

Abbildung 3.4 zeigt die Herstellung von Sandwichplatten mit offenem Werkzeug. Hierbei erzeugt ein Gießrechen durch einen oder mehrere Schaumpfade einen linienförmigen Schaumeintrag. Durch eine Relativbewegung von Rechen bzw. Tisch wird ein flächiger Auftrag und dadurch eine gleichmäßige Schaumdichte erzielt. Die Bauformen der Pressen richten sich in erster Linie nach den Produktionsbedürfnissen. Eine buchförmig öffnende Presse als einfachste Bauform eignet sich für gleichbleibende Bauteildicken und generiert aufgrund hoher Zykluszeiten geringe Produktionsvolumina. Erfordert die Herstellung der Platten einen individuellen Rüstbedarf, erzeugt eine sich vertikal öffnende Presse mit zwei oder mehr Pressentischen eine deutliche Kapazitätssteigerung, da während des Pressvorgangs am nicht aktiven Pressentisch gearbeitet werden kann. Für die Produktion hoher Volumina bei geringer Individualität werden Etagenpressen eingesetzt. Die Vorbereitung erfolgt außerhalb der Presse, für die Verpressung sind allerdings Formbleche erforderlich, mit denen die Presse beschickt wird. Der hohe Platzbedarf kann durch eine Trommelpresse, bei der zwischen drei und acht Pressstationen um eine horizontale Achse angeordnet sind, verringert werden (Oelkers, 1991).

Unabhängig von der Art der Einbringung und der Form des Mittellagenmaterials ist allen diskontinuierlichen Herstellungsprozess gemein, dass die Decklagen als Halbzeug zugeführt werden. Bei der Verwendung von vorgeschäumten Kernen werden auch diese entsprechend vorgefertigt und mit den Decklagen verklebt. Die Möglichkeit holzwerkstoffbasierte Decklagen einzusetzen besteht in beiden Fällen. Jedoch muss die Wärme beim Einsatz von Spanplatten- oder HDF-Decklagen im Gegensatz zu dünnen, hoch wärmeleitfähigen Metalldecklagen durch ein poröses, isolierendes Material geleitet werden, um die Verklebung zu härten.

Der Vorteil der diskontinuierlichen Fertigung besteht generell in der Flexibilität der Produktion. Das Einbringen von verstärkten Verbindungspunkten oder Rahmen ist trotz einer - dann aufwändigeren - Fertigung möglich. Es besteht eine große Anzahl an Fertigungskonzepten, die individuell an das herzustellende Produkt, die Fertigungskapazität, die Typenvielfalt und das Investitionsbudget anzupassen sind (Oelkers, 1991). Entsprechend besteht ein Nachteil dieser Produktionsart in einem geringen Output im Vergleich zu einer kontinuierlichen Anlage. Für die Herstellung von Sandwichelementen im diskontinuierlichen Verfahren ist eine Vorfertigung der Komponenten notwendig. Zur Produktion von Sandwichplatten sind mindestens drei getrennte Produktionsschritte notwendig: die Herstellung des Kerns, der Decklagen sowie das Zusammenführen dieser Elemente. Wird das Kernmaterial vorgefertigt, so ist zusätzlich die Verklebung der Lagen erforderlich. Gellhorn, 1992, berichtete über einen Output einer solchen Anlage mit ca. 1000 individuell geformten Sandwichelementen pro Tag.

Durch die definierte Pressenkonfiguration sind die maximalen Dimensionen der produzierten Platten determiniert. Dies äußert sich auch in der Wahl der verwendbaren Decklagenmaterialien. Diskontinuierliche Verfahren bieten die

Möglichkeit holzwerkstoffbasierte Decklagen einzusetzen, da diese nicht endlos der Presse zugeführt werden können.

3.3.3.2 KONTINUIERLICHE HERSTELLUNG

Die ersten kontinuierlichen Verfahren zur Herstellung von mehrlagigen Werkstoffen entstanden bereits im frühen 20. Jahrhundert. Papierlagen wurden mit einer Mittellage aus expandierten Papierwaben versehen. Durch eine alternierende Verklebung wurden Papierstreifen verklebt und anschließend expandiert, so dass eine wabenförmige Struktur entstand. Diese wurde zu dekorativen Zwecken verwendet oder optional in einem zweiten Fertigungsschritt mit Decklagen beschichtet, so dass auch strukturelle Anwendungen möglich waren (Pflug, 2008). Im Laufe der Zeit entwickelten sich unterschiedliche Konzepte zur Fertigung von Kernmaterialien nach dem Expansionswabenkonzept. Die Mehrzahl der angewandten Verfahren beruht auf dem ursprünglichen Konzept der Expansion verklebter Papiersteifen zu Hexagonalwaben (Bitzer, 1996). Der Vorteil dieses Verfahrens liegt in der Verleimung der Papierstreifen zu einem Endlosband, welches unexpandiert und platzsparend zur Weiterverarbeitung transportiert werden kann und erst vor Ort gereckt wird.

Die Herstellung von Sinuswaben stellt ein weiteres marktübliches Verfahren zur Kernproduktion dar. Einseitig kaschierte Wellpappen werden zu einem Block verleimt und anschließend in der Zieldicke des Kerns vom Block abgetrennt. Diese Platten werden als Wellstegwabenkern in der Sandwichplattenproduktion eingesetzt. Während der Herstellungsaufwand der Hexagonalwabe durch kleinere Zellgrößen aufwändiger wird, können durch diesen Prozess Zellgrößen bis 5 mm realisiert werden (Barboutis und Vassiliou, 2005).

Sowohl das Expansions- als auch das Wellstegwabenverfahren können als quasi-kontinuierliche Fertigung definiert werden. Die Verbindung von Deck- und Mittellage zu einer Sandwichplatte geschieht zwar in einem Prozessschritt, die Ausgangsmaterialien müssen jedoch zuerst in getrennten Prozessschritten vorbereitet werden. Durch die nach der Beplankung offenen Schmalflächen erfordert die Weiterverarbeitung einen Schmalflächenverschluss. Dieser wird durch einen während der Produktion eingelegten Rahmen oder eine nachträgliche angefahrene Polymerkante erzielt. Bei großen Plattendicken ist die

KENNTNISSTAND

Verwendung einer Stützkante erforderlich. Wabenplatten unterscheiden sich somit in der Weiterverarbeitung von konventionellen Holzwerkstoffen, da komplexe Prozessschritte durchgeführt werden müssen, die spezialisierte Ausrüstungen erfordern.

Die Herstellung von Wabenplatten hat sich mit Beginn des 21. Jahrhunderts stark diversifiziert. So stellten Pflug et al., 2003, ein Verfahren zur kontinuierlichen Fertigung von Wabenplatten aus einem Kartonhalbzeug vor. Das Verfahren entlehnt sich der Fertigung von Wabenplatten aus Wellpappe. Durch alternierendes Schlitzen der Ober- und Unterseite, anschließendes Falten und Beschichten mit einer Decklage entsteht ein Sandwichwerkstoff mit stehender Wellenform. Der Schlitzabstand bestimmt die Dicke des späteren Kerns. Das Verfahren bedient sich durch die Verwendung konventionell gefertigter Wellpappe aus der Verpackungsindustrie eines kostengünstigen Ausgangsproduktes. Über ein auf einem ähnlichen Prinzip beruhenden Verfahren berichteten Bratfisch et al., 2005, und Fan, 2006. Eine tiefgezogene Polypropylenfolie wird gefaltet, so dass eine Kernstruktur entsteht, die durch Erwärmung in sich und mit den aufgebrachten Decklagen verschweißt wird. In beiden Fällen ist die Produktion von einem quasi-kontinuierlichen zu einem kontinuierlichen Prozess weiterentwickelt worden. Jedoch ergibt sich in Bezug auf die Schmalflächenbeschichtung kein Vorteil gegenüber den Ausgangsverfahren. Produktbedingt erfolgt die mechanische Unterstützung einer Schmalflächenbeschichtung lediglich durch die angeschnittenen Zellwände des Kernmaterials, so dass auch hier durch Einbringen einer Stützkante oder aufwändige Faltprozesse der Decklage ein Kantenverschluss erreicht werden muss.

Es entwickelte sich eine Vielzahl automatisierter Herstellungsprozesse unterschiedlicher Ausprägungen. Eine umfassende Übersicht über moderne Fertigungsverfahren zur Herstellung von Wabenplatten gibt Britzke, 2009.

Sandwichplatten mit einer Schaummittellage weisen im Gegensatz zu Wabenplatten aufgrund der geringen Zellgröße einen homogenen Kern auf, der in einem chemischen oder physikalischen Aufschäumprozess entsteht. Die Produktion von Schaumkernplatten ist nicht in erster Linie auf die aufwändige Herstellung des Kernmaterials ausgerichtet, sondern auf eine Zusammenführung der Deck- und Mittellagenkomponenten. Als Decklagenmaterialien werden endlos zuführbare Metallbleche, unverstärkte Polymere, Komposit-Laminate oder vorimprägnierte Fasern (Prepregs) eingesetzt. Als geschäumtes Mittellagenmaterial kommen insbesondere Polyurethane zum Einsatz. Die automatisierte, kontinuierliche Produktion findet sich in der Großserienfertigung von Sandwichelementen mit geringer Fertigungsbreite, da die individuelle Profilierung oder das Einbringen von Verbindungspunkten aufwändig ist und die Gefahr von Fehlverklebungen einschließt.

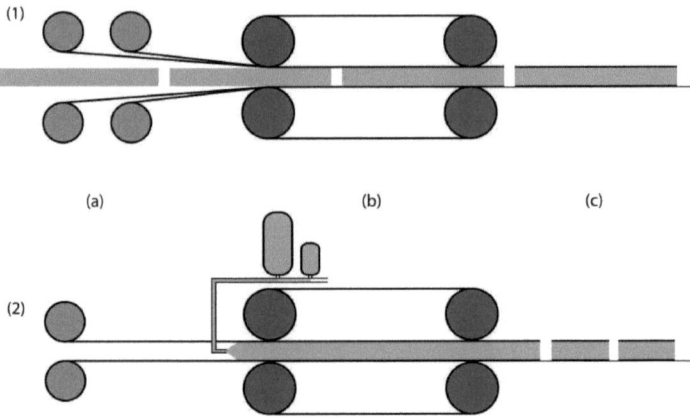

Abbildung 3.5 Kontinuierliche Herstellung von Schaumkernplatten mit (1) Einbringung eines vorgefertigten Kernmaterials und (2) in situ-Bildung des Kerns. Die Abbildung zeigt die Produktionskomponenten: (a) Zufuhr des ein- oder mehrlagigen Decklagenmaterials, (b) Verkleben der Komponenten und Pressen, (c) optionale Kühlphase mit Formatierung.

Der starke Anstieg des Einsatzes von Sandwichelementen als Fassadenelemente beruht primär auf der Entwicklung geschäumter Platten. Abbildung 3.5 zeigt die Herstellung von Schaumkernplatten in einer Doppelbandpresse. Während die Fertigung auf Basis vorgefertigter Decklagen und Kerne (1) auf in vorgeschalteten Prozessen aufgeschäumten Mittellagen zurückgreift, kann die *in situ*-Einbringung eines während des Pressendurchlaufs expandierenden Mittellagenschaums (2) als rein kontinuierliche Produktion bezeichnet werden (Karlsson und Aström, 1997). Charakteristisch für beide Prozesse ist das Abrollen der Decklagen in die Fertigung (a). Die Decklagen werden in die Doppelbandpresse geführt, dort mit dem Kernmaterial verklebt (b) und anschließend formatiert (c). Die Verklebung der Komponenten erfolgt entweder durch ein Anschmelzen des Kerns über eine Erhitzung der Decklagen oder durch einen zusätzlichen Klebstoff über Einbringen einer Folie oder Sprühauftrag (Gellhorn, 1992).

Eine Herausforderung im kontinuierlichen Prozess stellt insbesondere die fehlerfreie Verklebung von Decklagen und Kern dar, da Lufteinschlüsse, Fremdkörper oder andere Kontaminationen zu Fehlverklebungen führen können. Nilsson und Svensson, 1989, stellten ein Verfahren vor, bei dem diese Probleme durch einen vertikalen Aufbau der Fertigung nicht auftreten. Die Mittel- und Decklagen werden von oben nach unten durch eine Gleitform aneinander gepresst. Während der Zusammenführung am oberen Presseneinlauf erfolgt der Klebstoffeintrag, wodurch zum einen die Zellhohlräume verfüllt werden und zum anderen die Luft nach oben hin auf beiden Seiten gleichmäßig verdrängt wird. Nach der Härtung der Komponenten erfolgt die Formatierung der Platten am unteren Pressenauslauf. Dieses Verfahren stellt eine Weiterentwicklung der horizontalen Sandwichherstellung dar und kann prinzipiell für alle Materialien angewendet werden.

Wird der Kern *in situ* zwischen die Decklagen eingetragen, so entsteht die Bindung zwischen Deck- und Mittellage aus dem Aufschäumprozess. Simultan zum Schäumvorgang wird die Distanz zwischen den Pressbändern der Zieldicke der Platte angepasst und das Aufschäumen isochor begrenzt. Dabei bringt die Presse den notwendigen Gegendruck zum sich ausbildenden Schäumdruck auf. Gegen Ende des Aufschäum- bzw. Härtungsprozesses entwickelt das expandierte Polymer eine sich selbst stützende Schaummatrix, d.h. die Stabilität der Struktur basiert nicht mehr auf dem durch das Treibmittel hervorgerufenen Zellinnendruck, sondern auf der Festigkeit der Zellwände. Nach der optionalen Kühlung und anschließenden Konsolidierung des Schaums erfolgt die Formatierung der Platten.

Die rein kontinuierlichen Verfahren verringern die Prozessschritte zur Sandwichplattenfertigung gegenüber dem diskontinuierlichen Verfahren auf die Herstellung der Decklagen und den Eintrag des Schaumpolymers, das während des Prozesses expandiert. Zugleich sind mit einer Sandwichplattenproduktion von 500.000 m²/Tag bei einer Vorschubgeschwindigkeit von 6 mmin^{-1} ein hohe Kapazitäten zu erzielen (Davies, 2001). Die kontinuierliche Produktion erlaubt nicht den Einsatz von Holzwerkstoffdecklagen, da die kontinuierliche Zufuhr, außer bei sehr dünnen, aufgerollten Platten, verfahrenstechnisch nicht realisierbar ist.

Luedtke, 2007, und Luedtke et al., 2008, berichteten über ein Herstellungsprinzip, das es ermöglicht, die Vorteile des diskontinuierlichen (dreistufigen) mit denen des kontinuierlichen (zweistufigen) Verfahrens in einem integrierten kontinuierlichen Prozess zu kombinieren. Sie schlugen einen Fertigungsprozess vor, nach dem eine Schaumkernplatte mit lignocellulosehaltigen Decklagen in einem einstufigen Prozess hergestellt werden kann. Hierdurch war es erstmals möglich, Sandwichplatten mit holzwerkstoffbasierten Decklagen in einem kontinuierlichen Verfahren herzustellen. Abbildung 3.6 zeigt schematisch eine Doppelband-Heißpresse zur Produktion von Schaumkernplatten. Der Prozess leitet sich aus den Fertigungsverfahren für konventionelle Holzwerkstoffe mit Schichtaufbau, wie beispielsweise Spanplatten, ab und wurde mit dem Ziel entwickelt, auf bestehenden, kontinuierlich arbeitenden Anlagen umgesetzt zu werden. Der Prozess kann jedoch auch auf diskontinuierlichen Pressen ausgeführt werden. Da in diesem Verfahren keine abrollbaren Decklagenmaterialien eingesetzt werden, ist dem Pressvorgang ein Streuprozess vorgeschaltet. Als Decklagenmaterialien können sowohl beleimte Fasern als auch Späne eingesetzt werden. Als Mittellage wird eine Zwischenschicht eines pulverförmigen, expandierbaren Schaummaterials eingestreut. Die Formung der drei Lagen erfolgt ähnlich zu den in der Holzwerkstoffindustrie üblichen Streuprozessen und die geformte Matte läuft durch eine beheizte Doppelbandpresse. Nach einer Hochdruckphase im ersten Pressenabschnitt zur Erzeugung hoher Dichten und Leimhärtung in den Decklagen (Abbildung 3.6a) folgt die Expansions- und Konsolidierungsphase des Kerns (Abbildung 3.6b). In diesem isochoren Pressabschnitt wird die Distanzregelung der Presse zum Erreichen der vordefinierten Zieldicke der Platte genutzt, wodurch eine weitere Expansion verhindert wird. Eine detaillierte Beschreibung des Verfahrens und der individuellen Prozessschritte erfolgt in Kapitel 4.5.1. Die in dieser Arbeit hergestellten und charakterisierten Schaumkernplatten wurden nach dem von Luedtke et al., 2008, entwickelten Verfahren gefertigt.

Die dargestellten individuellen Forschungsansätze auf dem Gebiet der leichten Werkstoffe, insbesondere der Sandwichwerkstoffe, weisen in ihrer Gesamtheit darauf hin, dass sich die Entwicklung leichter Werkstoffe auf den eher generischen Ansatz einer multi-disziplinären Lösung fokussiert. Viele der optimalen Designvarianten sind jedoch nicht miteinander kompatibel bzw. stehen konträr zueinander. So geht beispielsweise eine optimierte Struktursteifigkeit nicht gleichzeitig mit guten akustischen oder wärmedämmenden Eigenschaften einher. Dies führt zu einer Optimierung von Werkstoffen in individuellen Disziplinen. Ein Werkstoff wird daher entweder bereits in der Designphase auf eine spezifische Anwendung hin entworfen, oder muss nachträglich auf unterschiedliche Nutzungen angepasst werden können.

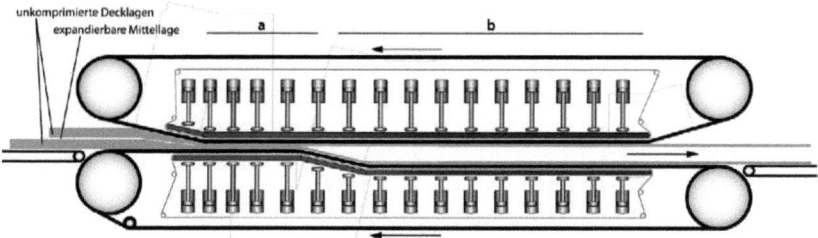

Abbildung 3.6   Kontinuierliche Herstellung von Schaumkernplatten mit holzwerkstoffbasierten Decklagen. Die Abbildung zeigt eine Doppelbandpresse mit einer (a) Hochdruckzone im vorderen und einer (b) Expansions- und Konsolidierungsphase im hinteren Teil des Pressendurchlaufs.

Aufgrund der Produktstruktur stellt die Holzwerkstoffindustrie eine Basis für Innovationen dar. Seitens der Holzwerkstoffhersteller können ressourceneffiziente Lösungen, die eine aussichtsreiche Alternative gegenüber den konventionellen Produkten wie Spanplatte oder MDF darstellen, ökonomische Vorteile bieten. Die bisherigen Werkstoff- und Prozessentwicklungen basieren in der Regel auf komplexen Verfahren. Erfolgversprechend scheint daher die Entwicklung eines auf bestehenden Konzepten beruhenden und entsprechend mit nur wenigen Modifizierungen umzusetzenden Herstellungskonzeptes. Die Diversifizierung des Holzwerkstoffmarktes erzeugt neue, leichte Plattenvarianten.

Die vorliegende Arbeit soll ein neu entwickeltes Verfahren zur Herstellung von Schaumkernplatten vorstellen, die nach diesem Verfahren hergestellten Platten charakterisieren und eine ökonomische Betrachtung des Verfahrens beitragen.

Sie scheint durch den breit angelegten und praxisnahen Ansatz geeignet, einen Beitrag zum Innovationspotential der Holzwerkstoffindustrie zu liefern.

4 Zielsetzung und Forschungskonzept

Die zielorientierte Entwicklung eines neuartigen Werkstoffes erfordert eine Auseinandersetzung mit den Anforderungen, die während der Nutzungsphase eintreten. Da der Bereich der leichten Holzwerkstoffe weder in der Wissenschaft noch in der Praxis auf eine lange Vergangenheit zurückblickt, wird im folgenden Teil der Arbeit ein Anforderungsprofil hergeleitet, das als Referenz für die Entwicklung neuer, leichter Plattenwerkstoffe dient. Aus diesem Profil wird eine Zielsetzung abgeleitet, die die Basis der Untersuchungen darstellt. Die Ergebnisse der Untersuchungen werden abschließend mit dem Profil verglichen.

Die angewandten Verfahren zur Herstellung der eingesetzten Plattenarten und Untersuchungsmethoden beinhalten die Charakterisierung der mechanischen und physikalischen Eigenschaften, die Analyse des Versagensverhaltens von mehrlagigen Holzwerkstoffen und die ökonomische Betrachtung der Herstellung unter Annahme einer industriellen Produktion.

4.1 ANFORDERUNGSPROFIL LEICHTER HOLZWERKSTOFFE

Aufgrund der diversifizierten Einsatzgebiete von Holzwerkstoffen werden die Anforderungen auf Basis der relevanten Normen oder in herstellerspezifischen Anforderungsprofilen dargestellt. Hierbei findet aufgrund grundsätzlich unterschiedlicher Anforderungen eine Aufgliederung der Anwendungen statt, beispielsweise für die Bereiche des Möbel-, Bau- oder Verpackungswesens (Noack und Schwab, 1977, Tobisch, 1999, IKEA, 2010). Andererseits wird der Werkstoff Spanplatte in der breiten Mehrheit für sehr unterschiedliche Produkte in gleicher Weise eingesetzt, obwohl in der Konstruktion der einzelnen Produkte sehr unterschiedliche Anforderungen an die Einzelelemente des Bauteils bestehen (z. B. vertikale oder horizontale Elemente, tragende oder optische Funktion). Hier erfolgt allerdings in der Regel keine Differenzierung nach der individuellen Art der Belastung. Unter diesen Voraussetzungen bedeutet der Einsatz des gleichen Materials somit häufig eine Überdimensionierung und widerspricht dem Bestreben nach größtmöglicher Effizienz.

Bereits Clad, 1982, wies darauf hin, dass, die – meist aus verfahrenstechnischen Gründen festgelegten – genormten Platteneigenschaften für eine Qualitätsbeurteilung meist nicht ausreichen, da die Anforderungen und die Eigenschaften spezialisierter Plattentypen nicht übereinstimmen. Die Weiterentwicklung von Holzwerkstoffen verlangt demnach das Zusammenspiel der Optimierungsansätze für den Herstellungsprozess einerseits und für die erforderlichen, strukturellen Eigenschaften des Produktes andererseits. Die Entwicklung leichter, mehrlagiger und -komponentiger Plattenwerkstoffe erfordert darüber hinaus die Beachtung des Aufbaus des Materials, da eine Übertragung der Anforderungen konventioneller Platten nicht grundsätzlich möglich ist.

Das nachfolgende Anforderungsprofil bezieht sich in erster Linie auf Anwendungen von leichten Holzwerkstoffen im Möbelbereich. Es gibt eine Zusammenstellung der wichtigsten Parameter und Fragestellungen wider, mit denen sich ein leichter Werkstoff befassen muss:

ZIELSETZUNG UND FORSCHUNGSKONZEPT

(1) Das Material besitzt eine mittlere Dichte von weniger als 500 kgm^{-3}, um eine relevante Gewichtseinsparung gegenüber konventionellen Werkstoffen erzielen zu können.

(2) Die verfahrenstechnische Umsetzung muss im industriellen Maßstab möglich sein, um eine großtechnische Implementierung zu ermöglichen. Dazu müssen folgende Punkte sichergestellt sein:

    (2b) Die Herstellung der Platten muss
- auf bestehenden industriellen Anlagen (Dimensionen, Prozessabläufe) realisierbar sein,
- sich im Hinblick auf die Prozessparameter (Temperatur, Pressdruck etc.) an der technischen Umsetzbarkeit orientieren,
- in kontinuierlichen Prozessen durchgeführt werden können,
- im Prozessablauf mess- und prozessleittechnisch kontrollierbar sein,
- sich innerhalb der Vorgaben bezüglich Emissionen bewegen.

(3) Grundlegende technische Eigenschaften bei gleichzeitiger Dichteverringerung müssen erfüllt sein, die einen Einsatz als Alternative zu vorhandenen Produkten denkbar erscheinen lassen. Hierbei ist die Frage zu beantworten, ob die Leistung einer Einheit Material so erhöht wird, dass durch die reduzierte Dichte eine Verringerung des Materialeinsatzes oder die Erschließung einer neuen Anwendung erfolgen kann. Insbesondere sind die folgenden Bereichen zu charakterisieren:

    (3a) Kurzzeiteigenschaften
- Biegung
- Querzugfestigkeit
- Schraubenauszugfestigkeit
- Brandverhalten

    (3b) Langzeiteigenschaften
- Dauerbiegeeigenschaften

- Verhalten gegenüber Temperaturänderungen unter Belastung

(3c) Physikalische Eigenschaften
- Wasseraufnahme/Dickenquellung
- Temperaturbeständigkeit insbesondere der Mittellage

(4) Die Weiterverarbeitbarkeit des Materials in industriellen Verarbeitungszentren muss gegeben sein. Darunter fallen Prozessschritte wie:

- Plattenaufteilung
- Formatierung
- Beschichtung
- Schmalflächenbearbeitung und -beschichtung
- Schleifen
- Bohren
- Setzen von Beschlägen

(5) Die Darstellung der Herstellungskosten gegenüber konventionellen Plattenmaterialien muss zeigen, ob die verbesserten Eigenschaften im Hinblick auf das Anforderungsprofil einen Mehrwert darstellen, die sich in der Anwendung derart niederschlagen, dass die Herstellungskosten im Preis zu rechtfertigen ist.

(6) Vorhersagbarkeit des Systems: Ist ein Versagen kalkulierbar und kann das Material berechnet werden? Zu prüfen ist, welche bewertbaren Zusammenhänge zwischen Veränderungen im Aufbau des Werkstoffes und dem Verhalten unter Belastung ergeben.

(7) Eine Darstellung der post-use-Verwertbarkeit muss eine Bewertung der Recycling- und Entsorgungsmöglichkeiten beinhalten. Stoffliche und thermische Verwertungsalternativen müssen evaluiert und mit dem Materialeinsatz und den verwendeten Verfahren vergleichend beurteilt werden.

Die im Rahmen dieser Arbeit betrachteten Anforderungen betrachten primär Aspekte der Herstellung und ausgewählte Eigenschaften der Platten. Zudem werden Modelle zur Kostenbetrachtung und Eigenschaftsmodellierung entwickelt. Untersuchungen der Verarbeitbarkeit in industriellen Prozessen und der End-of-Life-Nutzung werden ausgeklammert.

4.2 ZIELSETZUNG

Das Ziel dieser Arbeit ist die Erarbeitung einer qualitativen Aussage über Herstellungsaspekte und Eigenschaften eines innovativen, nach einem neuartigen Verfahren hergestellten Holzwerkstoffes.

Zur Dichteverringerung von Holzwerkstoffen bestehen in der Praxis unterschiedliche Ansätze. Diese Arbeit soll einen innovativen Ansatz zur Entwicklung der Disziplin Leichtbau im Holzwerkstoffsektor leisten und dazu beitragen, dass die Holzwerkstoffindustrie den Forderungen nach neuen, effizienten Werkstoffen bzw. Werkstoffstrukturen besser genügen kann.

Das Ziel eines neuen Werkstoffes und dessen Verfahren zur Herstellung ist in der Regel eine industrielle Implementierung. Die Hochskalierung aus dem Labormaßstab zu einer industriell umsetzbaren Lösung erfordert dabei obligatorisch eine umfassende Darstellung von Werkstoff, Materialien und Prozessen und die Untersuchung der Eigenschaften.

Durch den interdisziplinären Ansatz soll im Rahmen dieser Arbeit eine umfassende Charakterisierung der Eigenschaften eines neuentwickelten Leichtbauwerkstoffes mit holzwerkstoffbasierten Decklagen und einem Kern aus einem expandierbaren Polymer vorgenommen und in Bezug auf Werkstoff, Produktion und Ökonomie bewertet werden.

4.3 ARBEITSABLAUF

Für das systematische Vorgehen standen zunächst die Betrachtung der Situation in der Holzwerkstoffindustrie und die Erfassung geeigneter Wege und Potentiale zur Steigerung der Ressourceneffizienz im Vordergrund. Diese Untersuchung bildete bereits die Grundlage für das weitere Vorgehen.

Die weiteren Schritte folgen in der Konsequenz der Fragestellung, ob eine nach einem auf eine industrielle Fertigung abgestimmten Herstellungsverfahren produzierte Schaumkernplatte den Anforderungen an einen modernen Plattenwerkstoff genügen kann. Der ganzheitliche Ansatz, der in dieser Arbeit verfolgt wird, geht über die reine Bewertung der Herstellung hinaus und zeichnet durch die Betrachtung weiterer Aspekte ein breiteres Bild. Hierzu zählen die Einbeziehung von technischer Charakterisierung, analytischer Modellierung und ökonomischer Bewertung.

Das systematische Vorgehen bestand in folgenden Arbeitspaketen:

- Herstellung unterschiedlicher Variationen der Schaumkernplatten:
  Der Einfluss der Herstellungs- und Prozessparameter auf die Eigenschaften der Schaumkernplatten wurde an zwei Plattenvarianten untersucht. Die Varianten basieren auf einem grundsätzlich ähnlichen Herstellungsprozess, zielen jedoch in ihrem praktischen Einsatz auf unterschiedliche Anwendungen.
  - Basis der Untersuchungen dieser Arbeit sind Schaumkernplatten mit spanplattenbasierten Decklagen und einer manuell gestreuten Mittellage. Diese Schaumkernplatten zielen in erster Linie darauf ab, konventionelle Holzwerkstoffe zu substituieren zu können.
  - In einer zweiten Versuchsreihe wurden Schaumkernplatten hergestellt, die einen Kern aus einem papiergebundenen Mittellagenmaterial besitzen. Diese Platten wurden für die Herstellung von dreidimensionalen Formteilen entwickelt.
- Die Charakterisierung der Platteneigenschaften umfasst neben den Untersuchungen der mechanischen und physikalischen Eigenschaften auch die Bewertung der mikrostrukturellen Ausbildung der Materialien innerhalb der Platte.

ZIELSETZUNG UND FORSCHUNGSKONZEPT

- Die Beurteilung der Herstellungsprozesse findet einerseits über die Auswertung der Prozessdaten, andererseits indirekt über Rückschlüsse aus den Platteneigenschaften statt.
- Die Untersuchung der Eigenschaften des Werkstoffes wird um die Vorhersage der Versagensarten erweitert, so dass die Möglichkeit geschaffen wird, das spezifische Materialverhalten bereits vor dem Entwurf bzw. dem Design des Bauteils zu ermitteln. Die Simulation des Werkstoffverhaltens kann dadurch maßgeblichen Einfluss auf die Optimierung der Konstruktion haben.
- Die Wirtschaftlichkeitsbetrachtung der Herstellung von Schaumkernplatten stellt den Bezug zwischen dem Nutzen und den Kosten her. Sie soll die Frage klären, ob die optimierte strukturelle und verfahrenstechnische Lösung in einem ökonomisch zufriedenstellenden und wettbewerbsfähigen Rahmen durchführbar ist. Das Produkt kann nur Erfolg haben, wenn sie neben der technischen auch eine wirtschaftliche Alternative bietet.

Ein Teilaspekt der Verfahrensentwicklung wurde im Rahmen des AiF-geförderten Forschungsvorhabens "Erzeugung leichter 3D-Holzformteile mittels eines papierbasierten Kernwerkstoffes" (AiF 273 ZBG) in Zusammenarbeit mit der Papiertechnischen Stiftung (PTS) realisiert.

Darüber hinaus ermittelten Lohmann, 2008, und Richter, 2010, im Kontext der Werkstoffentwicklung und -charakterisierung technologische Eigenschaften des Werkstoffes. Die Entwicklung einer ökonomischen Modellierung und die Analyse der Herstellungskosten wurde von Poppensieker, 2010, durchgeführt. In der Arbeit von Hirsch, 2010, finden sich Untersuchungen und Ausarbeitungen zur Versagensanalyse der Schaumkernplatten. Die Arbeiten wurden unter dem Aspekt der Charakterisierung von Verfahren und Werkstoff im Rahmen der vorliegenden Arbeit durchgeführt. Die dort gewonnenen Erkenntnisse sind entsprechend in die ganzheitliche Betrachtung dieses Forschungsvorhabens eingeflossen.

Die Untersuchungen des Brandverhaltens erfolgten in einer Kooperation mit der BAM (Bundesanstalt für Materialprüfung, Berlin).

4.4 Verwendete Materialien

4.4.1 Schaumkernplatten mit gestreuten Mittellagen

Um Schaumkernplatten in bestehenden industriellen Prozessen mit wenigen Anpassungen herstellen zu können, muss das zur Anwendung kommende Verfahren dem konventionellen Spanplattenprozess möglichst ähnlich sein. Daher werden Materialien verwendet, die in der verfahrenstechnischen Handhabung den Mittellagen konventioneller Spanplatten nahe kommen, d.h. beispielsweise ebenso gestreut werden können. Nur dadurch ist es möglich den Prozess und die relevanten Anlagenparameter soweit zu adaptieren, dass eine Umsetzung auf bestehenden Holzwerkstoffanlagen realistisch erscheint.

4.4.1.1 Decklagenmaterial

Die im Rahmen dieser Untersuchungsreihe hergestellten Schaumkernplatten besaßen Decklagen, die konventionellen Spanplatten vergleichbar sind. Für die Herstellung der Platten wurden Deckschichtspäne mit einer Feuchtigkeit von 5 % aus der industriellen Produktion eines deutschen Spanplattenherstellers bezogen. Die Späne bestanden zu 90 % aus Nadel- und zu 10 % aus Laubholz und wurden überwiegend aus entrindetem Rundholz hergestellt. Der Nadelholzanteil setzte sich aus 60...70 % Fichte (*Picea abies* L.) und 20...30 % Kiefer (*Pinus sylvestris* L.) bzw. Douglasie (*Pseudotsuga menziesii* Mirb.) zusammen, während der Laubholzanteil vornehmlich aus Buche (*Fagus sylvatica* L.) mit Anteilen von Eiche (*Quercus* spp.) bestand. Dieses Spanmaterial wurde in einigen Versuchen auch als Matrixmaterial in der Mittellage eingesetzt.

Die Beleimung der Decklagenspäne erfolgte in einem Pflugscharmischer (Gebr. Lödige Maschinenbau GmbH, Paderborn) mit 12 % (bezogen auf atro Holzmasse) eines Harnstoff-Formaldehyd-(UF)-Klebharzes (Kaurit® 350 flüssig), das von der Firma BASF AG, Ludwigshafen, zur Verfügung gestellt wurde. Die Härtungsreaktion wurde durch Zugabe von 1 % Ammoniumsulfat $(NH_4)_2SO_2$

beschleunigt. Durch die formaldehydarme Zusammensetzung des UF-Harzes kann nach Herstellerangaben unter geeigneten Verarbeitungsbedingungen der Grenzwert für Formaldehyd von 0,1 ppm (nach EN 717-1) unterschritten werden. Dies bedeutet nach den derzeit gültigen Richtwerten eine Klassifizierung in Emissionsklasse E1 für den hergestellten Decklagenwerkstoff.

4.4.1.2 MITTELLAGENMATERIAL

Das Mittellagenmaterial ist aufgrund der wechselnden Prozessbedingungen während des Pressvorgangs sehr unterschiedlichen Anforderungen ausgesetzt. Daher wurden vor der Auswahl Kriterien aufgestellt, denen ein solches Material genügen muss (Tabelle 4.1). Primär muss das Mittellagenmaterial die zur Bildung der hochverdichteten Decklagen notwendigen Pressdrücke von bis zu 4 Nmm^{-2} in der ersten Prozessphase überdauern. Das in den Decklagen verwendete Harnstoff-Formaldehydharz benötigt eine Härtungstemperatur von wenigstens 100 °C. Aus ökonomischen Gründen ist die möglichst rasche Durchwärmung der Holzwerkstoffmatte zu erzielen, um eine zügige Härtung des Harzes zu gewährleisten. Infolge der Stoff- und Wärmetransportvorgänge in Richtung der Mattenmitte ist ein eingebettetes Mittellagenmaterial einem zunehmend höheren Temperaturniveau ebenfalls ausgesetzt. Idealerweise findet daher die Expansion bei analogen Temperaturen statt.

Das im Klebharz zur Kondensation eingestellte leicht saure Milieu darf sich weder negativ auf die physikalisch-chemische Struktur noch auf die Expansionsfähigkeit der Mittellage auswirken. In Abhängigkeit von der Decklagenfeuchtigkeit und Temperatur finden in Richtung Plattenmitte Wärme- und Stofftransportvorgänge statt. Der sich zum Mittellagenmaterial bewegende Dampf sorgt für eine gleichmäßige Wärmeübertragung und für eine entsprechend homogene Expansion. Gleichzeitig darf der Feuchtigkeitseintrag die Expansion und die Eigenschaften des Schaumes nicht negativ beeinflussen.

Neben diesen grundsätzlichen physikalischen und verfahrenstechnischen Anforderungen muss das Mittellagenmaterial selbst technologische Eigenschaften aufweisen. Es benötigt eine Expansionsfähigkeit, die bei geforderter Schaumdichte eine homogene Zellstruktur ausbildet, wobei während der

VERWENDETE MATERIALIEN

Expansion so viel eigene Klebkraft entwickelt wird, dass eine zusätzliche Verklebung von Deck- und Mittellage nicht notwendig ist.

Tabelle 4.1 Grundsätzliche Umgebungsbedingungen und Anforderungen für ein Mittellagenmaterial

Umgebungsbedingungen während des Prozesses	
Hochdruckphase	
Pressdruck	bis zu 4 Nmm^{-2}
Temperatur	Erhöhung der Kerntemperatur auf 90…120 °C
pH-Wert	leicht sauer, aufgrund der Härtungsreaktion in den Decklagen
Expansionsphase	
Temperatur	Temperaturreduktion auf < 90 °C
Technologische Eigenschaften	
• Homogene Zellstruktur nach der Expansion	
• Ausbildung einer materialeigenen Haftung, zur Erzeugung einer ausreichenden Grenzschichtverbindung und Schaumbildung ohne zusätzliche Klebstoffe	
• Aufschäumprozess entweder durch äußere Parameter (Temperatur, Feuchtigkeit) ausgelöst oder chemisch/zeitlich beeinflussbar	
• Bildung einer stabilen Schaummatrix vollständig innerhalb des Pressvorgangs	
• keine bzw. vertretbare Emissionen während Produktion und Nutzung	
• Erfüllung der geforderten mechanischen und physikalischen Eigenschaften nach der Expansion	
Integrierbarkeit in bestehende Prozesse	
• Streubarkeit, ähnlich wie Decklagenpartikel	
• gute Mischbarkeit mit Holzspänen zur Verbesserung der Streuungseigenschaften	

Diesem Anforderungsprofil entspricht ein Mikrosphärenmaterial, welches beim Erhitzen auf eine spezifische Aktivierungstemperatur expandiert (Abbildung 4.1). Dieses Material besteht aus einem gasdichten thermoplastischen Polymer, das eine kapselnde Hülle um einen gesättigten, niedrig siedenden Kohlenwasserstoff bildet (siehe auch Tabelle 4.2). Der Kohlenwasserstoff dient als Treibmittel und ist unter Atmosphärendruck flüssig. Bei Raumtemperatur ist die Polymerhülle fest, erweicht jedoch beim Erreichen der Glasübergangstemperatur (T_g) des Polymers. Die Glasübergangstemperatur bestimmt die Expansionstemperatur der Mikrosphären und entspricht somit der Starttemperatur T_{start}, der Expansion, da ein Aufblähen des Systems erst mit dem Plastifizieren der Hülle stattfinden kann. Gleichzeitig findet ein Phasenwechsel statt, so dass das Treibmittel in einen gasförmigen Zustand übergeht, wodurch sich der Innendruck erhöht und ein Aufblähen der Mikrosphären initiiert wird.

Findet die Expansion unbehindert statt, so formen die Mikrosphären sphärische Körper bis das Treibmittel sich vollständig ausgedehnt hat und die maximale Expansion erreicht ist. Eine volumenbegrenzte Expansion mehrerer Mikrosphären führt indes zu einer zellularen Struktur, in der die Hüllen der Mikrosphären durch Verklebung gemeinsame Zellwände bilden. Eine Abkühlung bewirkt die Erstarrung des Polymers im expandierten Zustand. Mit der Volumenvergrößerung geht eine Abnahme der Dichte von 1000 kgm^{-3} auf bis zu 30 kgm^{-3} einher. Die Expansion der Zellen ist irreversibel, allerdings kann bei unvollständiger Expansion und erneutem Erreichen von T_{start} ein weiteres Aufblähen stattfinden. Ein weiteres Erhitzen nach vollständiger Expansion kann zur Schrumpfen der Mikrosphären führen, da das Treibmittel fortschreitend austritt und der Innendruck der Zellen sinkt (Jonsson et al., 2010).

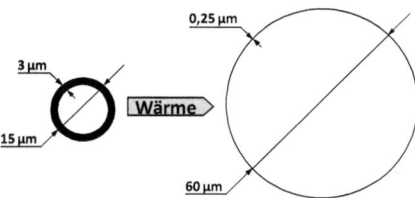

Abbildung 4.1 Schematisches Expansionsverhalten thermisch aktivierbarer, kugelförmiger Mikrosphären unter Wärmeeinwirkung

Um die Expansion der Mikrosphären zu ermöglichen, muss die thermoplastische Hülle in erster Linie zwei Funktionen erfüllen: Zum einen muss sie das Entweichen des umschlossenen Treibmittels verhindern, zum anderen muss sie die zur Expansion notwendige Verformbarkeit besitzen. Die während der Expansion zwangsweise eintretende Verringerung der Wanddicke darf zudem die Barriereeigenschaften nicht negativ beeinflussen (Jonsson et al., 2010).

Im Rahmen dieser Arbeit wurden die von Luedtke, 2007, verwendeten Mikrosphären (Expancel 551DU40) durch Expancel 031DUX40 (Eka Chemicals AB, Schweden) zur Herstellung von Schaumkernplatten mit gestreuten Mittellagen ersetzt. Eigene Voruntersuchungen und die Darstellungen in

Verwendete Materialien

Expancel, 2006, Expancel, 2007 zeigten, dass sich der Mikrosphärentyp 031DUX40 unter anderem durch eine verbesserte Expansionsfähigkeit auszeichnet, die sich in einem vergrößerten erreichbaren Volumen äußert (Abbildung 4.2).

Tabelle 4.2 zeigt die Zusammensetzung und die Spezifikationen des verwendeten Mikrosphärentyps 031DUX40. Zur Bestimmung der Glasübergangstemperatur T_g wurde eine Dynamische Differenzkalorimetrie durchgeführt (Kapitel 5.2.6), die einen Glasübergang des Hüllenpolymers bei knapp unterhalb 85 °C ergab. Aus der Erweichung der Mikrosphärenhülle leitet sich die Starttemperatur T_{start} dieses Typs von 85...95 °C ab. Die maximale Expansion T_{max} tritt im Temperaturbereich von 115...135 °C ein.

Tabelle 4.2 Zusammensetzung und Spezifikationen des Mikrosphärentyps Expancel 031DUX40

Bezeichnung	Anteil/Größe
Treibmittel (Isobutan)	ca. 28 Gew.-%
Mikrosphärenhülle (Mischpolymer aus Acrylnitril, Metacrylat und Acrylat)	> 70 Gew.-%
Partikelgröße (Hersteller)	10...16 µm
pH	10 (in Wasser dispergiert)
Dichte (unexpandiert)	ca. 1000 kgm^{-3}
Thermomechanische Analyse	**Temperatur**
Glasübergangstemperatur T_g	85 °C
Starttemperatur T_{start}	85...95 °C
Maximale Expansion T_{max}	115...135 °C

Ein Vergleich der Expansionskurven der beiden Mikrosphärentypen ist in Abbildung 4.2 dargestellt. Gegenüber dem Typ 551DU40 besitzt der Typ 031DUX40 eine um etwa 10 °C niedrigere Starttemperatur T_{start} und eine um 20 °C erniedrigte maximale Expansionstemperatur T_{max}. Gleichzeitig wird durch die Ergebnisse der thermomechanischen Analyse die verstärkte Expansionsfähigkeit in einem deutlicher definierten Temperaturfenster deutlich. Dadurch war es möglich, bei ähnlichen Temperatur- bzw. Druckverhältnissen während des Pressvorgangs im Gegensatz zum Typ 551DU40 eine verbesserte Expansion zu erzielen. Diese Temperaturbereiche passen sehr gut zur Härtungstemperatur des in den Decklagen verwendeten UF-Harzes. Ein Überschreiten von T_{max}

ZIELSETZUNG UND FORSCHUNGSKONZEPT

führt zu einer Abnahme der Expansion und letztlich zu einer Schrumpfung, da das Treibmittel aufgrund der zunehmenden Plastifizierung der Mikrosphärenhülle austritt.

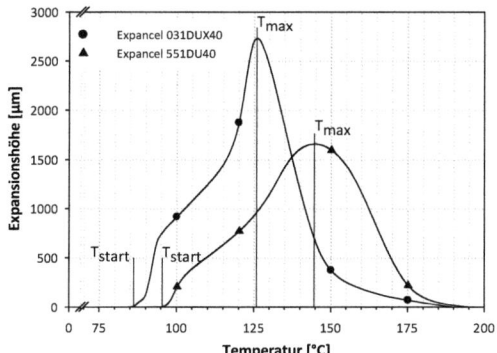

Abbildung 4.2 Expansionskurven von Expancel 031DUX40 und 551DU40. Die Mikrosphärentypen zeigen in der thermomechanischen Analyse unterschiedliche Temperaturen für den Expansionsbeginn T_{start} und für das Erreichen der maximalen Expansion T_{max} (Expancel, 2006, Expancel, 2007).

Zur Einbringung der Mikrosphären in die Mittellagen der Platten wurden die Mikrosphären in Anlehnung an die in Luedtke, 2007, entwickelten Streuprozesse mit unbeleimten Decklagenspänen vermischt. Die raue Oberfläche der Späne bewirkt eine Anhaftung der pulverartigen Mikrosphären und ermöglicht damit nahezu identische Streubedingungen wie reines Spanmaterial. Dies ist im Hinblick auf eine industrielle Umsetzbarkeit von besonderer Bedeutung, da die konventionellen Wind- und Wurfstreuanlagen auf die Geometrie der Holzpartikel abgestimmt sind. Eine Entmischung der beiden Fraktionen während der Verarbeitung im Labor fand nur in sehr geringem Maße statt. Bekhta und Hiziroglu, 2002, beschrieben die Oberfläche von Holzpartikeln, die in der Holzwerkstoffindustrie eingesetzt werden, mit einer mittleren Rauigkeit, d.h. einer mittleren absoluten Abweichung der Höhenwerte von der Mittelwertebene, von 50...100 µm. Es konnte also vermutet werden, dass die Mikrosphären aufgrund ihrer Dimension in der Lage waren, die Rauigkeit der Partikel auszunutzen und sich mechanisch an die Oberfläche zu binden. Es zeigte sich im Laufe der Versuche, dass die für den Mikrosphärentyp 551DU40 entwickelten Streuprozesse ohne Einschränkungen auf 031DUX40 übertragen werden konnten.

Gegenüber einem reinen Kunststoffsystem stellen stoffliche Beimengungen Verunreinigungen und unter Umständen Störstellen dar, die die Funktion des Systems beeinflussen können. Da die Beimengung von Holzspänen aus verfahrenstechnischer Sicht notwendig ist, war es ein Ziel dieser Untersuchungen, die Einflüsse unterschiedlicher Fraktionsverhältnisse von Spänen und Mikrosphären auf die Eigenschaften der Mittellage und somit des gesamten Werkstoffes zu analysieren.

Im Hinblick auf einen Einsatz in marktfähigen Produkten muss erwähnt werden, dass es sich bei dem Mikrosphärenmaterial, eigentlich um einen Zuschlagstoff handelt, der gewöhnlich in geringen Mengen zur Eigenschaftsverbesserung oder Dichtereduzierung eingesetzt wird. Die Kosten für dieses Material betragen aktuell etwa 13000 €/t, so dass ein Einsatz als reiner Schaumwerkstoff von vorn herein kritisch betrachtet werden muss. Die notwendige Kühlung nach der Expansion schränkt zudem die verfahrenstechnischen Möglichkeiten hinsichtlich einer industriellen Umsetzung ein. Nichtsdestotrotz stellen die Mikrosphären für die grundsätzliche Prozessentwicklung einen hervorragenden Rohstoff dar, da sie den definierten Anforderungen sehr gut entsprechen und als Basis für weitere Entwicklungen dienen können.

4.4.2 Schaumkernplatten mit papiergebundenem Mittellagenmaterial

Die Herstellung eines mehrlagigen, leichten Werkstoffs mit Decklagen aus Furnier beinhaltet die Möglichkeit zur dreidimensionalen Verpressung. Diese Variante bedingt, dass die Einbringung der Mittellage ohne die Streuung eines pulverförmigen Materials geschieht, weil die Ortsstabilität während der Mattenformung und Verpressung nicht gewährleistet werden kann. Das Ziel musste daher sein, den Schaum an eine Trägermatrix zu binden, die eine ähnliche Verfahrenstechnik ermöglicht wie die Verarbeitung der Furnierdecklagen.

Parallel zur Entwicklung der Schaumkernplattenherstellung mit gestreuten Decklagen wurde daher eine Methode zur Herstellung von Schaumkernplatten mittels mattenförmiger Kernwerkstoffvorstufen (Precursor) auf Basis von Papier entwickelt (Schramm und Welling, 2010). Die Herstellung der Papierprecursor und die Verarbeitung zu mehrlagigen Werkstoffen fanden an der Papiertechnischen Stiftung, Heidenau bzw. dem Zentrum Holzwirtschaft der Universität Hamburg statt. Die Herstellung der Verbundwerkstoffe erfolgte mit produktspezifischen Anpassungen analog zur Herstellung der Schaumkernplatten mit gestreuten Mittellagen.

4.4.2.1 Decklagenmaterial

Als Decklagenmaterial der Schaumkernplatten wurde für alle Versuche ein 1,25 mm starkes Buchen-Sägefurnier (*Fagus sylvatica* L.) mit den Abmessungen 420 x 500 mm verwendet. Pro Decklage wurden jeweils zwei Furnierblätter eingesetzt, die mittels eines PVAC-Leims (Super3, Fa. Henkel) mit einem Feststoffgehalt von 50 % verklebt wurden. Der Leimauftrag betrug durchschnittlich 180…200 gm^{-2}. Die Furniere wurden gesperrt, d. h. mit einer um 90 ° gedrehten Faserrichtung verpresst. Die äußeren Decklagen wurden zur Vermeidung von Spannungsunterschieden symmetrisch ausgerichtet.

4.4.2.2 Voruntersuchungen zum Mittellagenmaterial

Die Kernvorstufe für das Mittellagenmaterial besteht im Wesentlichen aus einer Faserstoffträgermatrix und Mikrosphären, die in einem Papierherstellungsprozess miteinander zu einem Verbundwerkstoff ausgebildet werden. Die Voruntersuchungen befassen sich mit der Eignung der Mikrosphären für den Einsatz im Papierherstellungsprozess.

Aufgrund des zu erwartenden Temperaturbereiches wurden auch hier die Mikrosphärentypen 551DU40 und 031DUX40 als potentiell geeignete Typen in Betracht gezogen. Die beiden Typen wurden auf ihre physikalischen Eigenschaften im Hinblick auf die Einsetzbarkeit im Papierherstellungsprozess und die Eignung als Kernwerkstoff im Holzwerkstoffprozess untersucht.

Während des Papierbildungsprozesses bilden die Fasern nach der Art und Menge des Zellstoffs und den anlagenspezifischen Parametern ein poröses

Faservlies aus. Dieses Fasernetzwerk muss in der Lage sein, kleine Bestandteile während der Entwässerung durch chemische oder physikalische Wechselwirkungen zurückzuhalten (retenieren), da die Dimensionen vieler Partikel geringer sind, als die Faserzwischenräume bzw. die Öffnungen des Siebes. Die Partikelgröße der Mikrosphären ist somit von entscheidender Bedeutung bei der Herstellung der Papiere.

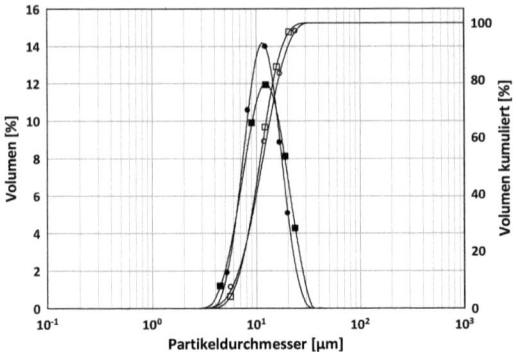

Abbildung 4.3 Partikelgrößenverteilung und kumulierte Volumina der Expancel-Typen 551DU40 (●/○) und 031DUX40 (■/□).

Zur Analyse des Einbringverhaltens wurde die Partikelgrößenverteilung der Mikrosphären überprüft. Die Bestimmung der Partikelgröße wurde durch Laserbeugung mit einem Malvern Mastersizer unter Vorlage von destilliertem Wasser bei einer Rührgeschwindigkeit von 2000 Umdrehungen pro Minute durchgeführt. Abbildung 4.3 zeigt die Partikelgrößenverteilung der Mikrosphärentypen 551DU40 und 031DUX40. Beide Typen wiesen eine ähnliche Größenverteilung auf. Die Interdezilbereiche lagen bei 7,6…19,9 µm (551DU40) bzw. 7,3…22,5 µm (031DUX40). Die Größenordnungen liegen im bzw. leicht unterhalb des Durchmessers einer durchschnittlichen Eukalyptusfaser von 16…19 µm. Die Dimensionen der Mikrosphären passen sich somit gut in die zu erwartende Porosität des Faservlieses ein. Ein unterschiedlicher Einfluss auf das Retentionsverhalten der beiden Typen während des Papierherstellungsprozesses aufgrund der Partikelgrößen konnte daher nicht vermutet werden.

In der Nasspartie der Papierherstellung wird die Retention von Feinfasern und Füllstoffen im Fasernetzwerk üblicherweise durch die Zugabe kationischer Additive erhöht (Nachtergaele, 1989). Um zu beurteilen wie die Retention, insbesondere der kleinen Mikrosphärenfraktionen, über eine gezielte Zugabe von Additiven, wie z.B. kationischer Stärke, begünstigt werden kann, fanden Messungen des elektrischen Potentials (Zetapotential) der Mikrosphären statt. Die Ergebnisse zeigten ein negatives Zetapotential der beiden geprüften Mikrosphärentypen (Tabelle 4.3). Es ist somit grundsätzlich möglich, die Retention beider Mikrosphärentypen durch kationische Hilfsmittel zu beeinflussen. Im Hinblick auf den Einsatz der beladenen Papiere sind dagegen insbesondere geringe z-Festigkeiten von Bedeutung, um eine negative Beeinflussung der Expansion zu vermeiden.

Tabelle 4.3 Zetapotentiale der eingesetzten Mikrosphärentypen

Expancel	Zetapotential (mV)
551DU40	-61
031DUX40	-34

Die grundsätzliche Eignung der beiden Mikrosphärentypen wurde durch die orientierenden Untersuchungen bestätigt. Die Betrachtungen ergaben insbesondere hinsichtlich der Expansionsfähigkeit und des Temperaturbereiches (Abbildung 4.2) eine Bevorzugung des Mikrosphärentyps 031DUX40. Da die Kernvorstufen in einem Holzwerkstoffprozess weiterverarbeitet werden, konnten die Erfahrungen aus den anderen Untersuchungen hier ebenfalls einfließen. Gegenüber dem Typ 551DU40 enthält 031DUX40 darüber hinaus keine Chlorverbindungen und wurde somit für die weitere Verwendung ausgewählt

4.4.2.3 MITTELLAGENWERKSTOFF

Der Mittellagenwerkstoff muss den grundsätzlichen Anforderungen an die Expansionsfähigkeit und eine verfahrenstechnische Anwendbarkeit in Bezug auf Herstellung, Produkthandling und -eigenschaften genügen. Die Zusammensetzung der Fasermatrix kann grundsätzlich aus einem Kurzfaser- (*Eukalyptus* spp.) oder Langfaserzellstoff (*Picea* spp.) bzw. Kombinationen dieser Fraktionen gebildet werden. In Voruntersuchungen zeigte sich, dass die insbesondere bei der Verwendung von Langfaserzellstoff entstehenden Faser-Faser-Bindungen zu einer erhöhten z-Festigkeit (d. h. senkrecht zur Papierebene) führen. Diese Bindungen wirken sich negativ auf die Expansionsfähigkeit des Schaums aus, da sie für eine optimale Expansion teilweise wieder zerstört werden müssten. Für die während der Hauptversuche hergestellten Papiere wurde daher auf den Einsatz von Langfaserzellstoff verzichtet.

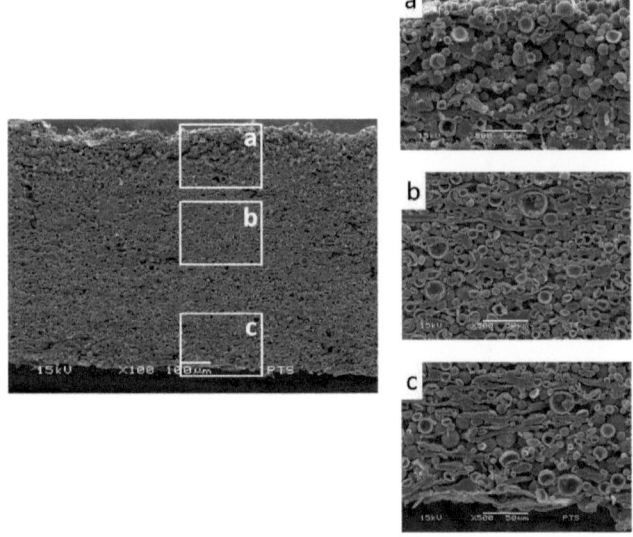

Abbildung 4.4 Aufbau des unexpandierten Mittellagenwerkstoffes. Die Detailabbildungen a...c zeigen drei Ebenen des Papiers mit angeschnittenen, in der Fasermatrix retenierten Mikrosphären.

Die an der PTS gefertigten Papierbahnen wurden auf eine Breite von 420 mm und eine Länge von 1100 mm dimensioniert, so dass für die Herstellung der Laborplatten (420 x 500 mm) jeweils zwei Abschnitte herausgeschnitten werden konnten.

Abbildung 4.4a bis Abbildung 4.4c zeigen repräsentative Querschnitte eines mit 69 % Mikrosphären (031DUX40) beladenen Papiers. Die Abbildungen weisen darauf hin, dass weder das Fasermaterial noch die Mikrosphären Agglomerationen bilden. Dennoch zeigten die Papiere eine leichte Zweiseitigkeit, die sich durch eine unterschiedliche Komprimierung der Faser-Mikrosphären-Matrix darstellt. Während die obere Seite des Papiers eine weniger kompakte Verdichtung der Komponenten aufweist, deuten die Mittelebene und die untere

Seite des Papiers eine stärker komprimierte Matrix an. Dieser Effekt lässt sich durch die Vorgänge während der Papierentwässerung in der Nasspartie der Papiermaschine erklären. Durch den in Richtung der unteren Siebseite entstehenden Sog findet eine siebseitige Verdichtung statt. Aufgrund der unterschiedlichen Charakteristiken von Fasern und Mikrosphären kommt es in der Folge zu Bewegung der Mikrosphären und somit zu einer asymmetrischen Verteilung der Matrixmaterialien und einer Zweiseitigkeit der Papierprecursor.

4.5 Angewandte Herstellungsverfahren

Die in dieser Arbeit angewandten Herstellungsmethoden für mehrlagige leichte Holzwerkstoffe können durch zwei Ausrichtungen charakterisiert werden: Die Herstellung von Schaumkernplatten auf Basis gestreuter Mittellagen einerseits und die Herstellung mittels eines papierbasierten Mittellagenwerkstoffs andererseits. Während das erste Verfahren eine kontinuierliche Produktion von flachgepressten Werkstoffen erlaubt, ermöglicht der letztere Ansatz prinzipiell die diskontinuierliche Herstellung geformter Holzwerkstoffe mit einem leichten Kern.

Die folgenden Abschnitte beschreiben die angewandten Verfahren zur Herstellung der Probenplatten und die Methodik der Untersuchungen. Es erfolgt zunächst eine Darstellung mechanischer und physikalischer Methoden, die zur Eigenschaftsbeschreibung eingesetzt wurden. Zur Ergänzung und zur Interpretation der Untersuchungsergebnisse wurden zudem abbildende Verfahren herangezogen.

Um eine grundsätzliche Aussage zum Versagen der hergestellten Werkstoffe machen zu können und zukünftige Variationen zu beurteilen, wird im letzten Teil der Untersuchungen eine Versagensanalyse durchgeführt und auf die hergestellten Schaumkernplatten angewendet.

4.5.1 Schaumkernplatten mit gestreuten Mittellagen

Die Herstellung von Schaumkernplatten mit gestreuten Mittellagen bildet den Großteil der im Rahmen dieser Arbeit durchgeführten Untersuchungen. Die nach diesem Verfahren produzierten Leichtbauplatten bieten eine Substitutionsmöglichkeit für Holzwerkstoffe, deren Einsatzmöglichkeiten aufgrund ihres Gewichts limitiert sind.

Durch die Anpassung der Pressparameter auf einer Laborheißpresse wurde versucht, die Herstellung der Probenplatten, den Bedingungen einer industriellen Holzwerkstoffanlage weitgehend anzunähern, um eine praktische Umsetzung zu simulieren. Die Herstellung der Schaumkernplatten mit gestreuten Mittellagen wurde am Zentrum Holzwirtschaft, Arbeitsbereich Mechanische Holztechnologie, der Universität Hamburg durchgeführt.

4.5.1.1 Allgemeine Darstellung des Herstellungsprinzips

Die Herstellung der im Rahmen dieser Arbeit angefertigten Schaumkernplatten mit gestreuten Mittellagen folgte im Wesentlichen dem von Luedtke, 2007, beschriebenen Verfahren. Hierbei wird eine mehrlagige Schaumkernplatte in einem einstufigen Prozess gefertigt. Abbildung 4.5 zeigt an einem Querschnitt durch eine Holzwerkstoffmatte schematisch die während des Pressvorgangs konsekutiv ablaufenden Prozessschritte.

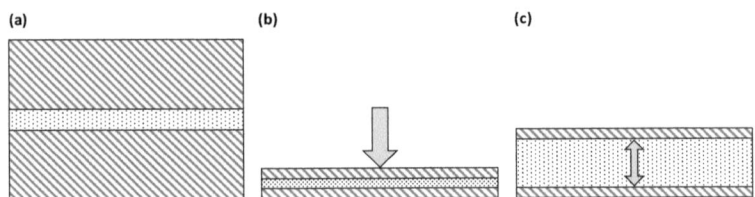

Abbildung 4.5 Schematische Darstellung des Herstellungsprinzips. (a) Dreilagige Matte nach der Streuung, (b) Hochdruckphase und Ausbildung der Decklagen, (c) Expansionsphase: Der Kern expandiert simultan mit dem Öffnen der Presse.

Die gestreute Matte besteht aus zwei Decklagen beleimter Späne, die einen Kern aus einer Mischung von Spänen und Mikrosphären umschließen (Abbildung 4.5a). Während des Heißpressvorgangs wird die dreilagige Matte

ZIELSETZUNG UND FORSCHUNGSKONZEPT

kompaktiert und das Klebharz in den Decklagen härtet aus (Abbildung 4.5b). Analog zu den in der Mittellage einer Holzwerkstoffmatte herrschenden Bedingungen, findet im Inneren der Schaumkernplatte die Erwärmung der Mikrosphären statt. Die unter dem Temperatureinfluss ablaufenden Plastifizierungs- und Expansionsvorgänge der Mikrosphären initiieren zum einen eine interne Verklebung der Mikrosphären, zum anderen die Entwicklung eines internen Schäumdrucks. Der entstehende Schäumdruck bewirkt die Ausbildung einer zellularen Struktur des sphärischen Mittellagenmaterials. Aufgrund des Aneinanderlagerns der Mikrosphären formen sich gemeinsame Zellwände, die in ihrer Gesamtheit einen homogenen Schaum ausbilden. Die bei der Mattenformung eingebrachten Späne werden während des Expansionsprozesses von den expandierenden Zellen umschäumt und über den Querschnitt der Mittellage verteilt. Eine gezielte Distanzvergrößerung in der Heißpresse führt zu einer Volumenvergrößerung der Mittellage und entsprechend zu einer Zunahme der Plattendicke. Es entsteht ein dreilagiger Werkstoff mit einem leichten Kern, der zwei hochverdichtete Decklagen in einem definierten Abstand voneinander hält (Abbildung 4.5c). Die Verbindung der Lagen erfolgt durch die Verklebung mit den Mikrosphärenhüllen während der Plastifizierung. Aufgrund des thermoplastischen Charakters des Mikrosphärenmaterials folgt nach der Expansion eine Konditionierungsphase, um durch Unterschreiten der Aktivierungstemperatur die Polymerhülle in einen stabilen Zustand zu überführen und den durch das Treibmittel gebildeten Innendruck abzubauen.

4.5.1.2 PROZESSFÜHRUNG

Die Vorbereitung der dreilagigen Partikelmatte erfolgte im Labor von Hand. Hierzu wurde die Matte in einem Streukasten mit den Abmessungen 600 x 550 mm² auf eine 5 mm dicke Aluminiumplatte gestreut. Eine zweite Aluminiumplatte wurde nach der Streuung auf die vollständig geformte Matte gelegt. Auf eine untere Lage beleimter Decklagenspäne wurde als Mittellage eine Mischung aus Mikrosphären und unbeleimten Decklagenspänen aufgebracht. Die Verhältnisse der eingesetzten Materialien sind in Tabelle 4.5 (Seite 88) dargestellt. Die obere Decklage bildeten beleimte Decklagenspäne. Während der Vorversuche wurde mit Hilfe eines mittig im Kern eingebrachten Thermoelements die Entwicklung der Mittellagentemperatur aufgezeichnet und somit der optimale Zeitpunkt zum Öffnen der Presse ermittelt. Während der Hochdruckphase liegen die Decklagen aufgrund der geringen Höhe des unexpandierten Mittellagenmaterials annähernd aneinander. Ein mittig eingebrachtes Thermoelement bildet somit sowohl die Grenzflächen- als auch die Kerntemperatur ab, die zu diesem Zeitpunkt als gleich betrachtet werden können. Die während der Voruntersuchungen ermittelten Parameter, die im Laufe der Versuche konstant gehalten wurden, sind in Tabelle 4.4 dargestellt.

Tabelle 4.4 Konstante Parameter für die Herstellung der Schaumkernplatten mit gestreuten Mittellagen

Parameter	Wert
Pressplattentemperatur (Hochdruckphase)	160 °C
Zieldicke	19 mm
Spezifischer Pressdruck	3 Nmm^{-2}
Presszeitfaktor (Decklagen)	7,5 smm^{-1}

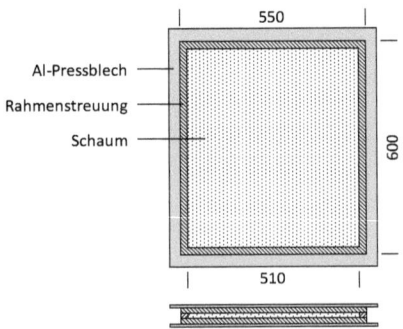

Abbildung 4.6 Schaumkernplatte mit Rahmenstreuung vor dem Verpressen (600 x 550 mm²). Darstellung der Draufsicht ohne Decklage und Al-Pressblech und Querschnitt der vollständig geformten Matte.

Während des Aufschäumens bildet sich durch die expandierenden Mikrosphären im Kern ein Schäumdruck aus. Dieser Schäumdruck sorgt einerseits für eine Expansion senkrecht zur Plattenebene. Andererseits initiiert das Aufschäumen durch die dreidimensional gleichmäßige Ausdehnung des Schaums auch einen Druckaufbau in Richtung der Schmalflächen. Da die Regelung der Presse eine nicht definierte Distanzzunahme verhindert, kann ein potentieller

ZIELSETZUNG UND FORSCHUNGSKONZEPT

Abbau des Druckes lediglich über die offenen Schmalflächen erfolgen. Daher besteht die Gefahr eines seitlichen Wegfließens des expandierenden Schaums und dadurch, neben dem Materialverlust, die Entwicklung einer über die Plattenebene ungleichmäßigen Dichte- und Eigenschaftsverteilung. Dieses Wegfließen betrifft lediglich die äußeren Bereiche des Schaums, da zum Platteninneren eine selbstblockierende Wirkung des sich verfestigenden Materials stattfindet.

Zur Minimierung des verbleibenden Schaumaustritts entwickelte Lohmann, 2008, ein geeignetes Verfahren, bei dem das Mittellagenmaterial umlaufend um 20 mm zurückversetzt gestreut wird (Abbildung 4.6).

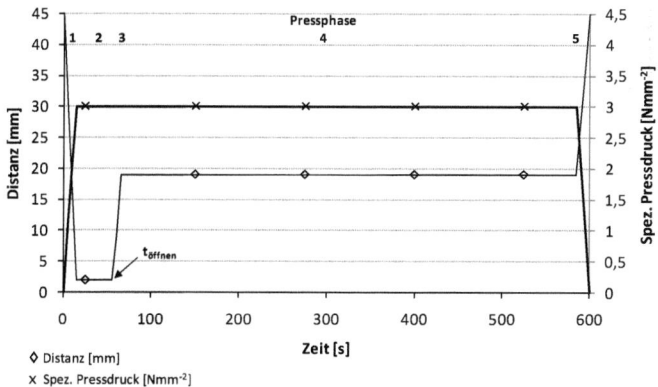

Abbildung 4.7 Schematisches Pressprogramm (Sollkurven) zur Herstellung von Schaumkernplatten mit gestreuten Mittellagen. Das Pressprogramm zeigt die Herstellung einer 19 mm dicken Schaumkernplatte. Durch die Vorgabe einer Pressdistanz von 2 mm wird der maximale spezifische Pressdruck von 3 Nmm^{-2} erreicht.

In diesem Rahmenbereich wurde beleimtes Spanmaterial aufgebracht, wodurch ein Wegfließen des Schaums verhindert werden konnte. Die Streuhöhe dieses Rahmens entspricht dabei etwa der Höhe des Mittellagenbereichs, so dass eine hohe Verdichtung der Decklagen gewährleistet wird. Eine industrielle Umsetzung könnte eine nach innen versetzte Streuung der Mittellage vorsehen, während die Ränder der Decklagen im äußersten Randbereich überstreut werden.

Die Herstellung der Platten wurde auf einer Labor-Heißpresse Typ 2 der Firma Siempelkamp durchgeführt. Die Regelung der Presse erfolgte computergestützt nach dem in Abbildung 4.7 dargestellten Pressprogramm, mit den folgenden Prozessschritten:

1. Schließen der Heißpresse mit Distanzvorgabe 2 mm und Druckvorgabe 3 Nmm^{-2} (Dauer 10 s)
2. Halten der Presse unter Ausbildung eines maximalen Flächendrucks (Dauer abhängig von der Decklagendicke; Presszeitfaktor 7 smm^{-1})
3. Öffnen der Presse auf Zieldicke von 19 mm (Dauer 10 s)
4. Halten der Position bis die Kerntemperatur unter t_{start} gesunken ist
5. Öffnen der Presse und Entnahme der Schaumkernplatte

Ein aufgezeichneter Pressablauf ist exemplarisch in Abbildung 4.8 dargestellt.

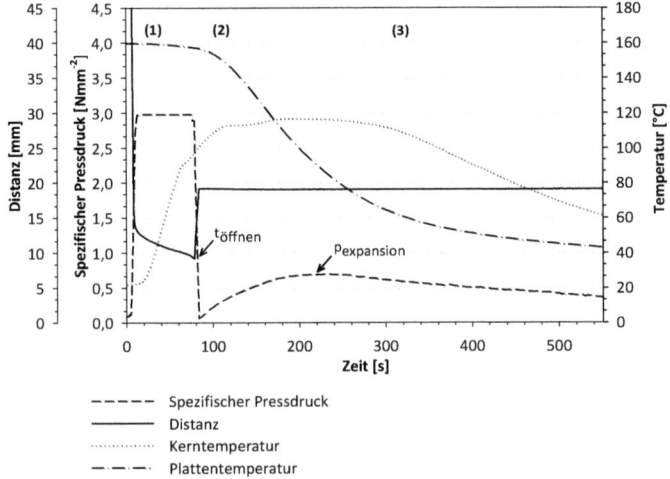

Abbildung 4.8 Pressdiagramm zur Herstellung von Schaumkernplatten mit gestreuten Mittellagen. Der Pressvorgang erfolgt in drei Phasen: (1) Hochdruckphase, (2) Expansionsphase, (3) Konditionierungsphase. Phase (2) und Kühlung der Presse beginnt zum Zeitpunkt $t_{öffnen}$, Phase (3) beginnt nach Erreichen des maximalen Schäumdrucks $P_{expansion}$.

Der Prozess kann in drei grundsätzliche Pressphasen aufgeteilt werden. Die Verdichtung während der Hochdruckphase (Phase 1) erfolgte druckgeregelt mit einem Presszeitfaktor von 7 smm^{-1}, einer Pressplattentemperatur von 160 °C und einem maximalen spezifischen Pressdruck von 3 Nmm^{-2}. Um den spezifischen Pressdruck unabhängig von der Menge des eingestreuten Materials zu machen, wurde softwareseitig eine zu geringe Plattendicke als Distanz vorgegeben, die von der Presse aufgrund der Mattendicke nicht erreicht werden konnte. Dadurch erhöhte sich der hydraulische Druck der Presse bis zum Erreichen des gewünschten spezifischen Pressdrucks. Die Verdichtung der Platte wurde solange fortgeführt, bis die durch das Thermoelement ermittelte Kerntemperatur den sogenannten T100-Punkt, 100 °C in der Mattenmitte, erreichte.

Dieser Zeitpunkt, der den Zeitpunkt zum Öffnen der Presse auf die Zieldicke definiert ($t_{öffnen}$), wurde im Rahmen von Vorversuchen ermittelt. In den Hauptversuchen wurde auf das Einbringen eines Thermoelementes verzichtet. Der eingestreute Rahmen wurde ebenfalls verdichtet und umschloss den Kern gemeinsam mit den Decklagen allseitig. An diesem Punkt war sowohl die Kondensationstemperatur des UF-Klebharzes, als auch die Starttemperatur der Mikrosphären erreicht. Nach $t_{öffnen}$ folgte eine distanzgeregelte Prozessführung. Während die Presse auf die definierte Zieldicke öffnete, expandierte das Mittellagematerial, und die Plattendicke lief der sich vergrößernden Distanz der Pressplatten nach (Phase 2). Nach Erreichen der Zieldicke baute sich durch die Expansion der Schäumdruck $p_{expansion}$ auf, der bis zu 0,7 Nmm^{-2} erreichte. Entsprechend der Distanzregelung baute die Pressenhydraulik einen analogen Gegendruck auf, um eine Distanzzunahme zu verhindern. Der Rahmen wurde während dieser Phase teils durch die in z-Richtung auseinanderweichenden Decklagen, teils durch eigenes Rückfedern partiell gelockert, bildete aber dennoch eine ausreichend feste Barriere, um ein Austreten des Schaums in x/y-Richtung über die Schmalflächen fast vollständig zu verhindern. Gleichzeitig wurden die Pressplatten aktiv mittels Durchleitung von Leitungswasser (18 °C) gekühlt, so dass eine Abnahme der Plattentemperaturen und nachlaufend eine Abnahme der Kerntemperatur stattfanden (Phase 3). Ziel innerhalb dieser Konditionierungsphase war die möglichst rasche Senkung der Kerntemperatur unter T_{start}, damit die Mikrosphären im expandierten Zustand abkühlen und erstarren konnten. Außerdem sollte durch das schnelle Absenken der Temperatur der Druckabbau in den Zellen durch exzessiven Wärmeeintrag verhindert werden, der ein Schrumpfen des Schaums zur Folge gehabt hätte. Die Geschwindigkeit der Temperatursenkung ergab sich einerseits aus der Effizienz der Pressenkühlung und andererseits aus den endothermen Vorgängen innerhalb der Mikrosphären aufgrund der Ausdehnung des Treibmittels.

4.5.1.3 Probenvorbereitung

Es wurden im Rahmen der Versuche unterschiedliche Variationen der Schaumkernplatten hergestellt. Tabelle 4.5 zeigt die Kombinationen der Parameter, die während der Hauptversuche eingestellt wurden. Für jede Variation wurden vier Probenplatten hergestellt.

Tabelle 4.5 Versuchsmatrix der Zusammensetzung der Probenplatten mit drei Variablen in drei Stufen und einer Gesamtdicke der Platten von jeweils 19 mm.

Holzpartikel-anteil (Kern)[1]	Mikrosphären-anteil (Kern)[2]	Decklagen-dicke	Zieldichte Kern	Zieldichte Platte[3]
100 %	100 %	4 mm	128 kgm^{-3}	390 kgm^{-3}
100 %	117 %	4 mm	135 kgm^{-3}	394 kgm^{-3}
100 %	133 %	4 mm	142 kgm^{-3}	398 kgm^{-3}
100 %	100 %	3 mm	110 kgm^{-3}	312 kgm^{-3}
150 %	100 %	3 mm	145 kgm^{-3}	336 kgm^{-3}
200 %	100 %	3 mm	180 kgm^{-3}	360 kgm^{-3}
100 %	100 %	3 mm	110 kgm^{-3}	312 kgm^{-3}
100 %	100 %	4 mm	128 kgm^{-3}	390 kgm^{-3}
100 %	100 %	5 mm	157 kgm^{-3}	469 kgm^{-3}

[1] 100 % = 960 gm^{-2}
[2] 100 % = 450 gm^{-2}
[3] Die Decklagendichte wurde für alle Variationen mit 750 kgm^{-3} angenommen

Die Mikrosphären bilden neben dem leichten Kern auch die Verbindung zwischen Kern und Decklagen. Ein durch einen erhöhten Mikrosphärenanteil verstärkter Schäumdruck während des Pressvorgangs kann sich auf die Verklebung zwischen Kern und Decklagen auswirken. Die Variation des Mikrosphärenanteils wurde durchgeführt, um den Einfluss des Mikrosphärenanteils auf die Platteneigenschaften und die Qualität der Verklebung zu untersuchen. Der Anteil wurde in zwei Stufen von 100 % (450 gm^{-2}) auf 117 % (525 gm^{-2}) und auf 133 % (600 gm^{-2}) erhöht.

Im Allgemeinen gilt die Erhöhung der Dichte als größter Einflussfaktor im Hinblick auf Eigenschaftsveränderungen. Frühere Untersuchungen zeigten, dass die Holzpartikel sehr gut von den aufschäumenden Mikrosphären umschlossen werden (Luedtke, 2007). Es war jedoch nicht eindeutig belegt, welche Bedeutung der Mengenanteil der nicht aktiv an der Verklebung beteiligten unbeleimten Partikel für die Festigkeiten hat. Daher sollten die Einflüsse einer Erhöhung des Spanmaterials und der korrespondierenden Mittellagendichte aufgrund des Späneanteils untersucht werden. Die Platten wurden mit Holzpartikelanteilen im Kern von 100 % (960 gm^{-2}), 150 % (1440 gm^{-2}) und 200 % (1920 gm^{-2}) bei konstantem Mikrosphärenanteil produziert.

Die Dicke der Decklagen besitzt einen starken Einfluss auf die Eigenschaften der Platte, da die Decklagen eine wesentliche Einflussgröße für die mechanische Struktur der Gesamtplatte, insbesondere bei Biege-, Oberflächen- oder Punktbelastungen, darstellen. Es wurden daher Versuchsplatten mit Decklagendicken in drei Variationen (3, 4 und 5 mm) bei gleichbleibender Gesamtdicke von 19 mm produziert. Während der der Decklagenvariation wurden die Massen der verwendeten Holzpartikel- und Mikrosphärenanteile in der Mittellage konstant gehalten. Ziel war es, das Expansionsverhalten aufgrund der konstanten Mikrosphärenmenge exakt zu definieren und dadurch eine potentiell verschlechterte Anbindung an die Decklagen bzw. der Mikrosphären aneinander zu verhindern. Dies resultiert aufgrund des verringerten Kernvolumens in erhöhten Mittellagendichten bei steigenden Decklagendicken.

4.5.2 Schaumkernplatten mit papierbasierten Mittellagen

Analog zu der Herstellung leichter Holzwerkstoffe wird in diesem Kapitel ein grundsätzliches Verfahren zur Produktion leichter, dreidimensional geformter Holzwerkstoffe beschrieben. Hierbei können papiergebundene, expandierbare Precursor zwischen Decklagen in einer Heißpresse expandiert werden. Die Entwicklung der Papierprecursor und die Herstellung mehrlagiger Verbundwerkstoffe fanden im Rahmen eines öffentlich geförderten Forschungsvorhabens statt. Der Fokus lag auf der Entwicklung der Precursormaterialien und des geeigneten Pressverfahrens. Die Herstellung dreidimensional geformter Bauteile war nicht das unmittelbare Ziel des Projektes und es wurden entsprechend ausschließlich flächige Schaumkernplatten hergestellt.

4.5.2.1 HERSTELLUNG VON PAPIERBASIERTEN MITTELLAGEN

Die Herstellung des Precursormaterials erfolgte grundsätzlich gemäß dem Papierherstellungsprozess, während dem zusätzlich Mikrosphären in das Papierfasernetzwerk als Trägermatrix eingebettet wurden. Die Anforderungen an das Material und die Herstellung bei der Entwicklung des Prozesses waren wie folgt definiert:

- Anteil der Mikrosphären im Papier über 60 % bei einer Flächenmasse von mehr als 800 gm^{-2}, d.h. ein Mikrosphärenanteil von mindestens 480 gm^{-2}, analog zu den Flächengewichten der Platten mit gestreuten Mittellagen
- Geringe Verdichtung in der Nasspressenpartie, um eine Vorschädigung der Mikrosphären und zu starke Faser-Faser-Bindungen zu vermeiden
- Geringstmöglicher Bindemittelanteil in der Dispersion im Stoffauflauf
- Temperaturen in der Trockenpartie von unter 70 °C, um ein vorzeitiges Expandieren zu verhindern
- Vermeidung von zu hohen Temperaturen und Liniendrücken an der Papieroberfläche während der Trocknung
- Anteil an Kurzfaserzellstoff (Eukalyptus) von 100 % und damit verbundene geringe z-Festigkeiten des Papiers

Die Herstellung erfolgte auf einer Langsiebmaschine der PTS, Heidenau, mit einer Arbeitsbreite von 0,42 m. Nach Bereitstellung der wässrigen Stoffsuspension aus Kurzfaserzellstoff, Stärke, Retentionshilfsmittel und Mikrosphären wurden einlagige Papiere mit unterschiedlichen Mikrosphären-Gehalten hergestellt. Die Variation der Zusammensetzung (Tabelle 4.6) erfolgte in drei Stufen während der Produktion durch eine stufenweise Änderung der Beladung der Fasersuspension, so dass Abschnitte gleicher Zusammensetzung gefertigt wurden. Dabei wurden die Mikrosphären in der Fasermatrix reteniert und bildeten eine Verteilung über den Querschnitt aus.

Tabelle 4.6   Physikalische Charakterisierung der mit Mikrosphären beladenen Papiere

Bestandteil		Papier A	Papier B	Papier C
Kurzfaserzellstoff (Eukalyptus)	%	100	100	100
Additive bezogen auf Zellstoff				
Stärke	%	1	1	1
Retentionshilfsmittel Polymin®	%	0,25	0,25	0,25
Papierzusammensetzung (gravimetrisch)				
Faserstoff	%	31	29	25
Mikrosphären (031DUX40)	%	69	71	75
Flächenmasse	gm^{-2}	959	974	1091
Flächengewicht Mikrosphären	gm^{-2}	662	692	818

Der Anteil an Stärke und Retentionshilfsmittel wurde im Laufe der Versuche konstant gehalten. Die Papiere unterschieden sich durch einen steigenden prozentualen Anteil an Mikrosphären von 69...75 %. Da die Mikrosphären eine höhere Dichte besitzen als der verwendete Faserstoff, stieg mit der relativen Erhöhung des Mikrosphärenanteils die Flächenmasse von 959 auf 1091 gm^{-2}. Während der Trocknung der Papiere wurde auf eine Kontakttrocknung verzichtet, um den Pressdruck herabzusetzen. Zum einen bestand die Gefahr einer zu hohen Temperatur auf der Papieroberfläche durch das Aufheizen der Trockenzylinder, zum anderen einer Schädigung der Papiermatrix durch die hohen Liniendrücke der Zylinder. Die Anpressdrücke in diesem Bereich wurden daher weitestgehend reduziert und zusätzlich wurde eine Heißlufttrocknung eingesetzt.

4.5.2.2 Herstellung von Schaumkernplatten

Im Vordergrund der Untersuchungen der papierbasierten Schaumkernplatten stand die Ausbildung des Mittellagenwerkstoffes innerhalb einer Schaumkernplatte. Für dieses neuartige Precursormaterial liegen keine praktischen Erfahrungen in der Herstellung oder der Verarbeitung vor. Die Papierprecursor wurden aus verfahrenstechnischen Gründen zwischen Furnierdecklagen eingebracht, um die flächige Verpressung in einem praxisnahen Plattenaufbau zu simulieren. Die Untersuchung der Eigenschaften konzentrierte sich auf die Varianten des Kernwerkstoffes.

Tabelle 4.7 zeigt die Parameter, die aufgrund von Voruntersuchungen ermittelt wurden und im Laufe der Versuche konstant gehalten wurden. Es zeigte sich, dass die beladenen Papiere grundsätzlich empfindlicher auf Druckbelastungen unter Hitze reagieren als ungebundene Mikrosphären, was sich in einer verminderten Expansionsfähigkeit äußerte. Mögliche Ursachen dieser Schädigungen werden in Kapitel 5.1.2 dargestellt. Die Expansionsfähigkeit lässt bei einer Erhöhung des Pressdrucks während der anfänglichen Hochdruckphase nach bzw. ist bei weiterer Erhöhung nicht mehr gegeben. In Bezug auf die Herstellung der Platten musste sichergestellt werden, dass der Pressdruck eine befriedigende Klebverbindung zwischen den Buche-Decklagenfurnieren erzeugt. Gleichzeitig sollten die mit Mikrosphären beladenen Papiere eine möglichst geringe Schädigung während dieser Hochdruckphase erfahren. Der in Vorversuchen entsprechend ermittelte maximale spezifische Pressdruck lag bei 1 Nmm^{-2}. Die Herstellerangaben des PVAc-Leimes in Bezug auf den Mindestpressdruck wurden damit eingehalten. Die Pressplattentemperatur wurde zudem in Folge der Sensibilität der Mikrosphärenmatrix auf eine Temperatur von 150 °C reduziert. Als Konsequenz der verringerten Expansionskraft der Mikrosphären wurde die Zieldicke der Platten auf 16 mm reduziert.

Tabelle 4.7 Konstante Parameter für die Herstellung der Schaumkernplatten mit papierbasierten Mittellagen

Parameter	Wert
Pressplattentemperatur	150 °C
Abmessungen	420 x 500 mm
Zieldicke	16 mm
Spezifischer Pressdruck	1 Nmm^{-2}
Presszeitfaktor (Decklagen)	7 smm^{-1}

Die Beleimung der gesperrten Decklagenfurniere erfolgte manuell mittels einer Leimwalze und eines Zahnspachtels. Der Klebstoffauftrag konnte dadurch auf die empfohlene Auftragsmenge von 180...200 gm^{-2} eingestellt werden (Zeppenfeld und Grunwald, 2005). Vorversuche zeigten allerdings eine

ZIELSETZUNG UND FORSCHUNGSKONZEPT

unbefriedigende Verklebung der inneren Decklagenoberfläche mit dem Kernmaterial. Daher wurde eine zusätzliche Beleimung zwischen Furnierdecklagen und Mittellage notwendig. Die beiden Mittellagen wurden nicht zusätzlich verklebt. Der Kern bestand aus jeweils zwei identischen Lagen der Papiere A...C (Tabelle 4.6). Prinzipielle Untersuchungen der Querzugfestigkeit zeigten entsprechend, dass die Festigkeit der Decklagen-Kernverbindung die innere Festigkeit des Schaums übersteigt und somit für die mechanischen Untersuchungen als Versagensursache ausgeschlossen werden konnte.

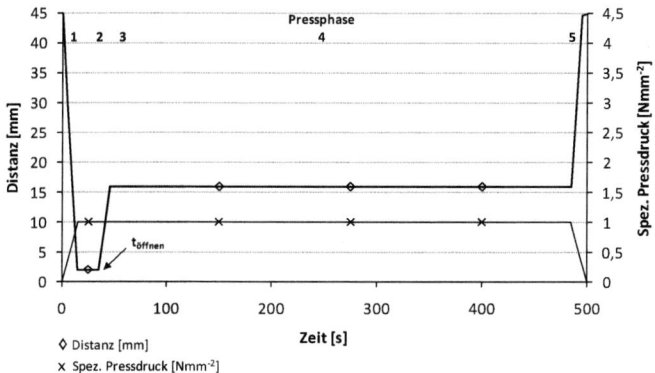

Abbildung 4.9 Schematisches Pressprogramm (Sollkurve) für die Herstellung von Schaumkernplatten mit papierbasierten Mittellagen. Das Pressprogramm zeigt die Herstellung einer 16 mm dicken Schaumkernplatte. Durch die Vorgabe einer Pressdistanz von 2 mm wird der maximale spezifische Pressdruck von 1 Nmm^{-2} erreicht.

Die Durchwärmung der Matte wird primär von der Wärmeleitfähigkeit und Permeabilität der Decklagen bestimmt. Orientierende Untersuchungen ergaben für die Verwendung von zwei Furnierlagen pro Decklage einen Presszeitfaktor von 7 smm^{-1}. Das Erreichen einer Mittellagentemperatur von mehr als 85 °C bestimmt den Öffnungszeitpunkt der Presse, um die Expansion des Kerns einzuleiten.

Trotz der erhöhten Flächengewichte gegenüber den gestreuten Mittellagen war es aufgrund der verminderten Expansionsfähigkeit notwendig, den Kern aus zwei Papierlagen aufzubauen. Erst dann konnte während der Plattenherstellung ein nennenswerter Schäumdruck wahrgenommen werden und so eine vollständige Aufschäumung und Anbindung an die Decklagen garantiert werden.

Während des Pressvorgangs erfolgte eine Expansion der Schaumkernplatten auf 16 mm Gesamtdicke nach dem in Abbildung 4.9 dargestellten Pressprogramm. Das Pressprogramm wurde analog zu dem in Kapitel 4.5.1.2 beschriebenen Ablauf und unter Vorgabe der in Tabelle 4.7 dargestellten konstanten Verfahrensparameter gestaltet.

4.5.3 Herstellung von Schaumkernen

Für die Erstellung der Versagensanalyse der Schaumkernplatten (siehe Kapitel 5.3) wurden Schaumkerne ohne Decklagen gefertigt. Die Herstellung erfolgte in Analogie zur Fertigung von Schaumkernplatten in einer Labor-Heißpresse. Jeweils drei Schaumplatten mit 600 x 550 x 11 mm wurden in drei Dichten produziert, die in Tabelle 4.8 dargestellt sind. Die Erhöhung der Dichte wurde durch eine proportionale Erhöhung der Mikrosphären- und Spananteile im Massenverhältnis 2:1 erzielt. Es wurde der auch für die Herstellung der Schaumkernplatten genutzte Mikrosphärentyp 031DUX40 eingesetzt.

Tabelle 4.8 Variationsmatrix der Schaumplattenzusammensetzung bei konstanter Plattendicke von 11 mm.

Variation	Holzpartikelanteil [g]	Mikrosphärenanteil [g]	Zieldichte [kgm-3]
1	100	200	83
2	125	250	103
3	150	300	124

Die Formung der Matten wurde in einem Streukasten durchgeführt. Die Matten wurden zwischen zwei Aluminiumblechen in die Presse überführt und bei einer Plattentemperatur von 115 °C auf eine Dicke von 11 mm expandiert. Das seitliche Wegfließen des Schaumes wurde hier von einer komprimierbaren Polyurethan-Schaumstoffleiste verhindert. Die Dicke der plattenförmigen Schaumkerne entsprach damit der Dicke des Schaumkerns einer 19 mm dicken Sandwichplatte mit 4 mm dicken Decklagen. Nach der Expansion wurde die Presse abgekühlt, um eine Konsolidierung der Mikrosphären zu erreichen. Die gefertigten Platten wurden beschriftet und bis zum Prüfkörperzuschnitt bzw. bis zur Prüfung im Normklima gelagert.

4.6 Charakterisierende Untersuchungen der hergestellten Platten

4.6.1 Mechanische und physikalische Untersuchungen

Die mechanischen und physikalischen Untersuchungen sollten Aufschluss über das Versagensverhalten der Schaumkernplatten geben. Darüber hinaus kann ein Vergleich zwischen unterschiedlichen Ausprägungen und Zusammensetzungen der Platten gemacht werden, um Produkt- und Produktionsparameter zu optimieren.

Zur Erfassung der wichtigsten mechanischen Eigenschaften wurden folgende Holzwerkstoffprüfverfahren angewendet:

- DIN 53292 (1982) für Kernverbunde zur Bestimmung der Zugfestigkeit senkrecht zur Plattenebene
- EN 310 (1993) zur Bestimmung der Biegeeigenschaften im Dreipunktbiegeversuch
- EN 13446 (2002)/EN 320 zur Bestimmung der achsenparallelen Schraubenausziehwiderstandes
- EN 317 (1993) zur Bestimmung der Dickenquellung nach Wasserlagerung
- ISO 5660-1 (2002) zur Bestimmung des Brandverhaltens

Die im Labor hergestellten Probenplatten mit gestreuten Mittellagen (600 x 550 mm) wurden umlaufend besäumt und nach dem in Abbildung 4.10 dargestellten Zuschnittplan aufgeteilt. Die Rohdichteprofilproben wurden nach der zerstörungsfreien Prüfung als zusätzliche Rückstellproben zurückbehalten und unter

CHARAKTERISIERENDE UNTERSUCHUNGEN DER HERGESTELLTEN PLATTEN

anderem für die bildanalytischen Untersuchungen verwendet. Die Prüfkörper für die Untersuchung des Brandverhaltens wurden aus zusätzlich gefertigten Schaumkernplatten entnommen und sind daher nicht im Raster dargestellt. Die Vorbereitung der Schaumkern-Prüfkörper für die Versagensanalyse wird zusammenhängend in Kapitel 4.7.7 dargestellt.

		Q		S	D		
		D	R	Q	S		
		S		D	Q		
B	B	Q	R	S	D	B	B
		D		Q	S		
		S	R	D	Q		
		Q		S	D		
		D		Q	S		

Abbildung 4.10 Zuschnittplan für die Probenplatten auf einem 50 x 50 mm-Raster mit den Prüfkörpern für die Prüfung der Querzugfestigkeit (Q), der Dickenquellung (D), des Schraubenauszugwiderstandes (S) und der Rohdichteprofilmessungen (R). Abweichend vom Raster sind die Prüfkörper der Biegeprüfungen (B) 430 x 50 mm. Die schraffierten Proben wurden neben (R) als Rückstellproben eingelagert.

Bei den Prüfungen der Probenplatten mit papierbasierten Mittellagen lag das hauptsächliche Augenmerk auf der Entwicklung des Mittellagenmaterials und dem Herstellungsverfahren dieser Platten. Der Prüfablauf wurde daher im Vorfeld an den Fokus der Untersuchungen angepasst und es erfolgte lediglich die Zugfestigkeitsprüfung senkrecht zur Plattenoberfläche nach DIN 53292 (1982).

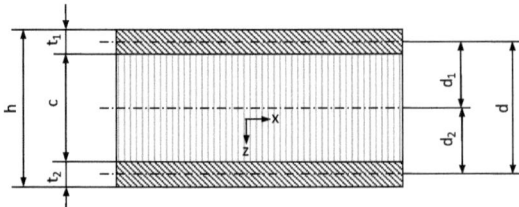

Abbildung 4.11 Querschnitt eines Kernverbundes mit den verwendeten Definitionen und Abmessungen der Elemente

Die Definition der Kernverbundelemente und Abmessungen ist im Querschnitt eines Kernverbundausschnittes in Abbildung 4.11 dargestellt. Diese Begriffsbestimmung wird auch in den folgenden Kapiteln verwendet.

ZIELSETZUNG UND FORSCHUNGSKONZEPT

4.6.1.1 Querzugfestigkeit

Für die Bestimmung der Zugfestigkeiten senkrecht zur Plattenebene (Querzugfestigkeit) wurden entsprechend der Norm DIN 53292 quadratische Probenkörper mit einer Seitenlänge von 50 mm zugeschnitten. Durch die homogene Kernstruktur kann von einem gleichmäßigen Verformungsverhalten während der Prüfung ausgegangen werden, so dass keine Anpassungen der Probendimensionen notwendig waren. Gemäß der Erfahrungen aus vorangegangen Arbeiten, wurden die Probenkörper mit einem Polyurethan-Kleber der Firma Henkel auf Birkensperrholz-Joche geklebt. Vor der Prüfung erfolgte eine Konditionierung im Normklima bei 20 °C und 65 % relativer Feuchtigkeit. Nach Erreichen der Gewichtskonstanz wurden die Probenkörper vermessen und an einer Universalprüfmaschine der Firma Losenhausenwerk GmbH mit einer Traversengeschwindigkeit von 0,5 mms^{-1} geprüft. Die Bruchkraft sowie die Bruchebene wurden notiert. Die Berechnung der Zugfestigkeit σ_B in [Nmm^{-2}] erfolgte nach der Formel:

$$\sigma_B = \frac{F_{max}}{A_0} \qquad (4.1)$$

wobei F_{max} die zum Bruch führende Kraft in Newton [N] und A_0 die ursprüngliche Querschnittfläche der Probe in Quadratmillimetern [mm²] ist.

4.6.1.2 Biegeeigenschaften

Der Bestimmung der Biegeeigenschaften kommt bei der Prüfung von Sandwichwerkstoffen eine besondere Bedeutung zu, da diese eine in der Praxis häufig auftretende Belastungsart darstellen und in erster Linie vom Aufbau des Werkstoffes beeinflusst werden. Durch die Analyse der Biegeeigenschaften können Rückschlüsse auf Eigenschaftsänderungen durch Modifikationen am strukturellen Aufbau gewonnen werden. In der Praxis werden sowohl für homogene als auch für mehrlagige Werkstoffe klassische Dreipunkt-Biegeprüfungen angewendet. Durch den inhomogenen Aufbau der Sandwichplatten ergeben sich allerdings Unterschiede in der Charakterisierung gegenüber annähernd monolithischen Plattentypen, da die Schubverformung aufgrund eines schubweichen Kernmaterials hier nicht vernachlässigbar ist (siehe Kapitel 4.7.1). In ihren Untersuchungen zu Biegeeigenschaften von Sandwichwerkstoffen stellten unter anderen Fukuda et al., 2004, und Gupta et al., 2002, eine Abhängigkeit der 3-Punktbiegeeigenschaften vom Höhe/Länge-Verhältnis des Probenkörpers fest. Eierle et al., 2008, beschrieben eine vergleichbare Problematik und führten diese auf die oben genannte Schubweichheit des Kerns zurück. Im Rahmen dieser Arbeit wurde entsprechend auf die Ermittlung eines Elastizitätsmodul zur Eigenschaftscharakterisierung verzichtet, da bei der Biegeprüfung von Sandwichwerkstoffen eine vom spezifischen Prüfaufbau abgeleitete und somit nicht allgemeingültige Materialkonstante ermittelt werden würde. Unter gleicher Vorgabe muss die Darstellung der Biegefestigkeiten gesehen werden. Diese Werte eignen sich entsprechend nicht als Materialeigenschaft und gestatten nicht den Vergleich zu anderen Werkstoffen. Im Zusammenhang mit einer Charakterisierung verschiedener Zusammensetzungen eines Werkstoffes bedarf es allerdings vergleichender Untersuchungen der Festigkeits- und Steifigkeitseigenschaften. Anstelle des Biege-Elastizitätsmodul wurde im Rahmen dieser Arbeit daher die Durchsenkung w unter einer definierten Belastung von 100 N im elastischen Bereich als praxisbezogene Größe gewählt. Eierle et al., 2008, schlugen die getrennte Angabe der Kennwerte der Deck- bzw. Mittellage vor. Diese Untersuchungen finden im Rahmen der Erstellung der Failure Mode Maps statt.

Die Bestimmung der Biegefestigkeit nach EN 310 (1993) erfolgte an Probenkörpern mit den Abmessungen 430 mm x 50 mm an einer Universalprüfmaschine (Nennlast 50 kN) der Firma Frank GmbH. Die Berechnung der Biegefestigkeit σ_{3P} in [Nmm^{-2}] erfolgte nach:

$$\sigma_{3P} = \frac{3F_{max}L_A}{2bh^2} \qquad (4.2)$$

wobei F_{max} die zum Bruch führende Kraft in Newton [N], L_A die Stützweite zwischen den Auflagern, b die Breite und h die Höhe des Probenkörpers in Millimetern [mm] sind.

Die Biegeprüfungen wurden an Probenkörpern mit einer Plattendicke von 19 (± 0,3) mm durchgeführt. Die Proben wurden nach dem Zuschnitt im Normklima bei 20 °C und 65 % relativer Feuchtigkeit konditioniert. Die Prüfgeschwindigkeit wurde so angepasst, dass der Bruch der Probe innerhalb der von der Norm vorgegebenen Zeit eintrat.

4.6.1.3 Schraubenauszugwiderstand

Für die Bestimmung des Schraubenauszugwiderstandes wurden quadratische Probenkörper mit einer Seitenlänge von 50 mm zugeschnitten und nach erfolgter Klimatisierung nach der Norm EN 13446 (2002) geprüft. Da die EN 13446 (2002) die Wahl der Verbindungsmittel nicht definiert, wurde die in EN 320 vorgeschriebene Blechschraube 4,2 x 38 mm mit einer Gewindesteigung von 1,4 mm und einer Gewindetiefe von 1,1 mm nach ISO 1478 verwendet. Die Prüfung des Auszugs erfolgte sowohl senkrecht zur Decklage, als auch senkrecht zur Schmalfläche. Die Schrauben wurden für die Prüfung des Oberflächenauszugs so in den Prüfkörper eingeschraubt, dass mindestens die Schraubenspitze, d. h. der vordere, konische Teil des Schaftes (Länge 3,7 mm), den Prüfkörper vollständig durchdrang. Für die Prüfung des Schmalflächenauszugs erfolgte eine 30 mm tiefe Einschraubung in die Seite des Prüfkörpers.

Die Prüfung erfolgte auf einer Universalprüfmaschine der Firma Losenhausenwerk GmbH mit einer Traversengeschwindigkeit von 0,5 mms^{-1}. Die Auszugkraft sowie das Bruchbild wurden notiert. Die Angabe der zum Ausziehen der Schraube benötigten Höchstkraft erfolgte für die Oberfläche f_o (Oberflächenauszug) bzw. für die Schmalfläche f_s (Schmalflächenauszug) in [N].

Die Untersuchungen wurden von Richter, 2010, im Rahmen dieser Arbeit durchgeführt.

4.6.1.4 Dickenquellung und Wasseraufnahme

Die Prüfung der Dickenquellung erfolgte nach EN 317 (1993) an klimatisierten Prüfkörpern mit einer Seitenlänge von 50 mm. Nach Vermessung der Dicke und Aufnahme des Gewichtes vor der Prüfung erfolgte eine 72-stündige Wasserlagerung bei 20 °C. Die Aufnahme der Dicke senkrecht zur Plattenoberfläche und des Gewichts erfolgte nach 2, 6, 12, 24 und 72 Stunden. Die Dickenquellung G_h in Prozent [%] errechnete sich jeweils nach

$$G_h = \frac{h_2 - h_1}{h_1} \cdot 100 \tag{4.3}$$

aus den Dicken der Prüfkörper h_1 und h_2 vor bzw. nach den Intervallen der Wasserlagerung. Die Wasseraufnahme in Prozent [%] wurde analog zu Formel

(4.3) ermittelt, wobei an Stelle der Prüfkörperdicken die differenziellen Gewichtszunahmen bezogen auf das Ausgangsgewicht in die Formel eingingen.

4.6.1.5 BRANDVERHALTEN

Während der Entwicklung neuer Werkstoffe gehören Entzündbarkeit, Flammenausbreitung und Brandlast zu den wichtigen Kriterien, die einen Einsatz in Gebäuden oder im Transportwesen beeinflussen können. Insbesondere kann der Einsatz von Polymeren einen Limitationsfaktor darstellen, da die Polymere in der Regel sehr leicht entflammbar sind und unter hoher Wärmefreisetzung brennen. Es ist daher im Sinne einer ganzheitlichen Eigenschaftsbetrachtung erforderlich, das Brandverhalten des leichten Holz-Polymer-Verbundes zu untersuchen.

Die Prüfung erfolgte an der BAM (Bundesanstalt für Materialprüfung, Berlin) nach ISO 5660-1 in einer Vergleichsprüfung von Sandwichmaterialien und konventionellen Holzwerkstoffen in einem Cone-Calorimeter (Fire Testing Technology, East Grinstead, UK). Mit Hilfe dieses Tests kann über den Sauerstoffverbrauch die Wärmfreisetzung eines Prüfkörpers unter einer definierten, einseitig wirkenden Bestrahlungsdichte ermittelt und die Zeit bis zur Entzündung der Probe gemessen werden. Einen detaillierten Überblick zum Verständnis der Messungen liefern Schartel et al., 2005.

Geprüft wurden Sandwichplatten mit einer Gesamtdicke von 19 mm, einer Decklagendicke von 4 mm und einer Mittellagenzusammensetzung von 100 % Mikrosphären und 100 % Holzpartikeln (vgl. Tabelle 4.5). Die Prüfung erfolgte in einer Doppelbestimmung in zwei Testreihen: in Plattenebene und senkrecht zur Plattenebene. Zur Erwärmung der Proben in Plattenebene wurden Prüfkörper mit einer Seitenlänge von 100 x 100 mm vorbereitet bzw. für die seitliche Erwärmung jeweils fünf Plattenstreifen von 20 mm Breite. Die Proben wurden jeweils so in der Probenhalterung positioniert, dass die zu prüfende horizontale Fläche von oben beansprucht wurde. Die Prüfung erfolgte in beiden Fällen in einer quadratischen Probenhalterung mit einem Innenmaß von 102 mm und einem 25 mm hohen Seitenabschluss, um ein unrepräsentatives Brennen der Kanten zu vermeiden. Zur Messung des Masseverlustes (*total mass loss*, TML) war die Probenhalterung auf einer Wägezelle gelagert. Über die Differenzierung der TML-Kurve ergab sich die Masseverlustrate (*mass loss rate*, MLR). Ein kegelförmiger, elektrisch beheizter Strahler erzeugte eine Wärmestromdichte von 50 kWm^{-2} auf der Prüfkörperoberfläche. Oberhalb der Probe wurde durch einen periodisch erzeugten Funken die Entzündung der Pyrolysegase initiiert. Während der Prüfung wurden die Wärmefreisetzungsrate (*heat release rate*, HRR) und die spezifische Wärmefreisetzung durch den Sauerstoffverbrauch ermittelt. Die Gesamtwärmefreisetzung (*total heat release*, THR) wurde durch Integration der HRR-Kurve berechnet. Die Prüfung wurde nach dem Erlöschen der Flammen beim Erreichen der Gewichtskonstanz abgebrochen.

Die Berechnung der HRR erfolgte auf der Grundlage, dass während der Verbrennung von Polymeren eine konstante Wärmemenge von 13,1 MJkg^{-1} pro verbrauchte Menge Sauerstoff freigesetzt wird (Huggett, 1980, Janssens, 1991, Särdqvist, 1993). Die Messung der Sauerstoffkonzentration erfolgte im Volumenstrom der Rauchgase mittels Sauerstoffkalorimetrie. Aufgenommen wurden neben der freigesetzten Wärmemenge die Zeit bis zur Entzündung der Probe und die Masse des Verbrennungsrückstands.

4.6.1.6 Dynamische Differenzkalorimetrie

Die Dynamische Differenzkalorimetrie (DSC) verfolgte primär das Ziel aufgrund des Verhaltens während der kontrollierten Erwärmung eine Aussage über die Reaktionskinetik der Mikrosphären machen zu können. Hierbei lag der Fokus auf der Untersuchung der Energieumsätze, der Reaktionsenthalpien, vor der Expansion. Eine bereits unterhalb der vom Hersteller angegebenen Expansionstemperatur stattfindende Plastifizierung der Polymerhüllen konnte während des Herstellungsprozesses der Schaumkernplatten eine Verklebung der Mikrosphären miteinander und mit den Holzpartikeln auslösen. Durch die Analyse der Reaktionskinetik kann das Verhalten der Mikrosphären in einen Bezug zu den Wechselwirkungen mit den anderen Materialien während des Herstellungsprozesses der Schaumkernplatten gesetzt werden.

Die Dynamische Differenzkalorimetrie beruht auf dem Prinzip einer Vergleichsmessung zwischen dem Probenmaterial in einem Aluminiumtiegel und einem leeren Tiegel als Referenzprobe. Die Messung der freigesetzten bzw. verbrauchten Energie in Abhängigkeit der Temperatur zeigt sich in einer exothermen bzw. endothermen Reaktion und erfolgt während der identischen Erhitzung beider Prüfkörper in thermisch isolierten Heizkammern. Durch die materialcharakteristischen physikalischen und chemischen Vorgänge und die Differenzbetrachtung zur Referenz ergibt sich die Reaktionskurve, aus der die Glasübergangstemperatur T_g ermittelt werden kann. Die Glasübergangstemperatur T_g befindet sich am Schnittpunkt der aufgezeichneten Basislinie und der extrapolierten Verlängerung des linearen Bereichs der endothermen Kurvensteigung.

Die Messungen erfolgten mit einem Mettler-Toledo 821^e-System. Für die Versuche wurde der Mikrosphärentyp Expancel 031DUX40 verwendet. Die Bestimmung der Glasübergangstemperatur erfolgte bei allen Messungen in einem Temperaturbereich von 25…180 °C mit einer Heizrate von 10 Kmin^{-1}.

Die Vorversuche zeigen, dass durch die Expansion der Mikrosphären eine widerspruchsfreie Messung der Glasübergangstemperatur nicht möglich war. Dennoch wurde zunächst das Verhalten von thermisch nicht vorbehandeltem Material untersucht, um den Zeitpunkt der Expansion festzustellen. Für diese Versuche wurden 0,5 mg Mikrosphärenmaterial in einem Aluminiumtiegel eingewogen. Zusätzlich wurden Messungen mit thermisch vorbehandelten Mikrosphären durchgeführt. Hierzu wurde das Material zunächst für acht Stunden bei 180 °C im Trockenschrank erwärmt, um ein vollständiges Entweichen des Treibmittels und eine Relaxation des Polymers sicherzustellen. Die Einwaage des so behandelten Probenmaterials betrug 6,15 mg.

4.6.2 BILDANALYTISCHE UNTERSUCHUNGEN

Die Untersuchungen der Schaumkernplatten mit Hilfe eines Gammastrahlen-Dichtescanners und eines elektronenmikroskopischen Abbildungsverfahrens sollen den feinstrukturellen Aufbau der Platten und die Materialverteilung innerhalb des Werkstoffes aufzeigen. Die Ergebnisse bieten eine Grundlage für eine qualitative Bewertung der physikalischen und mechanischen Eigenschaften.

4.6.2.1 Dichteprofil

Durch die Visualisierung der Dichteverteilung über den Plattenquerschnitt lassen sich unzureichend verdichtete bzw. expandierte Regionen innerhalb der Platte identifizieren. Die Auswirkungen unterschiedlicher Pressprogramme und Decklagendicken bzw. Mittellagenzusammensetzungen auf die Eigenschaften können so nachvollzogen werden. Darüber hinaus können Aufbau und Symmetrie des Rohdichteprofils eventuell auftretende, charakteristische Versagensmuster erklären. Die Untersuchungen werden nach den Beschreibungen von Ranta und May, 1978, an einem Gammastrahlenmessgerät durchgeführt.

Jeweils drei Probenkörper wurden nach dem Zuschnitt (50 x 50 mm) klimatisiert und an einem Gammastrahlenmessgerät der Firma Raytest Isotopenmessgeräte GmbH vermessen. Die von einem Americum-Strahler (^{241}Am) erzeugte Gammastrahlung wird auf einen Strahl von 10 mm Höhe und 0,2 mm Breite fokussiert und durchdringt die Probe parallel zur Plattenoberfläche. Die weiteren Messungen erfolgen in Abständen von 75 µm. Das beim Durchgang durch die Probe geschwächte Signal wird nach dem Austritt aus dem Probenkörper von einem NaJ(Tl)-Szintillationsdetektor erfasst und ausgewertet. Die individuellen Rohdichtewerte ergeben in ihrer Gesamtheit eine Rohdichteprofilkurve der untersuchten Probe über den Plattenquerschnitt.

Ziel dieser Untersuchungen war es in erster Linie, den Aufbau der Sandwichplatten darzustellen. Durch die Auswahl der Probenkörper konnten weitere Hinweise für die Beurteilungen im Rahmen der mechanischen und physikalischen Untersuchungen erwartet werden. Die Profile wurden aus gemittelten Werten von jeweils drei Probenkörpern erstellt. Die Profile wurden auf 100 % Gesamtdicke normiert, um geringe Dickenschwankungen auszugleichen und um eine Vergleichbarkeit der Dichteentwicklung über den Querschnitt herzustellen.

4.6.2.2 Feldemissions-Rasterelektronenmikroskopie (FESEM)

Zur Untersuchung von feinstrukturellen Merkmalen des Plattenaufbaus wurden rasterelektronenoptische Aufnahmen von ausgewählten Querschnittflächen angefertigt. Diese Untersuchungsmethode bietet aufgrund der hohen Detailauflösung und Tiefenschärfe die Möglichkeit, sowohl die Ausbildung der Zellen des Mittellagenschaums, als auch die strukturellen Wechselwirkungen zwischen Polymer und Holzoberflächen zu analysieren. Die Aufnahmen der Schaumkernplatten mit gestreuten Mittellagen wurden am Institut für Holztechnologie und Holzbiologie (HTB) des Johann Heinrich von Thünen-Instituts, die Aufnahmen der Platten mit papierbasierten Mittellagen wurden an einem Rasterelektronenmikroskop der Papiertechnischen Stiftung (PTS), Heidenau, angefertigt.

Für die Probenvorbereitung am HTB wurden quadratische Proben mit einer Kantenlänge von 5 mm auf Probenträger aufgeklebt. Zur Herstellung einer einwandfrei leitfähigen Oberfläche wurden die vorbereiteten Probenkörper in einem Bio-Rad SEM Coating System Typ SC 510 zweifach in einem Plasmastrom von 20 mA und einer Spannung von 2 kV mit Gold bedampft (gesputtert). Anschließend wurden die rasterelektronenmikroskopischen Aufnahmen an einem Gerät der Firma FEI Typ Quanta 250 FEG mit einer Erregerspannung von 10 kV angefertigt. Die Aufnahmen wurden in Vergrößerungsgraden von 100...1400fach angefertigt.

4.7 VERSAGENSANALYSE AN SCHAUMKERNPLATTEN

Die Bruchmechanik der Sandwichwerkstoffe unterscheidet sich von der monolithischer Werkstoffe dahingehend, dass die herkömmlichen Versagensarten durch den Einsatz verschiedener Materialien mit deutlichen mechanischen Eigenschaftsunterschieden weiter differenziert werden müssen. Die Versagensanalyse kann demnach als eigenständiger Zweig der Wissenschaft gesehen werden, der die Zielsetzung hat, umfangreiche Tests zu reduzieren und bereits während der Designphase einen Teil des mechanischen Verhaltens zu simulieren.

Im Rahmen dieser Arbeit wurde ein analytischer Ansatz für die Darstellung gewählt. Diese Betrachtung basiert auf den charakteristischen mechanischen Eigenschaften der einzelnen Elemente eines Werkstoffs und verbindet diese aufgrund elastomechanischer Zusammenhänge zu einem Gesamtverhalten.

Zielsetzung und Forschungskonzept

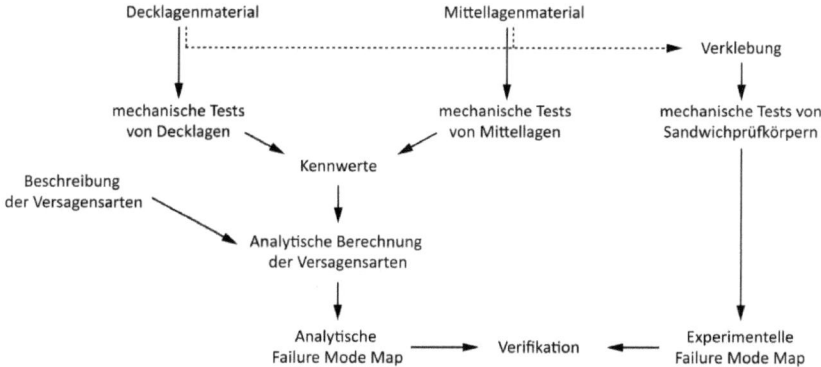

Abbildung 4.12   Schematischer Ablauf der Versagensanalyse

Der in Abbildung 4.12 dargestellte schematische Ablauf der Versagensanalyse verdeutlicht die einzelnen Stufen der Erstellung und Verifikation einer Failure Mode Map. Grundlage für die Analyse sind die Eigenschaften der Einzellagen des Werkstoffs, deren individuelle Kennwerte über mechanische Prüfungen ermittelt werden. Durch die Beschreibung der Mechanik von Sandwichwerkstoffen können die Versagensarten mit den Kennwerten kombiniert werden und in eine analytische Failure Mode Map einfließen. Die mechanischen Prüfungen des aus den Einzellagen verklebten Sandwichverbundes ergeben die korrespondierenden Werte, welche die Basis für die experimentelle Failure Mode Map sind. Ein Vergleich der analytischen Vorhersage mit den tatsächlich eingetretenen Versagensarten verifiziert die analytische Failure Mode Map und somit die für die Berechnung des Bruchverhaltens erstellten Formeln.

4.7.1   Mechanik von Sandwichwerkstoffen

Durch die Mehrlagigkeit, insbesondere durch die Einführung eines schubweichen Kerns, ergeben sich Unterschiede gegenüber klassischen monolithischen Holzwerkstoffen. Die Sandwichtheorie beruht im Wesentlichen auf der klassischen Balkentheorie. Schubverformungen, die bei der Biegung von annähernd monolithischen Materialien in der Regel einen nicht nennenswerten Einfluss auf die Messung haben, stellen hierbei einen zusätzlichen Verformungsanteil dar.

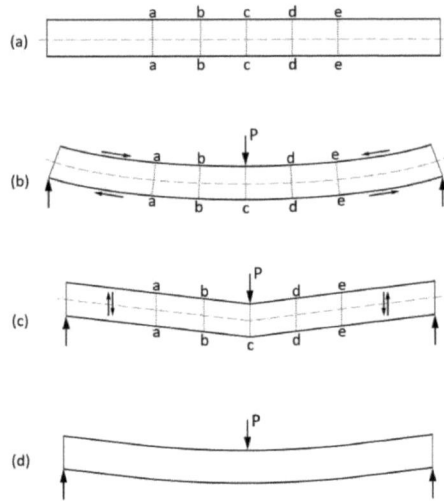

Abbildung 4.13 Partialdurchsenkungen am Biegebalken. (a) Unbelasteter Balken; Balken unter Dreipunktbelastung: (b) Anteil der reinen Biegeverformung, (c) Anteil der reinen Schubverformung und (d) resultierende Verformung (nach Allen, 1969)

Abbildung 4.13 zeigt die Methode der Partialdurchsenkung unter Dreipunktbelastung nach Allen, 1969, Stamm und Witte, 1974, und Klein, 2007. Die Gesamtverformung oder Durchsenkung w (Abbildung 4.13d) ergibt sich dabei aus den Anteilen der Einzelverformungen der reinen Biegeverformung w_0 (Abbildung 4.13b) und der reinen Schubverformung w_s (Abbildung 4.13c) aufgrund einer mittig angreifenden Kraft P. Im Falle reiner Biegeverformung durch ein Biegemoment M rotieren die Querschnittebenen aa, bb, cc, ..., bleiben aber orthogonal zu den Decklagen bzw. der Symmetrieachse des Balkens ausgerichtet. Die Druck- bzw. Zugspannungen führen zu einer Längskomprimierung bzw. Längsdehnung der Decklagen. Die reine Schubverformung wird aufgrund der Querkraft V und die dadurch erfolgende Parallelverschiebung ohne Verformung der Decklagen indiziert. Die über den Querschnitt konstanten Schubspannungen führen zu einer vertikalen Verschiebung der Querschnittebenen aa, bb, cc, ..., während die Decklagen eine Neigung

ZIELSETZUNG UND FORSCHUNGSKONZEPT

erfahren. Mit zunehmender Schubweichheit des Kerns erfolgt also eine verstärkte Gesamtdurchsenkung, die sich nach Allen, 1969, aus

$$w = \frac{PL^3}{48D} + \frac{PL}{4(AG)_{eq}} \qquad (4.4)$$

ergibt, dabei errechnet sich die Biegesteifigkeit D aus

$$D = \frac{E_f bt(c+t)^2}{2} + \frac{E_f bt^3}{6} + \frac{E_c bc^3}{12}. \qquad (4.5)$$

Die Biegesteifigkeit D setzt sich aus den Eigenbiegesteifigkeiten der Decklagen (2. Term) und des Kerns (3. Term) und der Rotation der Decklage um die Mittelachse (1. Term) zusammen. Bei Betrachtung von Sandwichstrukturen mit sehr dünnen Decklagen t und Kernen mit geringem Elastizitätsmodul E_c können der zweite und dritte Term vernachlässigt werden und die Biegesteifigkeit durch

$$D = \frac{E_f bt(c+t)^2}{2} \qquad (4.6)$$

genähert werden.

Der durch die Vernachlässigung der Decklagensteifigkeiten eingeführte Fehler ist nach Allen, 1969, jedoch nur vernachlässigbar, wenn $d/t > 5{,}77$. Diese Voraussetzung tritt im Fall der in der Versagensanalyse verwendeten Spandecklagen mit Dicken zwischen 1 mm und 4 mm nicht durchgehend ein, so dass eine Vernachlässigung dieses Terms nicht vorgenommen werden kann.

Der dritte Term, die Eigenbiegesteifigkeit des Kerns, kann unter Erfüllung der Bedingung

$$6 \frac{E_f}{E_c} \frac{t}{c} \left(\frac{d}{c}\right)^2 > 100 \qquad (4.7)$$

vernachlässigt werden, so dass nunmehr zur Berechnung der Gesamtbiegesteifigkeit

$$D = \frac{E_f bt^3}{6} + \frac{E_f bt(c+t)^2}{2} \qquad (4.8)$$

gilt.

Das maximale Moment M und die Querkraft V, hervorgerufen von einer in Dreipunktbiegung aufgebrachten Kraft P, errechnen sich aus

$$M = \frac{1}{4}Pl \qquad (4.9)$$

und

$$V = \frac{1}{2}P \qquad (4.10)$$

mit der angreifenden Kraft P und dem Auflagerabstand l. Die während der Durchbiegung entstehenden Normalspannungen σ basieren auf den in den Einzellagen eingesetzten Materialien bzw. deren Elastizitätsmoduln. Im Abstand z von der neutralen Faser lassen sie sich durch

$$\sigma_f = \frac{Mz}{D}E_f \qquad (4.11)$$

in den Decklagen bzw. im Kern durch

$$\sigma_c = \frac{Mz}{D}E_c \qquad (4.12)$$

bestimmen. Die Normalspannungen steigen mit dem Abstand von der neutralen Achse und erreichen an den Oberflächen die größten Zug- bzw. Druckspannungen (Abbildung 4.14).

Die während der Biegung auftretenden Schubspannungen werden in Erweiterung der klassischen Balkentheorie um die Elastizitätsmoduln der Einzellagen ergänzt und berechnen sich nach:

$$\tau_c = \frac{Q}{D}\left[\frac{E_f t(c+t)}{2} + \frac{E_c}{2}\left(\frac{c^2}{4} - z^2\right)\right] \qquad (4.13)$$

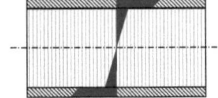

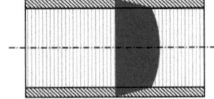

Abbildung 4.14 Spannungsverteilungen in einem Sandwichbalken. Die unter einer Biegebelastung entstehenden Normalspannungen (oben) und die Schubspannungen (unten) sind dunkel dargestellt.

An den Oberflächen der Decklagen entstehen bei der Biegung keine Schubspannungen, während diese in der neutralen Achse (z=0) maximal werden (Zenkert, 1995). Abbildung 4.14 zeigt die Verteilung der Spannungen im Querschnitt eines Sandwichbalkenausschnitts. Die Decklagen nehmen nahezu die gesamten aus den Biegemomenten entstehenden Normalspannungen auf, während die Schubspannungen in erster Linie vom Kernmaterial aufgenommen werden müssen.

4.7.2 Theoretische Betrachtung der Versagensarten

Die Versagensarten, sog. Failure Modes, von Sandwichmaterialien entsprechen nur zu einem kleinen Teil denen eines isotropen Werkstoffes, da unterschiedliche Materialien mit individuellen Eigenschaften verbunden sind. Abhängig von der Geometrie des Sandwichaufbaus und der Belastung können verschiedene Versagensarten kritisch werden und den Einsatz des Werkstoffes begrenzen. Die in Abbildung 4.15 dargestellten Versagensarten können grundsätzlich in drei Kategorien eingeteilt werden (Branner, 1995, Torsakul, 2007):

- Globale Versagensarten (das Bauteil versagt als Ganzes)
- Lokale Versagensarten (ein einzelnes Element des Bauteils versagt)
- Grenzflächenversagensarten (das Bauteil versagt aufgrund von geometrischen oder materiellen Unregelmäßigkeiten)

Als globale Versagensarten gelten das globale Knicken und das Schubknicken. Beide Versagensarten treten nur bei einer Druckbelastung in der Ebene der Struktur auf. In der Regel tritt ein Schubknicken als Sekundärversagen nach globalem Knicken auf.

Deutlich häufiger sind lokale Versagensarten zu finden. Hier findet ein Versagen oder ein Fließen in einer einzelnen Lage, der Decklage oder dem Kern statt (Schichtversagen). Dieses Versagen kann entsprechend als Festigkeit der Decklage oder des Kerns unter Zug-, Druck- oder Schubbeanspruchung ausgedrückt werden. Außerdem werden langwelliges Decklagenknittern, lokale Intrusion und lokales Versagen aufgrund dynamischer Einwirkungen zu den lokalen Versagensarten gezählt.

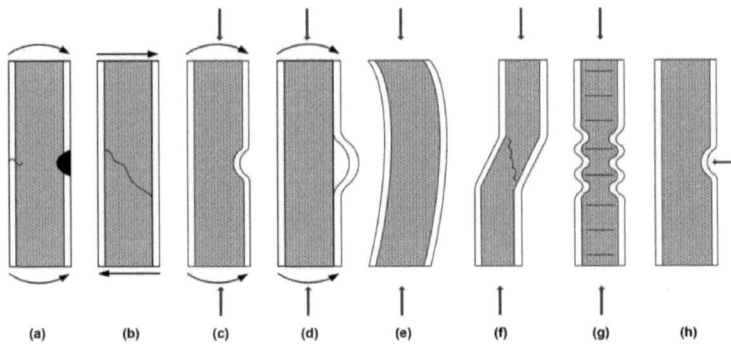

Abbildung 4.15 Versagensarten von Sandwichbalken. (a) Bruch/Fließen der Decklage, (b) Schubversagen, (c) und (d) langwelliges Decklagenknittern, (e) globales Knicken, (f) Schubknicken, (g) kurzwelliges Decklagenknittern, (h) lokale Intrusion (Torsakul, 2007, nach Zenkert, 1995)

Grenzflächenversagen am Übergang von Decklage zu Kern treten insbesondere bei Unregelmäßigkeiten in der Struktur des Bauteils, wie freien Schmalflächen, Verbindungsstellen, Einsätzen, Löchern oder Dickenänderungen, auf (Frostig, 2006). Die entstehenden unterschiedlichen Spannungen in den einzelnen Lagen können zu Delaminationen führen. Solche Unregelmäßigkeiten entstehen entweder bereits während der Produktion oder im Laufe der Verarbeitung. Die Auswirkungen von Delaminationen dieser Art werden im Rahmen dieser Arbeit nicht behandelt, sind aber in der Literatur vielfach beschrieben (Falk, 1994, Burman und Zenkert, 1997, Mahfuz et al., 2005, Triantafillou und Gibson, 1989).

Für die Betrachtung des Bauteilversagens bei Biegebeanspruchung treten Versagensarten, wie in Abbildung 4.15a-d in den Vordergrund. Lokale Intrusionen (Abbildung 4.15h) werden in der Regel durch ausreichend große Krafteinleitungspunkte vermieden und daher im Folgenden nicht weiter betrachtet. In der Vielzahl der unter Biegung auftretenden Versagensarten treten gleichzeitig Zug-, Druck- und Schubspannungen auf, die in Kombination zum Versagen führen. Daher ist zur Materialcharakterisierung ein Versagenskriterium notwendig, das die zu messenden Spannungen und die Messung selbst definiert. Das von Mises-Versagenskriterium[1] stellt in vielen Fällen eine sinnvolle vereinfachende Herangehensweise dar, kann im Falle von Verbundwerkstoffen allerdings nicht angewendet werden, da hier durch den mehrlagigen und mehrkomponentigen Aufbau eine Anisotropie gegeben ist (von Mises, 1913, De Groot et al., 1987). Andere gängige Versagenskriterien, wie das Tsai-Hill- oder das Tsai-Wu-Kriterium unterscheiden zwischen Versagen und Nicht-Versagen des Bauteils, können aber keine Aussage über das Bruchverhalten treffen (Azzi und Tsai, 1965, Tsai und Wu, 1971). Möglich wird dies nach den von Kuenzi, 1959, Plantema, 1966, Allen, 1969 oder Ueng et al., 1979, dargestellten Ansätzen, die den Zusammenhang zwischen dem Belastungsfall und dem Versagen des Probenkörpers anhand der Materialeigenschaften der Einzelkomponenten ermitteln. Nach Triantafillou und Gibson, 1987a, und Lim et al., 2004, kann dieser Zusammenhang in einer Failure Mode Map dargestellt werden, um entsprechend die Versagensarten für unterschiedliche Konfigurationen zu prognostizieren (siehe Kapitel 4.7.6).

Die Betrachtungen beschränken sich in der Regel auf die Darstellung von Deck- und Kernlagenbrüchen (Abbildung 4.15a und Abbildung 4.15b), da dies die häufigsten Versagensfälle sind. Darüber hinaus stellt das Knittern der Decklage auf der Druckseite einen relevanten Versagensfall bei der Verwendung dünner Decklagen dar (Abbildung 4.15c und Abbildung 4.15d). Die Belastungsfälle in Abbildung 4.15e bis Abbildung 4.15g stellen eine rein in Plattenebene wirkende Belastung dar und werden, da sie in der Praxis selten auftreten, im Rahmen dieser Untersuchungen nicht betrachtet, ebenso wie die Intrusion, die einen lokal sehr begrenzten Versagensfall darstellt.

Für die Erstellung einer Failure Mode Map können die von Triantafillou und Gibson, 1987a, angestellten Überlegungen nicht direkt auf die in dieser Arbeit verwendeten dickeren Decklagen übertragen werden. Hierfür ist eine Anpassung der für die Berechnung der Versagenskraft erforderlichen Formeln notwendig.

---

[1] Die von Mises-Vergleichsspannung stellt eine Vereinfachung eines gegebenen mehrachsigen Spannungszustandes dar. Hierbei werden die auftretenden Spannungen in eine fiktive, einachsige Vergleichsspannung überführt, die im Körper die gleichen Verformungen hervorruft. Voraussetzung ist ein isotroper Aufbau des Werkstoffes.

4.7.3 Decklagenversagen

Das Versagen der Decklage wird durch die Wahl des Decklagenmaterials und das angesetzte Versagenskriterium bestimmt. So kann entweder der Beginn der Verformung oder der eingetretene Bruch als Decklagenversagen und somit als Kriterium definiert werden. Da die Normalspannungen in den Decklagen üblicherweise deutlich höher als die Schubspannungen sind, können letztere vernachlässigt werden. Das Versagen tritt ein, wenn

$$\sigma_{fmax} = \sigma_{fy} \qquad (4.14)$$

also die Spannung in der Decklage der Decklagenzugfestigkeit σ_{fy} entspricht bzw. (nach (4.11))

$$\sigma_{fy} = \frac{M\left(\frac{c}{2}+t\right)}{D} E_f \qquad (4.15)$$

Gemäß (4.9) ergibt sich die für ein Decklagenversagen notwendige Kraft zu

$$P_{fy} = \frac{4\sigma_{fy} D}{E_f \left(\frac{c}{2}+t\right) l} \qquad (4.16)$$

4.7.4 Decklagenknittern

Im Fall einer Biegebelastung oder einer axialen Kompression kann die unter einer Druckspannung stehende Decklage durch kurz- bis langwelliges Knittern versagen (Abbildung 4.15c, d und g). Gough et al., 1939, und Hoff et al., 1945, entwickelten die Theorie, dass das Knittern der Decklage aufgrund eines begrenzt elastischen Kerns unterstützt wird. Die Decklage kann dadurch ihre Position vertikal zur Druckspannung ändern. Übersteigt dabei die Zug- bzw. Druckspannung zwischen Kern und Decklage die vertikale Zug- bzw. Druckfestigkeit des Mittellagenmaterials, kann es zum Ablösen oder Eindrücken der Decklage vom bzw. in den Kern kommen (Abbildung 4.15c und Abbildung 4.15d).

Das Versagenskriterium kann nach Zenkert, 1995, als

$$\sigma_{fw} = \frac{1}{2} \sqrt[3]{E_f E_c G_c} \qquad (4.17)$$

ermittelt werden, wobei sich die zum Versagen notwendige Kraft aus

$$P_{fw} = \frac{2\sqrt[3]{E_f E_c G_c D}}{E_f \left(\frac{c}{2} + t\right) l} \qquad (4.18)$$

ergibt.

4.7.5 Schubversagen des Kerns

Der Kern ist vornehmlich Schubspannungen ausgesetzt, da er in erster Linie Querkräfte aufnimmt. Trotzdem können aufgrund von Zug- bzw. Druckbelastungen des Kerns auch Normalspannungen in der gleichen Größenordnung wie die Schubspannungen auftreten. Ein Kernschubversagen tritt ein, wenn die maximale Schubspannung im Kern $\tau_{c\,max}$ die Schubfestigkeit τ^*_{max} erreicht:

$$\tau_{c\,max} = \tau^*_c \qquad (4.19)$$

wobei sich die maximale Schubspannung $\tau_{c\,max}$ aus

$$\tau_{c\,max} = \sqrt{\left(\frac{\sigma_c}{2}\right)^2 + \tau_c^2} \qquad (4.20)$$

errechnet. In der Schicht $z = \frac{c}{2}$ erreicht die Schubspannung ihre größten Werte. Dort gilt für die Normalspannung σ_c und die Schubspannung τ_c:

$$\sigma_c = \frac{M\left(\frac{c}{2}\right)}{D} E_c \qquad (4.21)$$

bzw.

$$\tau_c = \frac{V}{D} \left[\frac{E_f t (c+t)}{2} \right] \qquad (4.22)$$

Die Versagenskraft durch Kernschub ergibt sich durch das Biegemoment M_{max} (4.9) und die Querkraft V (4.10) aus

$$P_{cs} = \frac{4\tau_c^* D}{\sqrt{\left(\frac{E_c cl}{4}\right)^2 + [E_f(c+t)t]^2}} \qquad (4.23)$$

4.7.6 Failure Mode Maps

Über eine Failure Mode Map lässt sich der Zusammenhang zwischen der Versagensart und dem Aufbau des aus definierten Materialien bestehenden Werkstoffes bestimmen. Über die Bestimmung und den Vergleich der zu den unterschiedlichen Versagensarten führenden Kräfte, lassen sich die auftretende Versagensart für einen Werkstoff und dessen spezifischer Dimension bestimmen (Triantafillou und Gibson, 1987a). Im Rahmen der Untersuchungen werden die Decklagendicke und Mittellagendichte variiert. Nach Zenkert, 1995, gilt zwischen der Dichte ρ_c und den mechanischen Eigenschaften des Schaums M_c der Zusammenhang

$$M_c = C\rho_c^n \qquad (4.24)$$

Die Bestimmung der Kennwerte, der Konstanten C und des Exponenten n, erfolgt über mechanische Prüfungen des in der Dichte variierten Schaummaterials.

Die anhand der mechanischen Prüfungen ermittelten Festigkeiten und Kennwerte wurden genutzt, um aufgrund der entwickelten Formeln zur jeweiligen kritischen Versagenskraft, die in der individuellen Konfiguration wahrscheinlichste Versagensart zu prognostizieren. Der Zusammenhang zwischen der Versagensart und dem Design beim vorgegebenen Materialaufbau lässt sich aufgrund der Übergänge zwischen zwei Belastungsarten ermitteln, indem die Versagenskräfte gleichgesetzt werden. Die Wiedergabe in einer Failure Mode Map erfolgt durch die Darstellung der Übergänge zwischen den Belastungsarten (Abbildung 4.16).

ZIELSETZUNG UND FORSCHUNGSKONZEPT

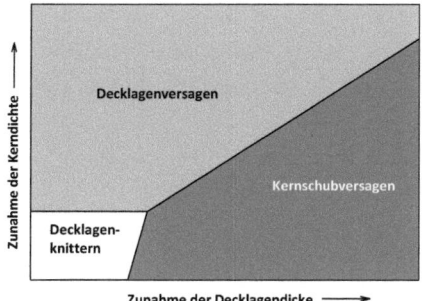

Abbildung 4.16 Schematische Failure Mode Map eines Sandwichwerkstoffes in einer Dreipunktbelastung. Die drei Versagensarten entwickeln sich im Verhältnis von Decklagendicke und Kerndichte.

Die entstehenden Felder kennzeichnen das einheitliche Eintreten einer Versagensart unter den gegebenen Dimensionen und der Kernwerkstoffdichte. Im Falle homogen aufgebauter Sandwichwerkstoffe bilden das Decklagenversagen, das Decklagenknittern und das Kernschubversagen die typischen Versagensarten unter einer Biegebelastung. Niedrige Decklagendicken führen zum Bruch der Decklage, solange die Kerndichte hoch genug ist. Mit sinkender Kerndichte steigt die Tendenz zum Knittern der Decklage, da die Druckspannungen zum Ausweichen der Decklage senkrecht zur Plattenoberfläche in das wenig druckstabile Kernmaterial führen. Die aufgrund der Dicke stabiler werdenden Decklagen können mehr Spannungen aufnehmen und initiieren den Übergang zu einem vermehrten Schubversagen des Kerns.

4.7.7 Ermittlung der relevanten Kennwerte

Die Ermittlungen der oben beschriebenen Kennwerte und Versagenskräfte stellen die Grundlage für eine Failure Mode Map dar. Zur Erstellung der Failure Mode Map werden sowohl die Dichte des Schaums, als auch die Dicke der Decklagen variiert. Für die Vorhersage der Versagensart müssen daher lediglich die mechanischen Eigenschaften der Decklagen und des Kerns und die Designparameter (Dicke der Decklagen und Dichte des Kerns) bekannt sein. Im Folgenden werden die Methoden zur Ermittlung der Schaumkennwerte Elastizitätsmodul E_c, Schubmodul G_c, sowie der Schubfestigkeit τ_c dargestellt. Als Decklageneigenschaften gehen das Elastizitätsmodul E_f und die Zugfestigkeit in Plattenebene σ_{fy} in die Berechnungen ein.

4.7.7.1 Decklageneigenschaften

Die spanbasierten Decklagen der Schaumplatten wurden aus industriell gefertigten Dünnspanplatten (Wilhelm Mende GmbH & Co KG, Gittelde) gebildet. Da die Laborherstellung von Spanplatten im Dickenbereich unter 5 mm aufgrund der manuellen Streuung erfahrungsgemäß zu starken Ungleichmäßigkeiten der Dichteverteilung führt, konnte durch den Einsatz der industriell gefertigten Platten eine hohe Homogenität der Rohdichte und somit der Eigenschaften erzielt werden.

Die Decklagendicken 3 mm und 4 mm wurden direkt aus Dünnspanplatten entsprechender Dicken gebildet. Für Sandwichplatten mit dünneren Decklagen (1 mm) wurden 3 mm dicke Dünnspanplatten einseitig geschliffen und schleifseitig mit dem Schaum verklebt. Die Verklebung erfolgte mittels eines 2-Komponenten-Epoxidharzklebers (Araldite AW 106 mit Härter HV953U, Bodo Möller Chemie GmbH, Offenbach). Die durch den Klebstoff eingetretene Veränderung der Grenzflächencharakteristik gegenüber der aus dem Schaum gebildeten Verklebung war alternativlos, da eine Verklebung von vorgefertigten Deck- und Mittellage für die Versuchsdurchführung unerlässlich war. Weitere detaillierte Angaben zur Herstellung der Prüfkörper können der Arbeit von Hirsch, 2010, entnommen werden.

Tabelle 4.9 Mechanische Eigenschaften der Decklagen nach Herstellerangaben

Eigenschaft	Wert
Elastizitätsmodul	3000 Nmm^{-2}
Zugfestigkeit (in Plattenebene)	10 Nmm^{-2}

Der im Rahmen der Berechnungen eingesetzte Elastizitätsmodul E_f und die Zugfestigkeit der Decklage σ_{yf} in Plattenebene basieren auf Festigkeitsprüfungen des Herstellers (Tabelle 4.9). Sowohl E_f als auch σ_{yf} zeigten sich in den firmeninternen Untersuchungen unabhängig von der Plattendicke und mussten somit nicht individuell für die unterschiedlichen Plattendicken ermittelt werden.

4.7.7.2 Schubverhalten des Schaumkerns

Die Schubfestigkeit des Schaumkerns wurde in Anlehnung an EN 789 geprüft. Hierzu wurden jeweils drei Probenkörper von 100 x 225 mm aus den Schaumplatten geschnitten. Die Proben wurden mittels eines 2-Komponenten-Epoxidharzklebers (Araldite AW 106 mit Härter HV953U, Bodo Möller Chemie GmbH, Offenbach) zwischen 23 mm dicke Birkensperrholz-Joche mit einer Fläche von 100 x 250 mm geklebt. Die in der Norm vorgeschriebenen Metalljoche hätten aufgrund ihres Eigengewichts eine deutliche Vorverformung verursacht. Dadurch wäre insbesondere die Messung im elastischen Bereich in nicht vertretbarem Maße beeinflusst worden. Da die EN 789 für eine Anwendung im Holzwerkstoffbereich erstellt wurde, konnte aufgrund der deutlich geringeren Festigkeiten der Schaumplatten auf die Verwendung der Metalljoche verzichtet werden.

Die Prüfung wurde an einer Universalprüfmaschine (Zwick Z 050, Ulm) durchgeführt. Die Probenkörper wurden nach Klimatisierung bei 20 °C und 65 % relativer Luftfeuchtigkeit in einem nach EN 789 gefertigten Prüfstand auf Scherung belastet und innerhalb von (300 ± 120) s bis zum Bruch geprüft.

Die Ermittlung der Schubfestigkeit τ_c^* erfolgte nach:

$$\tau_c^* = \frac{F_{max}}{lb} \qquad (4.25)$$

dabei sind F_{max} die Bruchkraft, b und l die Breite bzw. die Länge des Prüfkörpers. Die Berechnung des Schubmoduls G in Plattenebene wurde nach

$$G = \frac{(F_2 - F_1)c}{(u_2 - u_1)lb} \qquad (4.26)$$

durchgeführt, wobei $(F_2 - F_1)$ die Lastzunahme im linearen Bereich der Verformungskurve und $(u_2 - u_1)$ die zur Lastzunahme analoge Verformung des Prüfkörpers ist, die der relativen Verschiebung der Joche entspricht.

4.7.7.3 Druckverhalten des Schaumkerns

Die Prüfung der Mittellagen zur Ermittlung des Elastizitätsmoduls E_c erfolgte in einer Druckprüfung nach EN 789. Die Probenkörper von 50 x 50 mm wurden normgerecht klimatisiert und in einer Universalprüfmaschine senkrecht zur Oberfläche belastet. Zur Ermittlung des Elastizitätsmoduls wurde das Kraft-Verformungs-Diagramm mittels einer 50 kN-Kraftmessdose und optischen Wegaufnehmern aufgezeichnet. Der elastische Bereich wurde nach Gibson und Ashby, 1997, festgelegt und der Elastizitätsmodul nach

$$E_c = \frac{(F_2-F_1)c}{(u_2-u_1)lb} \qquad (4.27)$$

im linearen Bereich ermittelt.

4.7.7.4 Zugverhalten des Schaumkerns

Neben der Druckprüfung wurde der Elastizitätsmodul der Schaumkerne mit Hilfe einer Zugprüfung quer zur Plattenoberfläche nach EN 789 ermittelt. Die klimatisierten Prüfkörper mit einer Kantenlänge von 50 x 50 mm wurden an der Oberfläche angeschliffen, um einen hinreichenden Verbund mit den Trägerjochen zu erzielen. Die Verklebung mit den Jochen erfolgte mittels eines 2-Komponenten-Epoxidharzklebers (Araldite AW106 mit Härter HV953U, Bodo Möller Chemie GmbH, Offenbach). Die Prüfung wurde an einer Universalprüfmaschine durchgeführt, wobei die Dehnung der Prüfkörper mit Hilfe seitlicher Wegaufnehmer erfasst wurde. Die gewählte Prüfgeschwindigkeit führte zu einem Versagen der Prüfkörper nach (60 ± 30) s. Die Berechnung des Zugelastizitätsmoduls erfolgte analog zum Druckelastizitätsmodul nach

$$E_c = \frac{(F_2-F_1)c}{(u_2-u_1)lb} \qquad (4.28)$$

im linearen Bereich des Kraft-Verformungs-Diagramms.

4.8 ÖKONOMISCHE ANALYSE DER PRODUKTION

Die ökonomische Bewertung der Herstellung einer Neuentwicklung ist ein wesentlicher Teil einer ganzheitlichen Betrachtung und stellt die Voraussetzung für eine industrielle Umsetzung dar. Hier spiegeln sich die Auswirkungen auf eine Steigerung der Ressourceneffizienz in den in Kapitel 2 beschriebenen Bereichen Material, Energie und Personal wider.

Ansätze zur Kostenoptimierung von Sandwichwerkstoffen stellten Froud, 1980, und Park et al., 2004, vor. Sie betrachteten die Herstellungskosten gleichzeitig mit dem Design der Werkstoffstruktur und stimmten diese aufeinander ab. Dadurch erfolgt bei der Produktentwicklung bereits in einem sehr frühen Stadium die Auseinandersetzung mit den Kosten und beeinflusst sowohl das Design, als auch die Werkstoffauswahl. Auf Seiten der Fertigungstechnologie beschrieb Soiné, 1972, die Teilauslagerung von Prozessen aus der Möbelherstellung in die Spanplattenproduktion. So können Teilprozesse des Plattenzuschnitts und der Beschichtung bereits in holzwerkstoffproduzierenden Betrieben stattfinden. Dadurch kann eine erhöhte Wirtschaftlichkeit erzielt werden, da beispielsweise Kleinanlagen für Beschichtungsprozesse in der Möbelfertigung weniger wirtschaftlich zu betreiben sind, als eine Großanlage im Spanplattenwerk. Die Verlagerung von Teilprozessen wirkt sich jedoch nicht auf die reinen Herstellungskosten der Rohplatte aus.

Das Ziel der Untersuchungen ist daher die Erstellung eines Kostenmodells, das nach Definition von Schlüsselparametern, wie Plattenaufbau und -zusammensetzung und grundlegenden Produktionsparametern, wie beispielsweise dem Presszeitfaktor, die Herstellungskosten des Produktes darstellt. Die Erarbeitung der grundlegenden Zusammenhänge wurde im Rahmen der vorliegenden Arbeit von Poppensieker, 2010, durchgeführt. Er entwickelte die von Janssen, 2001, für die Herstellung von MDF konzipierte Kostenanalyse für die Produktion von Spanplatten weiter und ermöglichte auf dieser Basis eine Analyse der Herstellungskosten von Schaumkernplatten.

4.8.1 Wahl des Mittellagenmaterials für die Kostenbetrachtung

Die Darstellung der Herstellungskosten soll nicht ein spezifisches Plattenmaterial in einer konkreten Zusammensetzung abbilden. Unter Annahme eines mehrlagigen Werkstoffes mit leichtem Kern und Holzwerkstoffdecklagen soll vielmehr ein Modell erstellt werden, das die Herstellungskosten unabhängig vom eingesetzten Material ermitteln kann. Um diese Flexibilität in der Berechnung zu erlangen, wird auf eine genaue Spezifizierung der eingesetzten Materialien an nicht produktionsrelevanten Stellen verzichtet. Das bedeutet, dass für die Applikation des Mittellagenmaterials zwar ein Streuprozess vorausgesetzt wird, dieser aber grundsätzlich unabhängig von der Art des Materials ist, solange es sich um ein pulver- bis granulatförmiges Material handelt.

Die bisherigen Entwicklungen basieren auf einem thermoplastischen Mikrosphärenmaterial. Trotz der im Rahmen dieser Arbeit gezeigten verfahrenstechnischen Umsetzbarkeit der Plattenherstellung im Labormaßstab bringt dieses Material produktimmanente technische und ökonomische Eigenschaften mit, die einen industriellen Einsatz zum gegenwärtigen Zeitpunkt fragwürdig erscheinen lassen.

Die technischen Aspekte beinhalten die notwendige Kühlung nach Abschluss des Expansionsprozesses. Dieser Kühlprozess ist zum einen nur auf wenigen Holzwerkstoffanlagen zu bewerkstelligen, zum anderen bedeutet eine Kühlung im hinteren Pressenabschnitt, eine dramatische physikalische Einwirkung auf das Material der Presse, insbesondere auf die Stahlbänder. Hierbei muss das abgekühlte Stahlband auf dem Weg zum Presseneinlauf wieder aufgeheizt werden, um eine effektive Durchwärmung der Partikelmatte zu gewährleisten. Dies würde einen negativen Effekt auf die Energiewirtschaftlichkeit und somit die Herstellungskosten beinhalten. Eine zu installierende Kühlzone im Auslaufbereich der Presse würde eine erhebliche Ergänzungsinvestition bedeuten.

Wie in Kapitel 4.4.1.2 beschrieben, betragen die Kosten des Mikrosphärenmaterials gegenwärtig etwa 13.000 €/t. Die Materialkosten einer reinen Mikrosphären-Mittellage in einer 19 mm dicken Schaumkernplatte mit 4 mm dicken

ZIELSETZUNG UND FORSCHUNGSKONZEPT

Decklagen und einer Mittellagendichte von 80 kgm⁻³ berechnen sich danach wie folgt:

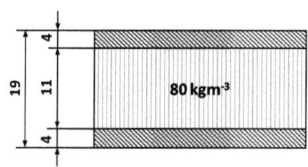

- Decklagen: 2 x 4 mm
- Mittellage 11 mm (Zieldichte 80 kgm^{-3})
- Mikrosphären unexpandiert (1000 kgm^{-3})
- Kosten Mikrosphären 13.000 €/t ≙ 13 €/kg
- Verhältnis Mittellage : Decklage = 0,579
- 80 kgm^{-3} x 0,579 x 13 €/kg = **602,16 €m^{-3}**

Dieser Kostenanteil würde die Herstellungskosten derart erhöhen, dass das Produkt nicht geeignet scheint, als Substitut für eine konventionelle Spanplatte zu gelten, da sich dadurch ein vielfacher Preis für die Schaumkernplatte ergeben würde.

Aus diesen technologischen und ökonomischen Gründen wurde in Zusammenarbeit mit Industriepartnern die grundlegende Entwicklung eines Schaumsystems durchgeführt. Ziel des 18-monatigen Projektes war es, ein Schaumsystem zu entwickeln, welches

- unter den herrschenden Prozessbedingungen fähig ist zu expandieren und
- ohne die Notwendigkeit einer aktiven Kühlung zu härten.

Im erwähnten Kooperationsvorhaben konnte die grundsätzliche Einsatzfähigkeit eines streubaren, mit einem Treibmittel versetzten, Materials auf Phenolharzbasis bereits nachgewiesen werden. Der Prozess der Schaumbildung des Materials zeichnet sich dabei durch

1. eine thermisch indizierte Plastifizierung des Polymers,
2. einen simultan ausgelösten Phasenwechsel des Treibmittels und
3. eine duroplastische Härtungsreaktion aus.

Dieser Typ eines expandierbaren Materials kann als Muster eines zukünftigen Schaumsystems gesehen werden, welches in einer industriellen Umsetzung an Stelle des thermoplastischen Mikrosphärenmaterials eingesetzt werden könnte. Die Kosten eines derartigen Schaummaterials wurden in Abstimmung mit den Projektpartnern auf **800 €/t**, bei einer Dichte im nicht expandierten Zustand von 1000 kgm^{-3}, kalkuliert.

Auf Basis der durchgeführten Untersuchungen können entsprechend realistische Einschätzungen für eine industrielle Umsetzung abgeleitet werden. Die ökonomische Analyse nutzt daher dieses Produkt als Grundlage für eine exemplarische Darstellung der Kostenzusammensetzung, bietet aber darüber hinaus die Option den Einsatz alternativer schäumender Materialien zu betrachten. Als Kernmaterial wird demnach explizit nicht das zuvor beschriebene Mikrosphärenmaterial eingesetzt.

4.8.2 Methodik

Der Aufbau von Kapazitäten zur Herstellung von Holzwerkstoffen erfordert hohe Investitionen und ein Produktportfolio, für das ein Absatzmarkt aufgrund vorheriger Marktanalyse als gegeben vorauszusetzen ist. Im Sinne einer Markteinführung innovativer Produkte ist die Investition in eine neue Fertigungsanlage als risikoreich einzustufen. Die Ermittlung der Herstellungskosten für Schaumkernplatten erfolgt daher unter der Annahme, dass die Platten auf einer Holzwerkstoffanlage hergestellt werden, die bereits für die Produktion von Spanplatten eingesetzt wird (Poppensieker, 2010). Da die Herstellung der Schaumkernplatten lediglich geringe Veränderungen gegenüber der Spanplattenproduktion aufweist, können die Schaumkernplatten auf einer modernen, kontinuierlich arbeitenden Anlage zusätzlich zu konventionellen Spanplatten gefertigt werden. Hierzu sind lediglich geringe Modifikationen im Bereich der Mittelschichtvorbereitung notwendig; die bereits diskutierte Kühlzone wird hier bewusst ausgeklammert. Da die Anlage bedarfsabhängig zur Produktion beider Werkstofftypen genutzt werden kann, werden im Modell zu allen Zeitpunkten sämtliche Aggregate vorgehalten. Das führt dazu, dass auch während der Herstellung eines Produktes fixe Kosten deaktivierter Aggregate zum Teil weiterhin in die Kostenrechnung eingehen.

Hinsichtlich der Komplexität des Modells muss eine Eingrenzung von Faktoren getroffen werden, die trotz eines hohen Aufwands in der Datenerhebung einen lediglich unwesentlichen Erkenntnisgewinn bewirken würden. So ist es nicht immer möglich, Anpassungen im Herstellungsprozess in optimaler Weise an die

ZIELSETZUNG UND FORSCHUNGSKONZEPT

Anlagenparameter, die eingesetzten Aggregate und die individuellen Energie- und Materialverbräuche anzupassen. Diese Komponenten machen einerseits einen lediglich marginalen Anteil am Gesamtenergieverbrauch aus, andererseits können die Auswirkungen von Änderungen im Produktionsablauf nicht immer ideal eingeschätzt werden. Das erstellte Kostenmodell soll somit ein korrektes, aber auch erfassbares Abbild der realen Verhältnisse darstellen.

Die Betrachtung beinhaltet die variablen Kosten für die Verbräuche von Energie und Material, die Instandhaltung und die fixen Kosten für die Abschreibung der Investitionskosten und das Personal. Der Ablauf der Kostenermittlung sieht vor, auf Basis der Definitionen von Produkt und Produktionsanlage eine Ermittlung des Materialverbrauchs und der sonstigen Betriebskosten durchzuführen. Hierfür müssen die Kosten für Material und Energie definiert werden. Die Daten basieren in der Mehrzahl auf aktuellen Preisen für Verbrauchsmittel, aber auch auf begründeten Annahmen, die in Interviews und Befragungen von Holzwerkstoff- und Maschinenherstellern ermittelt wurden. Da diese Annahmen für die Produkte Spanplatte und Schaumkernplatte gleichermaßen getroffen wurden, ist in der Regel auch ein analoger Einfluss auf die Gesamtkosten anzunehmen. Allerdings muss darauf hingewiesen werden, dass diese Vereinheitlichung an anderen Stellen, wie beispielsweise den Personal- oder Instandhaltungskosten, zu einer einseitigen Überhöhung der Kosten führt, da diese Kosten nicht in gleichem Maße für beide Produkte anfallen. Ergänzend ist zu beachten, dass das Modell eine Kostenbetrachtung der Material- und Fertigungskosten umfasst, jedoch nicht die Kosten für Administration und Vertrieb einschließt. Es werden demnach aus Sicht der Kostenrechnung die Herstellungskosten und nicht die Selbstkosten des Produktes ermittelt. Diese Einschränkung basiert auf der Annahme, dass der Kostenblock Verwaltung und Vertrieb für beide Produkte identisch ist. Das im Rahmen dieser Untersuchungen entwickelte Kostenmodell zielt vielmehr auf eine Darstellung der Konkurrenzfähigkeit der Schaumkernplatten im Sinne der Herstellung.

Die gewählte Vorgehensweise zur Modellbildung umfasst in den ersten Schritten die Definition des Produktes und der Produktionsanlage. Die Ermittlung der Kostenarten bildet die Grundlage für die Kostenanalyse.

ÖKONOMISCHE ANALYSE DER PRODUKTION

4.8.3 PRODUKTDEFINITION

Die Berechnung der Kosten für die Herstellung von Schaumkernplatten steht im Vordergrund der Entwicklung des Kostenmodells. Im Vergleich dazu werden als Referenz die Herstellungskosten von Spanplatten dargestellt. Die Plattentypen unterscheiden sich im Aufbau und müssen daher getrennt in ihren Zusammensetzungen definiert werden, damit eine Zuordnung und Berechnung der individuellen Kosten möglich ist.

Aufgrund der Fertigung auf einer gemeinsamen kontinuierlichen Anlage und der erforderlichen Vergleichbarkeit der Platten entstehen Übereinstimmungen einiger Produktparameter. So werden die Abmessungen und die Verschnitt- und Schleifzugaben als identisch angenommen.

Tabelle 4.10 Produktzusammensetzung der Spanplatte und der Schaumkernplatte, unterteilt in Deckschichten (DS) und Mittelschichten (MS) bzw. Decklagen (DL) und Mittellagen (ML).

Parameter	Einheit	Spanplatte		Schaumkernplatte	
Abmessungen (+ Zugabe)	mm	5600 (+3) x 2070 (+40) x 19 (+0,55)			
		DS	MS	DL	ML
Zieldichte Platte (u=5 %)	kgm^{-3}	680		360	
Zieldichte Lagen (u=5 %)	kgm^{-3}	-	-	750	80
Anteile	Gew.-%	35	65	82	18
Zieldicke	mm	-	-	(je) 4	11
Leimgehalt	%	10	8	10	-
Härter	%	0,9	0,9	0,9	-
Paraffin	%	0,5	-	0,5	-
Gewichtsanteile Holz		an ges. Platte		an ges. DL	
Nadelholz	%	20	4,5	57	-
Laubholz (hart)	%	13	9	37	-
Laubholz (weich)	%	1,5	7,5	4,5	-
Hackschnitzel	%	0,5	6,5	1,5	-
Sägespäne	%	0	6	0	-
Hobelspäne/Schwarten/Kappholz	%	0	4,5	0	-
Rückführgut	%	0	7	0	-
Altholz	%	0	20	0	-

Die in Tabelle 4.10 dargestellten Produktparameter der Spanplatten und der Schaumkernplatten zeigen die unterschiedlichen Zusammensetzungen der Plattentypen. Betrachtet wurden zwei Holzwerkstoffe mit einer Dicke von 19 mm, wobei die Decklagen der Schaumkernplatten eine Dicke von jeweils 4 mm aufweisen. Diese Decklagen entsprechen in ihrer Zusammensetzung den Deckschichten (DS) der Spanplatten. Die eingesetzten Anteile verschiedener Holzsortimente sind für die Spandeckschichten und die Decklagen der Schaumkernplatten identisch. Die Holzmischung der Spanplattenmittelschicht weist deutlich höhere Anteile an qualitativ niederwertigeren Sortimenten auf. Diese Schicht ist im Produkt nicht sichtbar und die Reduktion von teuren Rundholzsortimenten wirkt sich in hohem Maße auf die Kosten aus, da verstärkt günstige Sortimente eingesetzt werden können. Im Gegensatz dazu verfügen die Schaumkernplatten über eine Mittellage von 11 mm Dicke aus einem expandierbaren Material, das im aufgeschäumten Zustand eine Dichte von 80 kgm^{-3} besitzt.

4.8.4 ANLAGENDEFINITION

In die Kostenmodellierung geht eine für beide Produkte identische Holzwerkstoffanlage ein, die für die Produktion von Spanplatten konzipiert worden ist. Die dem Modell zugrunde liegende Spanplattenproduktion mittlerer Größe mit einer 40 m langen und 2134 mm (7 ft) breiten, kontinuierlichen Doppelband-Heißpresse ist für eine Kapazität von etwa 1500 m³/Tag ausgelegt. Die Gesamtinvestition, die für den Neubau der Produktionsanlage, ohne Infrastruktur und Verwaltung, getätigt wurden, wird mit 84 Mio. Euro angenommen. Entsprechend der Kapazität wird die Produktion der Spanplatten mit einem Presszeitfaktor von 4 smm^{-1}, bei einer Produktionszeit von 330 Tagen/Jahr und 23 Stunden/Tag, angenommen (Janssen, 2001), was einer realistischen Produktionsgeschwindigkeit in einem modernen Werk entspricht. Für die Produktion der Schaumkernplatten muss einerseits mit den Decklagen eine deutlich geringere Holzmasse erwärmt werden, andererseits diktiert der Schäumprozess der Mittellage, der als dominierender technologischer Faktor im Pressprozess gesehen werden muss, die Produktionsgeschwindigkeit.

ÖKONOMISCHE ANALYSE DER PRODUKTION

Abbildung 4.17 zeigt die Zusammenhänge zwischen dem Presszeitfaktor und der Pressengeschwindigkeit, der Kapazität und den Presszeiten für Deck- und Mittellagen. Ausgehend von einer beispielhaften Expansions- und Härtungszeit des Schaums von etwa 90 s stellt sich ein Presszeitfaktor von 8 smm^{-1} für die gesamte Pressdauer, inklusive der Hochdruckphase zur Verdichtung der Decklagen, ein. Diese Zeit kann als realistisches Maß für moderne duroplastische Mittellagen-Schaumsysteme gelten. Die entsprechende Anlagenkapazität für die Produktion von Schaumkernplatten ergibt sich nach dem Presszeitfaktor zu ca. 850 m^3/Tag.

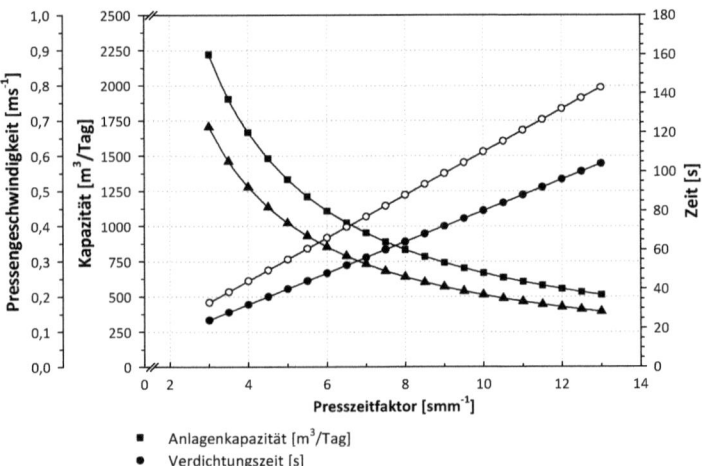

Abbildung 4.17 Einfluss des Presszeitfaktors auf Pressengeschwindigkeit, Kapazität und Presszeiten von Deck- und Mittellage. Dargestellt ist die Produktion einer 19 mm dicken Schaumkernplatte mit 4 mm Decklagen auf einer kontinuierlichen 7 ft-Heißpresse von 40 m Länge und einer Produktionszeit von 23 h/Tag.

Die in Tabelle 4.11 aufgeführten Produktionsstufen entsprechen dem Ablauf der Spanplattenherstellung. Die getrennte Betrachtung der Produktionsabschnitte ist notwendig, um eine individuelle Datenerhebung in den einzelnen Bereichen zu ermöglichen. Darüber hinaus erfolgt für die Betrachtung der Schaumkernplattenproduktion eine Adaption der individuellen Gleichzeitigkeitsfaktoren für die Einzelprozesse. Dadurch kann die identische Anlage an die Produktion der

ZIELSETZUNG UND FORSCHUNGSKONZEPT

Schaumkernplatten angepasst werden, indem spezifische Prozesse in ihrer Leistung verändert bzw. aus dem Gesamtprozess entfernt wurden.

Die für die Produktion aufgewandte Energie muss in Form von elektrischer und thermischer Energie bereitgestellt werden. Aufgrund der Adaption der individuellen Aggregate unterscheiden sich die Fertigungsprozesse in ihrer elektrischen Leistungsaufnahme. Bei der Berechnung wird ein Gleichzeitigkeitsfaktor (auch Auslastungsfaktor) eingesetzt, wie er beim Betrieb mehrerer Leistungsabnehmer üblich ist. Für einen Betrieb der Holzwerkstoffindustrie wird üblicherweise ein Gleichzeitigkeitsfaktor von g=0,64 verwendet. Um eine Anpassung an die verminderte Leistung zu erzielen, die bei der Produktion von Schaumkernplatten in vielen Bereichen notwendig ist, wird dieser Faktor individuell genutzt um die verringerte Auslastung zu simulieren. Tabelle 4.11 zeigt neben den Aggregaten die angesetzten Gleichzeitigkeitsfaktoren $g_{Spanplatte}$ und $g_{Schaumkernplatte}$ zur Leistungsberechnung. Die Faktoren sind in Tabelle 4.12 mit den elektrischen Leistungsaufnahmen der installierten Aggregate verrechnet worden, so dass die erforderliche Gesamtleistung der Schaumkernplattenherstellung eine Leistungsdifferenz von 2090 kW aufweist, was einer um 26 % reduzierten erforderlichen Leistung entspricht. Die Reduzierung der Leistungsaufnahme gegenüber der Spanplattenproduktion resultiert in erster Linie aus dem verminderten Materialeinsatz bei der Plattenherstellung und der verringerten Kapazität der Anlage. Eine Mittelschichtaufbereitung findet beispielsweise nicht statt. Der geringe Materialeinsatz zeigt sich insbesondere in den Stufen Holzplatz und Zerspanung, wo weniger Material aufbereitet werden muss. Die durch einen geringeren Presszeitfaktor verminderte Anlagenkapazität spiegelt sich in den Leistungsaufnahmen der Beleimungs- und Endfertigungsaggregate wider.

Trotz der angepassten, reduzierten Leistungsaufnahme ist das für die Spanplattenproduktion konzipierte Anlagenlayout für die Produktion von Schaumkernplatten grundsätzlich überdimensioniert. So ist beispielsweise die Größe des Spänetrommeltrockners an die Anlagenkapazität von etwa 1500 m³/Tag angepasst. Hier kann zwar die notwendige Leistung der Brenner zur Erzeugung thermischer Energie aufgrund der reduzierten Holzmasse verringert werden, der elektrische Antrieb muss jedoch vollständig aufrechterhalten werden. So können die Aggregate in einigen Bereichen nur teilweise bzw. gar nicht mit verminderter Leistung betrieben werden.

Tabelle 4.11 Produktionsstufen der Fertigung und Unterteilung in Einzelprozesse. Den elektrischen Einzelprozessen ist ein individueller Gleichzeitigkeitsfaktor g zugeordnet, der abhängig vom produzierten Plattentyp modelliert wird (Poppensieker, 2010).

Produktionsstufe	Aggregate	$g_{Spanplatte}$	$g_{Schaumkernplatte}$
Holzplatz	Hacker	0,64	0,42
	Förderanlagen	0,64	0,64
Zerspanung	Altholzaufbereitung	0,64	0
	Zerspaner für Deckschicht	0,64	0,64
	Zerspaner für Mittelschicht	0,64	0
	Säge- und Hobelspanlinie	0,64	0,42
Trocknung	Trocknerbrenner	0,64	0,64
	Trockner	0,64	0,64
	Dosierung/Transport	0,64	0,64
Sichtung	Deckschichtaufbereitung	0,64	0,64
	Mittelschichtaufbereitung	0,64	0
	Nachmahlung	0,64	0,42
Beleimung/Formung	Leimaufbereitung	0,64	0,64
	Beleimung	0,64	0,42
	Formstraße	0,64	0,42
	Schaumstreuung	0	0,64
	Rückführung	0,64	0,64
Pressensektion	Presse	0,64	0,64
	Pressenheizung	0,64	0,64
Endfertigung	Formatierung	0,64	0,42
	Schleifstraße	0,64	0,42
	Schleifstraßenabsaugung	0,64	0,42
	Lagersystem	0,64	0,42
Sonstige Aggregate	Kompressoren	0,64	0,64
	Beleuchtung	0,64	0,64
	Anlagensteuerung	0,64	0,64
	Thermoölerhitzung	0,64	0,64
	Nass-Elektrofilter	0,64	0,64
	Kühlwasserkreislauf	0,64	0,64

Neben der elektrischen Energie verlangen Anlagenteile, wie Spänetrocknung und Pressenheizung, den Einsatz von thermischer Energie. Die modellierte

ZIELSETZUNG UND FORSCHUNGSKONZEPT

Anlage verwendet zur Erzeugung lediglich Produktionsabfälle und zugekauftes Recyclingholz. Der zusätzliche Einsatz fossiler Brennstoffe findet nicht statt. Die zur Trocknung der Späne notwendige Trocknerleistung ist abhängig von der Feuchte des Materials und dem Materialdurchsatz. Nach Poppensieker, 2010, erfordert ein Anlagenoutput von etwa 1500 m³/Tag einen durchschnittlichen thermischen Energiebedarf von 59 MW für die Trocknung (Eingangsfeuchte u=100 %, Ausgangsfeuchte u=5 %) und 3,5 MW für die Pressenheizung (Plattentemperatur 230 °C). Analog zur Reduzierung der Holzmasse verringert sich auch die erforderliche Leistung des Trockners. Unter Annahme eines Energieverlustes aufgrund veränderter Pressgeschwindigkeiten, wird im Rahmen dieser Betrachtungen die für die Pressenheizung notwendige thermische Energie konstant gesetzt.

Tabelle 4.12 Elektrische Leistungsaufnahmen der einzelnen Produktionsstufen (in kW) und deren Differenzen zwischen einer Spanplatten- und einer Schaumkernplattenfertigung auf einer bestehenden Fertigungsanlage. Dargestellt sind die jeweiligen Anschlussleistungen und die mit den Gleichzeitigkeitsfaktoren (Tabelle 4.11) verrechneten erforderlichen Leistungen.

Produktions-stufe	Leistungs-differenz	Leistungs-differenz (erford. L.)	Spanplatten-produktion		Schaumkernplat-tenproduktion	
			An-schluss-leistung	erford. Leis-tung	An-schluss-leistung	erford. Leis-tung
Holzplatz	-	170 (-24 %)	1100	700	1100	530
Zerspanung	1250	860 (-64 %)	2100	1340	850	480
Trocknung	-	-	1500	960	1500	960
Sichtung	500	390 (-47 %)	1300	830	800	440
Beleimung/ Formung	-	160 (-21 %)	1200	770	1200	610
Pressensektion	-	20 (-2 %)	1600	1020	1600	1000
Endfertigung	-	490 (-35 %)	2200	1410	2200	920
Sonstige Aggregate	-	-	1400	900	1400	900
Gesamt	1750		12400		10650	
Erforderliche Gesamtleistung		2090 (-26 %)		7930		5840

Da die Berechnung auf Basis eines zu entwickelnden Mittellagenschaums durchgeführt wird, von dem für die Materialkosten und die Prozessparameter keine verbindlichen Werte vorliegen, kann ein Kostenmodell in vielen Bereichen nur die Zusammenhänge zwischen den geänderten Eingangsbedingungen und den Auswirkungen auf den Prozess aufzeigen und ein beispielhaftes Produkt darstellen. Im Rahmen dieser Arbeit wird daher ein beispielhafter Vergleich zwischen einer Spanplattenproduktion und einer analogen Schaumkernplattenherstellung aufgestellt. Durch die Änderungen der Eingangsparameter, Gleichzeitigkeitsfaktoren und Anschlussleistungen können jedoch über die computergestützte Simulation andere Produktionsszenarios abgebildet und berechnet werden. Eine Variation der Parameter wird im Rahmen der Sensitivitätsanalysen dargestellt.

4.8.5 Kostenarten

Die differenzierte und verursachungsgerechte Zuordnung von Kosten in ihre Kostenarten ist die Grundlage für eine Weiterverrechnung im Sinne der Kostenrechnung. In Zusammenarbeit mit Holzwerkstoffproduzenten und Maschinen- und Anlagenherstellern wurden Annahmen getroffen, die zum einen als begründete Basis für Kapital- und Personalkosten, zum anderen als Durchschnittswerte für die Materialkosten dienen können. Tabelle 4.13 zeigt die Kostenarten und deren Beträge, wie sie in die Berechnung der Herstellungskosten eingehen.

Als Grundlage der Kapitalkosten dient eine Neuinvestition in ein Spanplattenwerk, welche über 12 Jahre linear abgeschrieben wird. Die Betrachtung der kalkulatorischen Zinsen für das eingesetzte Kapital findet in diesem Zusammenhang nicht statt. Eine Ergänzungsinvestition zur Herstellung von Schaumkernplatten würde Umrüstungen im Bereich eines Mittellagenstreukopfes beinhalten, da davon ausgegangen wird, dass das Mittellagenmaterial eine andere Streucharakteristik aufweist, als die verwendeten Mittelschichtspäne. Hier wird eine Anpassung des gesamten Stranges erfolgen. Im Einzelnen würde die Investition ein Silo für die Lagerung des Schaummaterials, einen

ZIELSETZUNG UND FORSCHUNGSKONZEPT

Dosierbunker und einen Streukopf umfassen, die in Relation zur Gesamtinvestition marginale Zusatzkosten verursachen würden und daher in den Berechnungen vernachlässigt werden.

Tabelle 4.13 Übersicht der Kostenarten und deren Beträge

	Kostenarten	Beschreibung	Betrag
fix	Kapitalkosten	Investition	84.000.000 €
		Abschreibung (12 Jahre)	7.000.000 €/Jahr
fix	Personalkosten	55 Mitarbeiter ($\bar{x}$=23 €/h; t=8 h/Tag)	10.120 €/Tag
	Materialkosten		
variabel	Holz	Nadelholz	100 €/t
		Laubholz (hart)	95 €/t
		Laubholz (weich)	75 €/t
		Hackschnitzel	75 €/t
		Sägespäne	80 €/t
		Hobelspäne/Schwarten/Kappholz	55 €/t
		Rückführgut	15 €/t
		Altholz	40 €/t
variabel	Bindemittel	Harnstoff-Formaldehydharz (66 % Feststoffgehalt)	230 €/t
variabel	Additive	Härter (40 % Feststoffgehalt)	180 €/t
		Paraffin	650 €/t
variabel	Mittellagenmaterial		800 €/t
variabel	Energie	elektrisch	0,09 ct/kWh
		thermisch	0,02 ct/kWh
(variabel)	Reparatur/Instandhaltung		4500 €/Tag
(variabel)	Reparaturmaterialkosten		5500 €/Tag

Die durchschnittlichen Personalkosten ergeben sich aus einem Anlagenbetrieb mit insgesamt 55 Mitarbeitern, die, bis auf den Holzplatz, in drei Schichten beschäftigt sind. Insgesamt ergeben sich bei einem durchschnittlichen Kosten von 23 €/Stunde Gesamtpersonalkosten von 10.120 €/Tag. Da im Personalbereich keine Anpassungen an geänderte Produktionsmengen gemacht werden, gehen die Personalkosten als fixe Kosten in die Berechnungen ein.

Den größten Anteil an den Gesamtkosten machen in der Regel die Materialkosten aus, die sich unter anderem aus den Einzelkosten für die Holzsortimente, die eingesetzten Bindemittel und Additive und dem für die Schaumkernplatte verwendeten Mittellagenschaum zusammensetzen. Da der Holzeinsatz in Deck- bzw. Mittelschicht unterschiedliche Anforderungen an die Zusammensetzung der Holzsortimente stellt, findet eine starke Variation des Materialeinsatzes statt, welche sich durch die stark unterschiedlichen Sortimentspreise direkt auf die Herstellungskosten auswirkt. Die Kosten für das Mittellagenmaterial wurden in Anlehnung an aktuelle Preise für schäumbare Materialien ermittelt unter der Vorgabe, dass eine duroplastische Aushärtung möglich ist. Die Entwicklung eines solchen Schaummaterials war nicht Gegenstand der Untersuchungen im Rahmen dieser Arbeit. Die Preisermittlung und die sich daraus ergebenden Berechnungen erfolgen daher auf Basis eines fiktiven Materials. Die Kosten für das Schaummaterial von 800 € pro Tonne orientieren sich dabei an bereits auf dem Markt erhältlichen Schäumen.

Der Einsatz elektrischer Energie ergibt sich aus den Leistungsaufnahmen der elektrischen Aggregate. Da das modellierte Werk über keine interne Stromerzeugung verfügt, wird ein Industriepreis von 0,09 €/kWh (BMWI, 2009, Eurostat, 2010) angesetzt. Der Einsatz thermischer Energie stellt in der Produktion den weitaus größeren Energieverbrauch dar. Die Erzeugung der thermischen Energie wird durch die Verbrennung von holzbasierten Produktionsabfällen gewährleistet, so dass keine zusätzlichen Kosten für Rohstoffe entstehen. Kann der Bedarf an thermischer Energie nicht allein mit diesen Rohstoffen gedeckt werden, so wird Recyclingholz zugekauft und zur Erzeugung thermischer Energie eingesetzt. Dieses Holzsortiment wird mit Kosten von 0,02 €/kWh angesetzt.

Die Kosten für die Instandhaltung die Reparatur und die Instandhaltung der Anlagen werden auf die gesamte Produktion umgelegt, da eine Zuordnung auf einzelne Anlagen schwierig ist. Der in Tabelle 4.13 dargestellte Kostensatz wird in der Modellbetrachtung sowohl für die Produktion der Spanplatten als auch für die der Schaumkernplatten angenommen, obwohl Anlagenteile bei der Produktion von Schaumkernplatten nicht oder nur mit verminderter Leistung in

Betrieb sind. Dies geschieht unter der Annahme, dass auch während der Stillstandzeiten funktionserhaltende Arbeiten durchzuführen sind. Obwohl diese Kostenart kostenrechnerisch als variable Kosten einzuordnen ist, da sie, von der regelmäßigen Wartung abgesehen, von der Auslastung der Anlagen abhängig ist, wird sie im Rahmen dieser Betrachtung aus den oben genannten Gründen als Fixkosten betrachtet, formal aber als variabel geführt.

4.8.6 Sensitivitätsanalysen

Zur Beurteilung des Einflusses von Einzelabläufen auf die Gesamteffizienz eines Herstellungsprozesses wurden mit dem entwickelten Kostenmodell und unter Anwendung einer Sensitivitätsanalyse Produktvariationen simuliert. Hintergrund ist dabei die Veränderung eines Faktors bei gleichzeitiger Konstanz der anderen, um einen individuellen Einfluss herauszustellen.

In zwei Ansätzen wurden die im Modell als primäre Kosteneinflussfaktoren ermittelten Parameter Presszeitfaktor und Produktzusammensetzung, hier die Decklagendicke und die Schaumdichte, variiert.

Die angewandten Parameterveränderungen sind in Tabelle 4.14, Tabelle 4.15 und Tabelle 4.16 dargestellt. Die Variation des Presszeitfaktors steht in direktem Zusammenhang mit der Anlagenkapazität, die parallel beeinflusst wird. Während der Variation der Decklagendicke wird die Plattendichte durch eine Anpassung der Decklagendichte konstant gehalten. Hintergrund sind die technologischen Eigenschaften, die durch eine Erhöhung der Decklagendichte auf einem vergleichbaren Niveau verbleiben sollen, damit die Analyse eines gleichartigen Produktes erfolgt. Der Erhöhung der Schaumdichte wurde ein weniger starker Einfluss auf die Platteneigenschaften zugeschrieben als den Decklagen. Folglich wurde während der Variation der Mittellagendichte die Decklagendichte konstant gehalten, was einen Anstieg der Plattendichte zur Folge hatte.

ÖKONOMISCHE ANALYSE DER PRODUKTION

Tabelle 4.14 Produktparameter für die Variation des Presszeitfaktors

Parameter	Wert
Decklagendicke	4 mm
Presszeitfaktor	variabel (5…10 smm^{-1})
Pressenkapazität	variabel (666…1333 m^3/d)
Dichten	
Platte	360 kgm^{-3}
Decklagen	750 kgm^{-3}
Schaum	80 kgm^{-3}

Tabelle 4.15 Produktparameter für die Variation der Decklagendicke

Parameter	Wert
Decklagendicke	2,5…5,5 mm
Presszeitfaktor	8 smm^{-1}
Dichten	
Platte	360 kgm^{-3}
Decklagen	variabel (550…935 kgm^{-3})
Schaum	80 kgm^{-3}

Tabelle 4.16 Produktparameter für die Variation der Mittellagendichte

Parameter	Wert
Decklagendicke	4 mm
Presszeitfaktor	8 smm^{-1}
Dichten	
Platte	variabel (350…386 kgm^{-3})
Decklagen	750 kgm^{-3}
Schaum	variabel (60…120 kgm^{-3})

Auf Basis dieser Parametergrundlage erfolgten eine Berechnung der Einzelkosten und ein vergleichender Darstellung der Ergebnisse. Dadurch wird der Einfluss des individuellen Faktors auf die Gesamtkosten deutlich und beschreibbar.

5 ERGEBNISSE UND DISKUSSION

Die im Folgenden vorgestellten Ergebnisse zeigen in der Breite der durchgeführten Untersuchungen die Anwendbarkeit des Herstellungsverfahrens zur Herstellung von mehrlagigen Schaumkernplatten mit gestreuten und papierbasierten Mittellagen. Über die verfahrenstechnischen Aspekte hinaus bilden die technologischen Eigenschaften und eine produktbezogenen Charakteristik ab. Die Versagensanalyse der Schaumkernplatten setzt die ermittelten technologischen Kennwerte der Einzellagen mit den bruchmechanischen Überlegungen zu einem Vorhersagemodell zusammen. Eine umfassende Bewertung des Herstellungsverfahrens und des Produktes wird durch die Darstellung der ökonomischen Betrachtung erreicht.

Aufgrund der Vielzahl der Ergebnisse werden diese direkt im Zusammenhang diskutiert, damit Einflüsse und Auswirkungen von Variationen direkt aufgezeigt werden können.

5.1 HERSTELLUNGSPROZESS

Die im Folgenden vorgestellten Ergebnisse zeigen die nach den in Kapitel 4.5.1 und 4.5.2 beschriebenen Verfahren hergestellten Schaumkernplatten mit Mikrosphären als Mittellagenmaterial. Die Darstellung des physischen Aufbaus und der Ausbildung der Platten dient als Grundlage für die weiteren Untersuchungen und deren qualitative Bewertungen.

HERSTELLUNGSPROZESS

5.1.1 PLATTEN MIT GESTREUTEN MITTELLAGEN

Die Herstellung der Schaumkernplatten mit gestreuten Mittellagen wurde in Luedtke, 2007, an kleinen Proben mit einem Durchmesser von 100 mm und MDF-Decklagen entwickelt. Die Übertragung des Verfahrens auf eine Plattendimension von 600 x 550 mm² und spanbasierte Decklagen wurde im Rahmen dieser Arbeit erfolgreich durchgeführt. Das prinzipielle Verfahren konnte mit lediglich geringen Modifikationen angewandt werden. Aus diesem Grund werden hier nur die Anpassungen im Verfahren (upscaling) und die Grundlagen für eine Implementierung auf einer industriellen Anlage diskutiert. Die Darstellung eines beispielhaften Pressdiagramms erfolgte in Abbildung 4.8.

Es zeigte sich, dass die in Lohmann, 2008, erstmalig angewandte Rahmenstreuung zur Verhinderung einer seitlichen Schaumexpansion über den Plattenquerschnitt hinaus anwendbar ist. Die Rahmenstreuung bildet eine Grundlage für eine Umsetzung im größeren Maßstab, da ein seitliches Austreten im industriellen Rahmen weder verfahrenstechnisch noch ökonomisch akzeptiert werden kann. Daneben würde sich durch ein Fließen während der Expansion eine Eigenschaftsveränderung in Plattenebene ergeben, da sich die Kerndichte ändert bzw. der Schaum eine Schäumrichtung und somit eine anisotrope zellulare Struktur entwickelt (Kapps und Buschkamp, 2000).

Die verwendeten Mikrosphären Expancel 031DUX40 ermöglichen eine sehr genaue Steuerung des Prozesses aufgrund ihrer verfahrenstechnischen Eigenschaften. Sie bieten für die Herstellung von mehrlagigen Holzwerkstoffen ein sehr definiertes Expansionsverhalten und eine durch ihre Größe sehr gute Kombinierbarkeit mit dem verwendeten Decklagenspanmaterial als Trägermatrix. Trotz der im Labormaßstab angewendeten Handstreuung und den kleinen Plattendimensionen ergab sich in den Ergebnissen eine akzeptable Varianz.

Die Übertragung eines Fertigungsverfahrens vom Labormaßstab auf eine industrielle Fertigung stellt einen wichtigen Schritt einer jeden Neuentwicklung dar. Es wurden daher im Laufe der Untersuchungen Überlegungen angestellt, die potentielle Möglichkeiten einer industriellen Implementierung evaluierten. Neben der grundsätzlichen technischen Durchführbarkeit des Verfahrens, stand dabei die Auswahl der Materialien, insbesondere des Kernmaterials, im Vordergrund.

ERGEBNISSE UND DISKUSSION

Ein in der Praxis oft berichtetes Problem besteht darin, dass Teile des Mittellagenmaterials sich während der Produktion in den Oberflächen dünner Decklagen absetzen, insbesondere wenn verschiedene Komponenten mit stark unterschiedlichen Fraktionsgrößen zur Anwendung kommen. Thermoplastische Partikel können einerseits Anhaftungen am Pressblech zur Folge haben, die sich in weiteren Presszyklen bzw. bei folgenden Stahlbandumläufen im kontinuierlichen Pressverfahren negativ bemerkbar machen. Andererseits können derartige Decklagenverschmutzungen Fehlverklebungen oder Oberflächenunregelmäßigkeiten bei einer späteren Laminierung zur Folge haben. Im Rahmen der Versuche konnte kein Eindringen von Mittellagenmaterial in die Decklagen während Mattenformung oder Pressvorgang beobachtet werden. Es zeigten sich entsprechend in der Folge keine negativen Effekte in der Herstellung bzw. in der Verarbeitung.

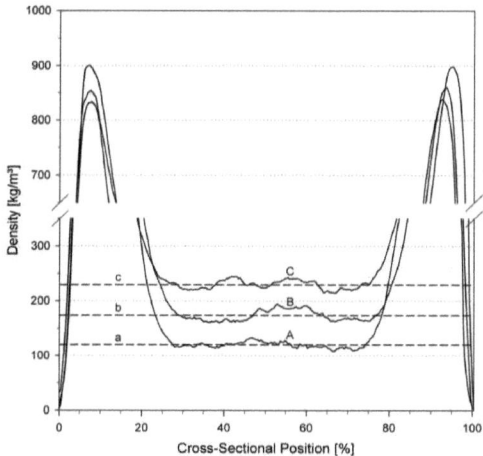

Abbildung 5.1 Einfluss des Holzpartikelanteils auf die Mittellagendichte bei konstanter Decklagendicke. Der eingebrachte Partikelanteil zwischen der 25 % und 75 %-Querschnittposition beträgt (A) 100 %, (B) 150 % und (C) 200 %, die Durchschnittsdichte (a) 120 kgm^{-3}, (b) 170 kgm^{-3} und 225 kgm^{-3}.

Die klare Trennung von Deck- und Mittellage wurde durch die Erstellung der Rohdichteprofile am Gammastrahlenmessgerät bestätigt. Die Platten besaßen eine deutliche Dreilagigkeit mit einer definierten Mittellage. Abbildung 5.1 zeigt die Entwicklung der Dichteprofile im Querschnitt der Schaumkernplatten mit Erhöhung des Holzpartikelanteils in der Mittellage. Mit der Erhöhung bildete sich eine Steigerung der Mittellagendichte von 120 kgm^{-3} (Zieldichte: 110 kgm^{-3}), auf 170 kgm^{-3} (145 kgm^{-3}) bzw. 225 kgm^{-3} (180 kgm^{-3}) aus. Die gegenüber der Zieldichte erhöhte Dichte erklärt sich aus der manuellen Streuung der Platten und der ansteigenden Durchmischung der Grenzschichtpartikel mit zunehmendem Holzpartikelanteil im Kern. Die Verteilung der Mittellagendichte zwischen 25 % und 75 % wies aufgrund der Holzpartikel-/Mikrosphärenmischung subjektiv leichte Unregelmäßigkeiten auf. Jedoch konnte statistisch keine Erhöhung der Abweichung vom Mittelwert mit steigendem Holzanteil festgestellt werden. Basierend auf der Ermittlung der Variationskoeffizienten von 5,1 % (120 kgm^{-3}), 7,2 % (170 kgm^{-3}) bzw. 4,2 % (225 kgm^{-3}) zwischen der 25 % und 75 %-Querschnittposition konnte von einer homogenen Dichteverteilung im Kern ausgegangen werden.

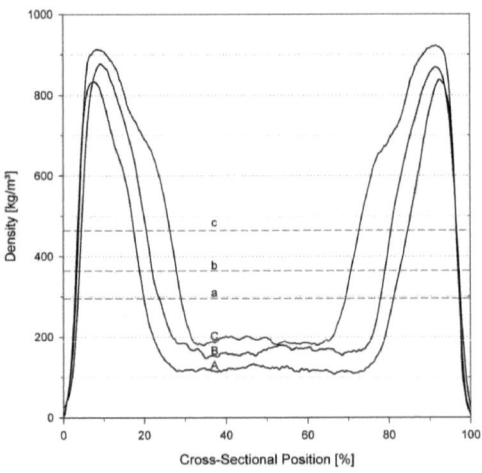

Abbildung 5.2   Rohdichteprofile der Schaumkernplatten mit (A) 3 mm, (B) 4mm und (C) 5 mm Decklagendicke. Die korrespondierenden Durchschnittsdichten sind (a) 295 kgm^{-3}, (b) 365 kgm^{-3} und (c) 470 kgm^{-3}.

Die Erhöhung der Decklagendicke ist in Abbildung 5.2 anhand von Dichteprofilen dargestellt. Gezeigt ist die Dichteverteilung im Querschnitt der Schaumkernplatten mit Decklagendicken von 3, 4 und 5 mm. Die Erhöhung der Decklagendicke besaß einen direkten Einfluss auf die Durchschnittsdichte der Platten und resultierte in einer Dichteerhöhung von 295 kgm^{-3} (Zieldichte: 312 kgm^{-3}) auf 365 kgm^{-3} (390 kgm^{-3}) bzw. 470 kgm^{-3} (470 kgm^{-3}). Auch hier zeigte sich eine abgegrenzte Ausbildung der Einzellagen mit einem definierten Übergang von den Decklagen zum Kern. Die Darstellung veranschaulicht einen ungleichmäßigen Dichteabfall auf der Innenseite der Platten mit 5 mm dicken Decklagen. Eine Erklärung ist die Verlängerung der Presszeit zur Bildung der Decklagen. Proportional zur erhöhten Decklagendicke wurde die Presszeit mittels des Presszeitfaktors erhöht. Entsprechend der längeren Verdichtungszeit kam es zu einer verstärkten Durchmischung von Spänen und Mikrosphären, was zu einer negativen Beeinflussung der Dichteausbildung führte.

Die Größe und Größenverteilung der Mikrosphären schien geeignet, um durch mechanisches Anhaften gemeinsam mit dem Spanmaterial eine Matrix zu bilden, die sich in großtechnische Prozesse integrieren lässt. Eine Entmischung konnte entsprechend während der Versuche nur in sehr geringem Umfang beobachtet werden. Dadurch ist es beispielsweise möglich, die Mattenformung über eine konventionelle Wind- oder Wurfstreuung durchzuführen.

Die Umsetzung in einem industriellen Prozess stellt jedoch auch Anforderungen, die vom Mikrosphärenmaterial nicht in idealer Weise gelöst werden können. Aufgrund der Beschaffenheit der thermoplastischen Mikrosphären erfordert die Produktion der Schaumkernplatten eine aktive Kühlung im hinteren Teil des Pressenabschnitts, zur Beendigung des Expansionsvorgangs. Diese Kühlung stellt neben den technologischen Herausforderungen, sowohl einen Zeit- als auch Kostenfaktor dar, da die Pressengeschwindigkeit an die Kühlrate angepasst wird und nach der Kühlung ein erneutes Aufheizen der Pressbänder erfolgen muss. Aus diesen Gründen bieten sich als Alternative eine Optimierung der Pressenkühlung, beispielsweise durch eine externe Kühlpresse, in die die Platte im Anschluss an die Expansion mit Hilfe einer geeigneten Übergangszone überführt wird, oder der Einsatz eines duroplastischen Schaumsystems an. Durch die chemische Härtung kann in der Regel auf eine Kühlung verzichtet werden.

Die Expansion der Mikrosphären erfolgt durch ein kohlenwasserstoffbasiertes Treibmittel, welches die geschlossenen Zellen aufbläht. Mit Zunahme der Expansion unter Erhitzung verringert sich die Dicke der Zellwand drastisch und das Treibmittel nimmt den durch die Temperatur initiierten Expansionszustand an. Diffusionsvorgänge führen zum teilweisen Austreten des Gases aus einem unbehindert, also ohne Gegendruck, expandierenden Zellinnenraum (Jonsson et al., 2010). Unter Prozessbedingungen wirken durch den Schäumdruck und die Holzpartikel zusätzliche Druck- und Scherkräfte auf die Zellen, so dass die Diffusion durch Beschädigungen der Zellwand weiter verstärkt wird. Da die Explosionsgrenzen des Isobutans als Gas-Luft-Gemisch zwischen 1,9 und 8,5 Vol-% (Luft) liegen (IUCLID Dataset, 2000), kann der Austritt des Treibmittels im industriellen Maßstab zu Problemen in nicht explosionsgeschützten Anlagen führen.

5.1.2 Platten mit papierbasierten Mittellagen

Im Rahmen dieser Arbeit wurden mittels eines Kernwerkstoff-Precursors Schaumkernplatten mit papierbasierten Mittellagen hergestellt. Die Verfahrensentwicklung für die Fertigung enthielt neben den grundsätzlichen Anforderungen an die Expandierbarkeit des Werkstoffs, spezielle Anforderungen an die Eigenschaften des Kernwerkstoff-Precursors. Die beladenen Papiere durften bei den üblichen Transport- und Verarbeitungsvorgängen nicht reißen oder brechen. Gleichzeitig durfte die z-Festigkeit der Papiere nicht zu stark ausgebildet sein, damit die Expansionsfähigkeit der Papiere quer zur Oberfläche nicht negativ beeinflusst wird. Cohrs und Gunderman, 1978, beschrieben, dass eine Matrix, in der Mikrosphären eingebettet sind, eine Festigkeit aufweisen muss, die die Expansion nicht behindert bzw. mit einsetzender Expansion abnimmt. Durch die Reduktion der Additive auf sehr geringe Mengen an Retentionsmitteln konnte eine Verringerung der z-Festigkeit erzielt werden. Es zeigte sich, dass das Expansionsvermögen mit sinkendem Additivgehalt zunahm, aber nicht das Niveau erreichte, das der theoretischen Expansion einer äquivalenten Menge an ungebunden eingebrachten Mikrosphären entsprach. Als Erklärung konnten die beschriebene Festigkeit des Fasernetzwerkes einerseits und verfahrenstechnische Einflüsse bzw. Schädigungen der Mikrosphärenstruktur andererseits identifiziert werden. Während des Papierherstellungsprozesses waren die Papierbahnen, insbesondere Im Verlauf der Trocknung, einer Temperatur- und Liniendruckbelastung unterworfen, obwohl die Kontakttrocknung weitestgehend reduziert wurde. Dies kann zu einer Vorschädigung oder einer schädigenden Plastifizierung der Mikrosphärenzellwände geführt haben. Zur Ermittlung einer

ERGEBNISSE UND DISKUSSION

potentiellen Vorschädigung wurden in Vorversuchen repräsentative Papierproben ausgewählt, die unter einer konstanten Belastung in einer Miniaturheißpresse (vgl. Roos, 2000) expandiert wurden. Ziel war es, die Expansionsfähigkeit der Mikrosphären nach der Papierherstellung beurteilen zu können.

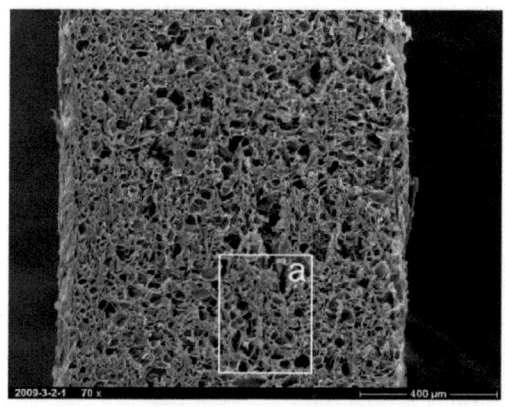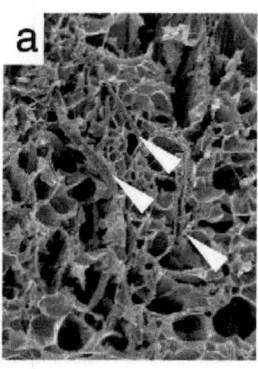

Abbildung 5.3   Expandierter Papierprecursor mit eingebetteten Fasern. Ausschnitt (a) zeigt drei Fasern (Pfeile), mit einem Umfeld aus unvollständig expandierten Zellen.

Abbildung 5.3 zeigt den Querschnitt eines unter konstantem spezifischem Pressdruck von 0,13 Nmm^{-2} expandierten Papiers. In Abbildung 5.3a sind umschäumte Fasern erkennbar (Pfeile), die von einer Vielzahl kleiner und teilweise zerstörter Zellen umgeben sind. Die örtliche Nähe deutete auf einen Zusammenhang zwischen der Existenz der Fasern und der Expansionsgröße der Mikrosphären hin. Die Darstellung der Zellstruktur in Abbildung 5.4a zeigt darüber hinaus deutlich, dass die Mehrheit der Mikrosphären über eine zerstörte Zellwand verfügt und die Ausbildung einer gleichmäßigen, geschlossenzelligen Struktur nicht erfolgte. Eine Erklärung liegt in der Mischung der Mikrosphären mit den Fasern, die aufgrund ihres im Gegensatz zu Spänen geringen Querschnitts in der Lage sein können, durch Eindringen die Schaumzellen zu schädigen und so einen Verlust des Treibmittels zu initiieren. Die Expansion erfolgte daraufhin unvollständig und unregelmäßig. Die von Rachtanapun et al., 2003, durchgeführten Untersuchungen stützen diese These. Sie konnten in aufgeschäumten Kompositwerkstoffen einen negativen Zusammenhang zwischen Holzfasermenge und Expansionsverhalten von mikrozellularen Schäumen feststellten. Sie führten dies auf einen durch die Fasern initiierten Treibmittelverlust zurück.

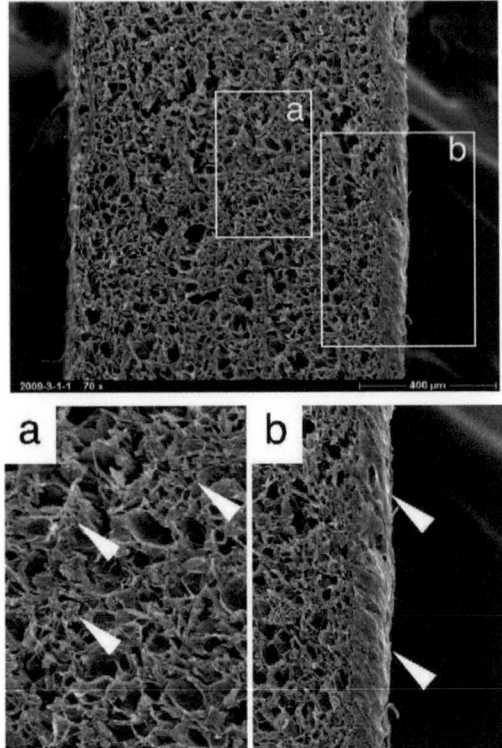

Abbildung 5.4 Expandierter Papierprecursor mit Zweiseitigkeit mit (a) zerstörten Mikrosphären und Zellwandresten und (b) Detailansicht einer Oberfläche mit Auflagerung einer geschmolzenen Polymerschicht

In unregelmäßigen Abständen wiesen die Papiere eine glatte, glänzende Oberfläche auf, die an eine während des Pressvorgangs von Holzwerkstoffen entstehende, sogenannte Presshaut erinnerte. Die Darstellung eines repräsentativen oberflächennahen Bereichs in Abbildung 5.4b lässt eine Zweiseitigkeit des expandierten Papiers und eine geschmolzene Oberflächenschicht erkennen.

Die Entstehung der Presshaut beim Heißpressvorgang von Holzwerkstoffen beruht in erster Linie auf der Plastifizierung des Lignins während der Erhitzung unter hohem Pressdruck. Hierdurch entsteht eine Verschmelzung innerhalb der Werkstoffschichten, die sich in direktem Kontakt mit den Pressblechen befinden. Die Plastifizierungstemperatur von Lignin liegt nach Fengel und Wegener, 1989, bei 130...180 °C. Stevens und Wienhaus, 1984, ermittelten den Beginn des Glasübergangszustandes von isoliertem Lignin bereits bei 95...105 °C. Durch die Pressplattentemperatur von 150 °C ist es daher wahrscheinlich, dass Plastifizierungsvorgänge innerhalb der Holzfasersubstanz im Precursor stattgefunden haben. Jedoch sprechen die Dicke der Auflagerung und die Asymmetrie gegen eine alleinige Verursachung durch das Lignin. Vielmehr kann von einer Plastifizierung des Polymers ausgegangen werden, welches nach der Zerstörung der Mikrosphärenhülle und dem Kollabieren der Sphären zu einer geschlossenen Schicht verschmolz. Demnach konnte die Temperatur – und somit der Heißpressvorgang – zwar als Auslöser für dieses Phänomen identifiziert werden, dieser konnte jedoch nicht ursächlich für die Zweiseitigkeit der Papiere sein. Vielmehr konnte bereits bei der Papierherstellung durch die Entwässerung bzw. die Retentionsvorgänge im Papier eine asymmetrische Verteilung der Mikrosphären entstanden sein, wie in Kapitel 4.4.2.2 beschrieben. Diese Beurteilung wird auch von den Ergebnissen der NIR-Spektroskopie in Kapitel 5.2.1.2 gestützt.

Das Verfahren zur Herstellung der Prüfkörper beruht auf der in Kapitel 4.5.2.1 dargestellten Prozessführung. Abbildung 5.5 zeigt ein während des Pressvorgangs aufgezeichnetes Pressdiagramm. Das Diagramm zeigt einen mit dem Pressdiagramm der Platten mit gestreuten Decklagen (Abbildung 4.8) vergleichbaren charakteristischen Verlauf. Der sich aufbauende Schäumdruck erzeugt nach dem Öffnen der Presse auf die Zieldicke der Platte einen Gegendruck von bis zu 0,5 Nmm^{-2}. Aufgrund der verminderten Expansionsfähigkeit der Mikrosphären im Trägerpapier ist der Schäumdruck trotz eines etwa verdreifachten Mengeneinsatzes gegenüber den mit reinen Mikrosphären gestreuten Mittellagen verringert.

Nach dem Pressvorgang wiesen die Platten teilweise Delaminationen zwischen den Papierlagen auf, die einerseits auf die Gegenwart von Feuchtigkeit in Form von Dampf während des Pressvorgangs, andererseits auf die Zweiseitigkeit der Papiere zurückgeführt werden kann. Der Transport von Feuchtigkeit während des Heißpressvorgangs aus den decklagennahen Schichten in die Mitte der

HERSTELLUNGSPROZESS

Platte ist ein aus der Holzwerkstoffherstellung bekanntes Phänomen (Thoemen und Humphrey, 2006). Grundsätzlich gelten Transportvorgänge durch Furnierschichten als deutlich schwieriger und weniger ausgeprägt, was unter anderem als Ursache für deutlich erhöhte Presszeiten von Sperrholz gesehen werden kann. Aufgrund der Ergebnisse der Vorversuche, die eine unbefriedigende Verklebung der inneren Decklagenoberfläche mit dem Kernmaterial zeigten, wurde eine zusätzliche Verklebung in dieser Zwischenschicht notwendig. Die aus dieser Leimschicht verdampfende Feuchtigkeit könnte als eine Ursache für die zwischen den Papierlagen auftretenden Delaminationen gelten. Ergänzend muss die Zweiseitigkeit der Papiere in Bezug auf die Oberflächenbeschaffenheit angeführt werden. Die in Abbildung 5.4 dargestellten Probenquerschnitte lassen auf veränderte Eigenschaften der Oberflächen schließen, die die Qualität der Verklebung durch das Kunststoffmaterial beeinflussten.

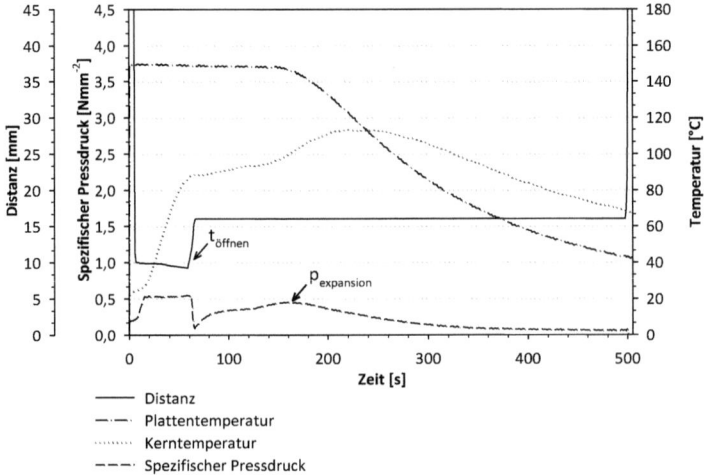

Abbildung 5.5 Aufgezeichnetes Pressdiagramm (Istkurve) der Herstellung von Schaumkernplatten mit papierbasierten Mittellagen

Das Auftreten der Delaminationen hatte eine deutlich verminderten Probenanzahl zur Folge. Im Sinne der Bewertung des Werkstoffes fand eine Einschränkung der nachfolgenden Untersuchungen auf die Prüfung der Querzugfestigkeit statt, da hier die größten Aufschlüsse über die innere Plattenausbildung erwartet werden konnten.

Trotz bestehender Herausforderungen bei der Herstellung von papierbasierten Kernwerkstoffen, deuten die Untersuchungen darauf hin, dass es grundsätzlich möglich ist, einen leichten mehrlagigen Holzwerkstoff auf Basis eines expandierbaren Papieres und Furnierdecklagen herzustellen. Dieser kann infolge seiner lagenförmigen Ausgangswerkstoffe sowohl in flacher, als prinzipiell auch in dreidimensional gewölbter Form verpresst werden. Für die Herstellung derartiger Schaumkernplatten müssen auch die Decklagenfurniere in einem Maße verformbar sein, dass ein Brechen der Struktur verhindert wird. Als Grundlage hierfür können die grundlegenden Arbeiten von Wagenführ et al., 2006, zur 3D-Formung von Furnieren dienen.

Hierzu muss allerdings eine homogene Ausbildung der expandierbaren Papiere vorhanden sein, die gleichzeitig eine gleichmäßige Expansion, als auch eine ausreichende Verklebung zu Deck- und weiteren Papierlagen sicherstellt.

5.2 Mechanische und physikalische Untersuchungen

Die mechanischen und physikalischen Untersuchungen an den im Rahmen dieser Arbeit hergestellten Schaumkernplatten dienen in erster Linie dazu, eine grundsätzliche Bewertung der charakteristischen Platteneigenschaften zu erstellen. Für die Prüfungen wurden verschiedene Variationen von Plattenzusammensetzungen bzw. -aufbauten geprüft und auf Korrelationen zum variierten Faktor untersucht.

Die Prüfungen wurden an den Platten mit gestreuten und papierbasierten Mittellagen durchgeführt. Aufgrund der begrenzten Zahl an Probenplatten mit papierbasierten Mittellagen beschränken sich die mechanischen Untersuchungen dieser Herstellungsvariante auf die Prüfung der Querzugfestigkeit.

5.2.1 QUERZUGFESTIGKEIT

Die Querzugfestigkeit als Eigenschaft der inneren Festigkeit eines Werkstoffes nimmt bei der Beurteilung von Sandwichwerkstoffen einen vorrangigen Stellenwert ein, da hierdurch insbesondere der Zusammenhalt der Schaumzellen und die Anbindung der Lagen an den Grenzschichten charakterisiert werden können (Doroudiani und Kortschot, 2003). Diese Eigenschaft kommt bei Sandwichwerkstoffen stärker zum Tragen als bei monolithischen Materialien, weil auch bei Biegebelastungen Spannungen senkrecht zur Oberfläche entstehen, die zum Versagen durch langwelliges Knittern führen können (Hoff et al., 1945, Plantema, 1966, Triantafillou und Gibson, 1987a, Daniel et al., 2002)

5.2.1.1 PLATTEN MIT GESTREUTEN MITTELLAGEN

Zur Ermittlung der Zugfestigkeit senkrecht zur Deckschichtebene wurden Probenkörper mit unterschiedlichen Variationen der Zusammensetzung, wie in Kapitel 4.5.1.3 beschrieben, untersucht.

Grundsätzlich zeigten die Ergebnisse, dass die Mittellagenvariationen, die Erhöhung des Mikrosphärenanteils bzw. des Holzpartikelanteils, keinen analogen Effekt auf die Querzugeigenschaften ausüben. Aus Abbildung 5.6a wird ersichtlich, dass sich kein signifikanter Trend ermitteln ließ, der auf einen Zusammenhang zwischen der Erhöhung des Mikrosphärenanteils und der Querzugfestigkeit hinweisen könnte. Die Erhöhung des Holzpartikelanteils auf 200 % der Ausgangsmenge hingegen wies eine hoch signifikante Verringerung der Festigkeit um 69,1 % auf (Abbildung 5.6b).

Die Dichte im Bereich des Kernquerschnitts befand sich auf einem sehr gleichmäßigen Niveau (Abbildung 5.1 und Abbildung 5.2), welches sich deutlich von den Decklagen abzeichnete. Die Bruchebenen lagen einheitlich in der Grenzschicht zwischen Decklagen und Kern. Da der Bruch in keinem der getesteten Prüfkörper in der Mittellage auftrat, konnte auch keine Korrelation zwischen dem Mikrosphärengehalt und der Querzugfestigkeit festgestellt werden, da eine gesteigerte Festigkeit *innerhalb* des Schaums keinen Einfluss auf die Grenzschicht hatte (Abbildung 5.6a).

ERGEBNISSE UND DISKUSSION

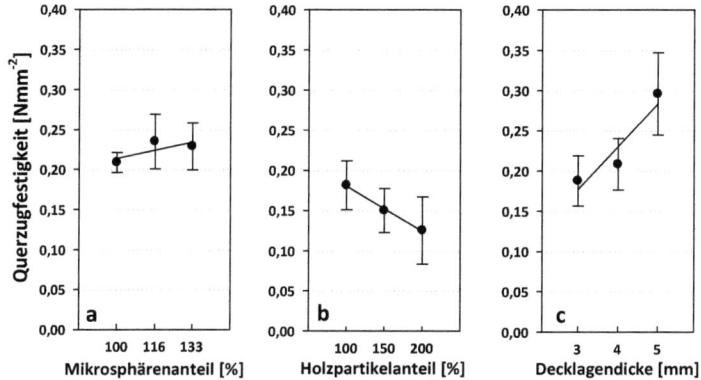

	Mikrosphärenanteil [%]			Holzpartikelanteil [%]			Decklagendicke [mm]		
	100	117	133	100	150	200	3	4	5
Querzugfestigkeit σ_B [Nmm^{-2}]	0,21	0,23	0,23	0,18	0,15	0,13	0,19	0,21	0,30
Standardabweichung	0,01	0,03	0,03	0,03	0,03	0,04	0,03	0,03	0,05
Variationskoeffizient	0,06	0,15	0,13	0,17	0,18	0,33	0,17	0,15	0,17

Abbildung 5.6 Querzugfestigkeiten σ_B der Schaumkernplatten nach Variation (a) des Mikrosphärenanteils in der Mittellage (n=16), (b) des Holzpartikelanteils in der Mittellage (n=8) und (c) der Decklagendicke (n=8). Mittelwerte sind als Kreissymbole mit Standardabweichung dargestellt.

Vielmehr erforderte diese lokale Grenzschichtebene eine gesonderte Betrachtung. Durch den erhöhten Schäumdruck konnte eine verstärkte Verklammerung vermutet werden, da der plastifizierte Thermoplast stärker in die Kapillaren der Decklagenoberfläche eindringen konnte. Diesen Effekt der mechanischen Adhäsion beschrieb, Habenicht, 1997. Der so entstandene Formschluss zwischen Decklagen und Kern würde zu einer Verstärkung der Bindung führen, was sich wiederum in steigenden Festigkeiten ausdrücken würde. Dieser Zusammenhang kann aufgrund der Ergebnisse jedoch nicht bestätigt werden. Es ist zu vermuten, dass die Mikrosphären bereits bei einer geringen Schaumdichte die vorhandene Grenzschichtoberfläche vollständig belegen und eine weitere Erhöhung des Mikrosphärengehaltes keine verbesserte Anhaftung erbringt. Eine Erklärung hierfür kann in der sphärischen Struktur der Mikrosphären liegen. Während thermoplastische Schäume, deren Expansion aus der geschmolzenen Phase des Polymers stattfindet, durch Fließvorgänge stärker in Hohlräume eindringen können, ist diese Möglichkeit bei Mikrosphären anscheinend nur begrenzt vorhanden. Das würde bedeuten, dass bereits durch eingedrungene Mikrosphären gefüllte Hohlräume blockiert sind und somit die Erhöhung des Mikrosphärengehaltes keinen Einfluss auf die Querzugfestigkeit hat.

Eine Erhöhung des Holzpartikelanteils in der Mittellage führte, im Gegensatz zum Einsatz der Mikrosphären, zu einer hoch signifikanten Verminderung der Querzugfestigkeiten (Abbildung 5.6b). Die unbeleimten Holzpartikel stellten keine aktiven Bindeglieder innerhalb der Schaummatrix dar, sondern wurden vielmehr durch den Expansionsprozess allseitig umschäumt. Durch die gute geometrische Anpassungsfähigkeit der Mikrosphären stellen die Partikel dort keine Fehlstellen dar, sondern erhöhen die Festigkeit des Schaums, da sich eine große Anzahl der Schaumzellen über ein Holzpartikel miteinander verbinden können. Die gute Einbindung der Partikel innerhalb der Matrix ist jedoch nicht ursächlich für das Versagen der Prüfkörper in der Grenzschicht. An der Grenzschichtebene liegen die Holzpartikel einseitig an der inneren Oberfläche der beleimten Decklage. Diese sind zwar auch hier allseitig von Mikrosphären umgeben, da sie bei der Mattenformung als Trägermaterial dienten, die Festigkeit zur inneren Decklagenoberfläche scheint jedoch deutlich vermindert zu sein. Dies könnte durch einerseits durch eine starke mechanische Beanspruchung der Mikrosphären während der Hochdruckphase in diesem Bereich, andererseits durch eine Schädigung der Mikrosphärenhülle aufgrund der hohen Temperaturen in Decklagennähe verursacht worden sein. In beiden Fällen kann von einer Zerstörung der Mikrosphären ausgegangen werden, in dessen Folge das verbliebene Hüllenpolymer nicht in der Lage war, eine ausreichende Verklebung zu bewirken. Diese Vermutung wird durch das gleichmäßige Auftreten eines Grenzschichtversagens und die freiliegenden Späne in der Bruchebene nach der Prüfung unterstützt.

Ein höchst signifikanter Zusammenhang war zwischen der Erhöhung der Decklagendicke und der Entwicklung der Querzugfestigkeit zu beobachten (Abbildung 5.6c). Die Zunahme von 63,4 % beruhte auf der indirekt erhöhten Mittellagendichte aufgrund des verringerten Mittellagenvolumens (Abbildung 5.2). Entsprechend bildete sich während der Herstellung ein leicht erhöhter

Schäumdruck aus. Die entsprechend leicht erhöhte Mittellagendichte verstärkte analog zu der Festigkeitsentwicklung bei der Variation des Mikrosphärenanteils die Anbindung an die Decklagen. Die Dichteerhöhung stellte sich hier jedoch deutlich geringer ein, so dass dies nur teilweise als Erklärung für die Festigkeitsentwicklung gelten kann. Ein Vergleich der gemittelten Rohdichteprofile zeigt insbesondere bei den Proben mit 5 mm dicken Decklagen einen ungleichmäßigen Dichteverlauf. Das Profil zeigt einen starken Abfall auf der Innenseite der maximalen Dichte, so dass die Vermutung nahe lag, dass in dieser Ebene eine leichte Auflockerung bzw. weniger starke Kompaktierung der Späne stattgefunden haben muss. Da während des Pressvorgangs durch Anwendung des identischen Presszeitfaktors eine zur Decklagendicke proportionale Erhöhung der Presszeit durchgeführt wurde, konnte eine unvollständige Ausbildung der Decklagen ausgeschlossen werden. Es war daher zu vermuten, dass während der Mattenformung und Verpressung Mikrosphären zwischen die Späne der inneren Decklagenschichten eingedrungen waren und so zu einer Auflockerung dieser Zonen in der Expansionsphase führten. Gleichzeitig konnte durch die zusätzliche Vermischung eine verbessere Verbindung zwischen Kern und Decklage vermutet werden, welche sich durch den erhöhten Schäumdruck noch verstärkt hat.

Vergleichende Betrachtungen mit Querzugfestigkeiten konventioneller Spanplatten deuten darauf hin, dass die Festigkeiten der Schaumkernplatten mit gestreuten Decklagen nach EN 312 auf gleichem Niveau für den Trockenbereich (Typ P1 $\geq$ 0,24 Nmm^{-2}) bzw. unterhalb der Werte für den Einsatz in Inneneinrichtungen (Typ P2 $\geq$ 0,35 Nmm^{-2}) liegen. Aufgrund der Bruchebene der Schaumkernplatten in der Übergangszone zwischen Decklage und Kern sollten sich weitere Untersuchungen auf diesen Bereich konzentrieren, wenn eine Verbesserung dieser Eigenschaften notwendig wird. Hier könnte durch eine gezielte Haftverbesserung zwischen Holz und Kunststoff, wie sie aus dem Bereich der Wood Plastic Composites (WPC)-Herstellung bekannt ist, angewendet werden. So beschrieben unter anderem Keener et al., 2004, die haftverbessernde Wirkung von mit Maleinsäureanhydrid funktionalisierten Polyolefinen. Hier sollte der Fokus zukünftiger Untersuchungen auf dem Mikrosphären-Mischpolymer und der Übertragbarkeit der Wirkung von üblicherweise für WPC verwendeten Polymeren liegen.

Ob ein Einsatz von haftverbessernden Additiven sich grundsätzlich lohnt ist in erster Linie vom Einsatzzweck des Werkstoffes abhängig. So besitzen andere Leichtbauwerkstoffe, wie industriell hergestellte Wabenplatten, Zugfestigkeiten quer zur Plattenoberfläche, die nach Herstellerangaben mindestens über 0,15 Nmm^{-2} liegen (Egger, 2008). Diese Festigkeiten werden in dieser Arbeit bei fast allen Variationen erreicht. Somit muss, einen vergleichbaren Einsatz der Platten vorausgesetzt, keine weitere Verbesserung der Querzugfestigkeiten angestrebt werden.

5.2.1.2 PLATTEN MIT PAPIERBASIERTEN MITTELLAGEN

Die Entwicklung eines Herstellungsverfahrens für Schaumkernplatten mit papierbasierten Mittellagen bedeutete nicht nur einen verfahrenstechnischen Ansatz, sondern schloss auch die Charakterisierung solcher Eigenschaften ein, die einen Aufschluss über die Eignung der verwendeten Materialien leisten konnte. Die Prüfung und Beurteilung der Zugfestigkeit senkrecht zur Plattenoberfläche wurde ergänzend zu den elektronenmikroskopischen Aufnahmen an den Schaumkernplatten mit papierbasierter Mittellage durchgeführt. Diese Untersuchung gibt Aufschluss über die innere Festigkeit des Schaums sowie über die Verbindung der Einzellagen.

Mit Zunahme des Beladungsgrades der Papiere waren eine Erhöhung des inneren Zusammenhaltes des Schaums, sowie eine, aufgrund des gesteigerten Schäumdrucks, verstärkte Anhaftung an den Decklagen zu erwarten. Die in Abbildung 5.7 dargestellten Querzugfestigkeiten bestätigten diese Vermutung nicht. Es ergab sich ein uneinheitlicher Zusammenhang zwischen dem Beladungsgrad und der Querzugfestigkeit. Die Untersuchungen lassen entsprechend nicht auf eine Korrelation schließen.

Zwar zeigten die Papiertypen B und C gegenüber dem Papiertyp A eine erhöhte innere Festigkeit senkrecht zur Plattenoberfläche, trotzdem konnte auch hier keine Korrelation zur eingesetzten Menge an Mikrosphären nachgewiesen werden. Da die Prüfkörper ausnahmslos an der Grenzschicht zwischen den Mittellagenpapieren versagten, war diese Lage Gegenstand der weiteren Untersuchungen.

ERGEBNISSE UND DISKUSSION

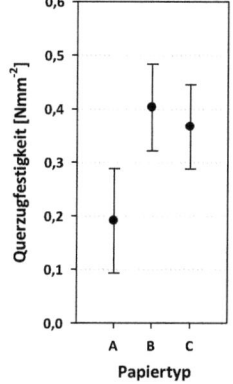

Papier-typ	Faserser-stoff [%]	Mikro-sphären [%]	Mittelwert [1] [Nmm^{-2}]	Variations-koeffizient
A	31	69	0,19 (0,098)	0,51
B	29	71	0,40 (0,081)	0,20
C	25	75	0,37 (0,079)	0,22

(1) n=11, Standardabweichung in Klammern

Abbildung 5.7 Querzugfestigkeiten σ_B der Schaumkernplatten mit papierbasierten Mittellagen. Die Bestandteile der Papiertypen sind in Tabelle 4.7 detailliert dargestellt.

Die Versuche zeigten, dass die Verklebung der Papiermittellagen miteinander und mit den Decklagen während des Pressvorgangs nicht befriedigend ausgebildet werden konnte. Die Qualität der Verbindung des Kerns zu den Decklagen wurde auf die glatte Oberfläche der Buchenfurniere zurückgeführt. In der Folge fand hier eine unterstützende Beleimung mit PVAc-Leim statt. Die Verklebung der Mittellagenpapiere untereinander wurde nicht unterstützt, so dass die Verbindung ausschließlich über die Klebkraft der thermoplastischen Mikrosphärenhüllen entstehen musste. Wie in Kapitel 5.1.2 beschrieben, wurde für die Delaminationen zum einen der sich während des Heißpressvorgangs bildende Wasserdampf, zum anderen die Zweiseitigkeit der Papiere verantwortlich gemacht. Die Beobachtungen, die im Rahmen der bildanalytischen Untersuchungen gemacht wurden, wurden durch Nahinfrarotspektroskopie(NIR)-Analysen des Projektpartners PTS gestützt (Tabelle 5.1). Neben der Zusammensetzung wurden die Papiere auf ihren Mikrosphärengehalt auf den Oberflächen untersucht. Die Messungen bestätigten die in Abbildung 5.4 dargestellten Beobachtungen einer ungleichmäßigen Verteilung der Mikrosphären in den beladenen Papieren. Der Mikrosphärenanteil auf den Oberflächen (oben/unten) der Papiere unterscheidet sich teilweise um mehr als 10 %. Die Papiere A...C zeigen hierbei keine signifikanten Unterschiede.

Die Probenwahl wurde durch das Auftreten der Delaminationen zwischen den Mittellagen im Umfang deutlich reduziert und auf die Bereiche der Platten beschränkt, die subjektiv keine Delaminationen aufwiesen. Die hohe statistische Unsicherheit der Querzugfestigkeitswerte in Abbildung 5.7 lässt sich demnach vermutlich auf Delaminationen zurückführen, die bei der Auswahl der Prüfkörper nicht erkannt werden konnten. Der Bruch fand bei allen Prüfkörpern in dieser Mittelebene statt. Unabhängig von der Streuung der Ergebnisse liegen die mittleren Querzugfestigkeiten der Platten mit Papiertyp A auf dem gleichen Niveau, wie die Werte der Platten mit gestreuten Mittellagen, während die Platten der Papiertypen B und C deutlich über diesen Werten liegen. Die Ergebnisse deuten somit auf eine deutliche Erhöhung der inneren Festigkeiten durch die Einbettung der Mikrosphären in eine Papiermatrix hin. Jedoch muss berücksichtigt werden, dass ein Zugewinn an Festigkeit der Expansionsfähigkeit der Mikrosphären hemmend gegenübersteht. Hier werden zukünftige Entwicklungsansätze einen Kompromiss finden müssen.

Tabelle 5.1 Spezifikation und Zusammensetzung der Papiermittellagen der gravimetrisch bzw. mittels NIR-Analyse geprüften Papierprecursor

		Papier A	Papier B	Papier C
Flächenmasse	gm^{-2}	959	974	1091
Dicke	µm	1892	1879	2126
Bestimmung der Papierzusammensetzung (mittels NIR)				
Faserstoff	%	27,0	26,8	24,0
Mikrosphären Mittelwert	%	73,0	73,2	76,0
Mikrosphären Oberseite	%	68,3	69,8	70,3
Mikrosphären Unterseite	%	77,8	76,6	81,7

Der Einsatz von papierbasierten Mittellagen in Holzwerkstoffen weist ein begrenztes Potential auf, eine Alternative zu derzeitigen Formteilen mit hoher Dichte darzustellen. Durch den Einsatz eines trägerbasierten Mittellagenmaterials können zwar prinzipiell auch dreidimensional geformte Bauteile realisiert werden. Die Ergebnisse der Untersuchungen deuteten jedoch darauf hin, dass eine Einbindung in eine Fasermatrix nach dem Nassverfahren die Expansionsfähigkeit signifikant reduziert. Die Mikrosphärenmenge, die für eine, im Vergleich zu ungebundenen Mikrosphären, äquivalente Expansion notwendig ist, muss entsprechend erhöht werden. Trotz des dadurch erhöhten Schäumdrucks wurde die Verklebung zwischen den Mittellagenpapieren nicht in einer Art ausgebildet, die befriedigende Ergebnisse erzeugte. Zugleich erscheint es schwierig in der Nasspartie der Papierherstellung eine homogene Verteilung der Mikrosphären zu erzeugen.

Die Precursorpapiere besitzen aufgrund der dadurch verringerten inneren Festigkeit im unexpandierten Zustand ein erschwertes Handling. Neben dieser verfahrenstechnischen Herausforderung bedeutet der erhöhte Materialeinsatz auch einen erhöhten Kostenanteil der Mikrosphären.

Die Untersuchungen im Rahmen dieser Arbeit konnten jedoch die Grundlagen für weitere Forschungen liefern und Hinweise auf mögliche Problemfelder, insbesondere in Bezug auf die Zweiseitigkeit der Papiere und die Expansionsfähigkeit der Mikrosphären, aufzeigen.

5.2.2 BIEGUNG

Die Biegung von Werkstoffen beinhaltet eine Kombination verschiedener Spannungen innerhalb des Werkstoffes. Sie wird daher in vielen Anwendungsfällen als Referenzprüfung für die Beurteilung von Werkstoffeigenschaften herangezogen. Da bei der Verwendung von Sandwichwerkstoffen mit einem schubweichen Kern die Scherkräfte nicht vernachlässigt werden können, erlangt die Biegeprüfung bei mehrlagigen Werkstoffen eine besondere Bedeutung (Kemmochi und Uemura, 1980, Vinson, 1999). Die auftretenden Zug- und Druckspannungen an der Unter- bzw. Oberseite des Probenkörpers bilden bei den meisten Werkstoffen die dominanten Versagensursachen. Erstere sind die Ursache für ein elastisches und letztlich plastisches Strecken bis zum Bruch auf der Unterseite des Probenkörpers, letztere beinhalten die Gefahr des Knitterns der oberen Decklage, wenn der Werkstoff über definierte Decklagen verfügt. Dieses Versagen ist stark abhängig vom Mittellagenmaterial, da es dem kurzwelligen Knittern, also der lokalen Dickenverringerung oder -vergrößerung, aufgrund seiner Druck- und Zugfestigkeit einen Widerstand entgegensetzt. Dieses Phänomen ist bei Schäumen durch die ganzflächige Verbindung mit den Decklagen weniger stark ausgeprägt, als bei großzelligen Kernmaterialien

MECHANISCHE UND PHYSIKALISCHE UNTERSUCHUNGEN

(Plantema, 1966). Entsprechend zeigte keiner der geprüften Probenkörper ein Versagen durch Decklagenknittern. Eine Decklagenintrusion an der Lasteinleitung war durch die steifen Decklagen unwahrscheinlich, zur vollständigen Vermeidung wurde jedoch zusätzlich eine dünne Metallplatte auf die obere Decklage aufgelegt.

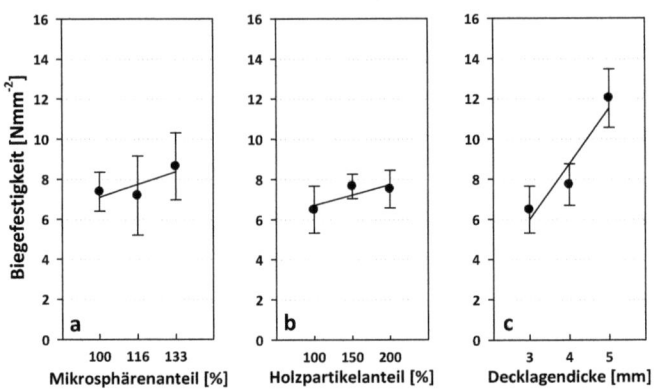

	Mikrosphärenanteil [%]			Holzpartikelanteil [%]			Decklagendicke [mm]		
	100	117	133	100	150	200	3	4	5
Biegefestigkeit σ_{3P} [Nmm^{-2}]	7,4	7,2	8,6	6,5	7,7	7,5	6,5	7,7	12,0
Standardabweichung	0,97	1,98	1,66	1,17	0,61	0,94	1,17	1,03	1,47
Variationskoeffizient	0,13	0,28	0,19	0,18	0,08	0,12	0,18	0,13	0,12

Abbildung 5.8 Biegefestigkeit σ_{3P} der Schaumkernplatten in Dreipunktbiegung nach Variation (a) des Mikrosphärenanteils in der Mittellage (n=12), (b) des Holzpartikelanteils in der Mittellage (n=8) und (c) der Decklagendicke (n=8). Mittelwerte sind als Kreissymbole mit Standardabweichung dargestellt.

Die Durchbiegung eines Sandwichkörpers lässt sich mit der Methode der Partialdurchsenkungen beschreiben (Abbildung 4.13). In ihren Untersuchungen an Sandwichplatten mit Kernen aus Wellpappe zeigten Carlsson et al., 2001, dass die Biegeeigenschaften primär von der Ausbildung der Decklagen beeinflusst werden. Der Anteil der Schubverformung des Kerns an der Durchbiegung der Probenkörper ist im Vergleich zur reinen Biegeverformung durch die Decklagen gering. Die Untersuchungen im Rahmen dieser Arbeit ergaben keinen signifikanten Zusammenhang zwischen veränderten Mittellagenzusammensetzungen und den Biegefestigkeiten der Platten (Abbildung 5.8a und Abbildung 5.8b). Bekräftigt wurden die Ergebnisse durch das Bruchbild der Probenkörper. Das Versagen der Proben trat ausnahmslos durch Zugversagen in der unteren Decklage ein. Es konnte demnach von einem verringerten Einfluss des Kernmaterials auf das Eintreten des Versagens ausgegangen werden.

Entsprechend konnte ein höchst signifikanter Zusammenhang zwischen der Decklagendicke und der Biegefestigkeit der Platten ermittelt werden. Die Festigkeit erhöhte sich um 85 % von 6,5 Nmm^{-2} (3 mm) über 7,7 Nmm^{-2} (4 mm) auf 12,0 Nmm^{-2} (5 mm). Damit erreichten die Schaumkernplatten mit 5 mm dicken Decklagen annähernd die nach EN 312 für konventionelle P2-Spanplatten geforderten 13 Nmm^{-2} bei einer durchschnittlichen Dichte von 470 kgm^{-3}.

Die Untersuchungen zur Steifigkeit der Probenplatten (Abbildung 5.9) zeigten, dass sich sowohl eine Erhöhung des Mikrosphärengehaltes, als auch eine Erhöhung des Holzpartikelanteils signifikant positiv auf die Schubsteifigkeit des Kerns und somit der Gesamtsteifigkeit auswirkt.

Mit steigendem Mikrosphärengehalt stieg die Anzahl individueller Zellkörper. Bedingt durch das konstante Volumen der Mittellage bildeten die Mikrosphären kleinere Durchmesser aus (Expancel, 2006). Da die Zellwanddicke direkt abhängig vom Expansionsgrad ist, bildeten sich mit erhöhter Mikrosphärenmenge an den Zellübergängen dickere Zellkanten und -wände aus. Gibson, 1984, erkannte die Zusammenhänge zwischen den Schaumeigenschaften und dem Einfluss auf die Biegeeigenschaften einer Sandwichplatte. Die Untersuchungen von Gibson und Ashby, 1997, über den positiven Zusammenhang einer gesteigerten Zellwanddicke und gasgefüllter geschlossener Zellstrukturen auf die Steifigkeiten konnten im Rahmen dieser Untersuchungen bestätigt werden. Nach der Erstarrung der Mikrosphären ergab sich demnach eine erhöhte Schubsteifigkeit der Schaumstruktur. In Übereinstimmung mit ihren Ergebnissen zeigen Abbildung 5.9a und Abbildung 5.9b eine einander ähnliche, positive Korrelation mit der Biegesteifigkeit der Schaumkernplatten. Die Messung der Durchsenkungen wurde im elastischen Verformungsbereich während der 3-Punktbiegeprüfung bei Erreichen einer Kraft von 100 N durchgeführt. Den Zusammenhängen der Steifigkeitsentwicklung der Platten mit veränderten Zusammensetzungen mussten jedoch unterschiedliche Erklärungen zugeschrieben werden, die an den Resultaten allein nicht erkannt werden konnten. Während die Erhöhung des Mikrosphärenanteils eine relativ geringe Steigerung der Zieldichte von 128 kgm^{-3} auf 142 kgm^{-3} beinhaltete, ging die Erhöhung des Holzpartikelanteils mit einer deutlicheren Zieldichtesteigerung von 110 kgm^{-3} auf 190 kgm^{-3} einher (Tabelle 4.5). Es stand daher zu vermuten, dass die vergleichbaren Steifigkeitsentwicklungen nicht allein der Dichteerhöhung zuzuschreiben sein konnten, sondern einen materialabhängigen Effekt zeigten.

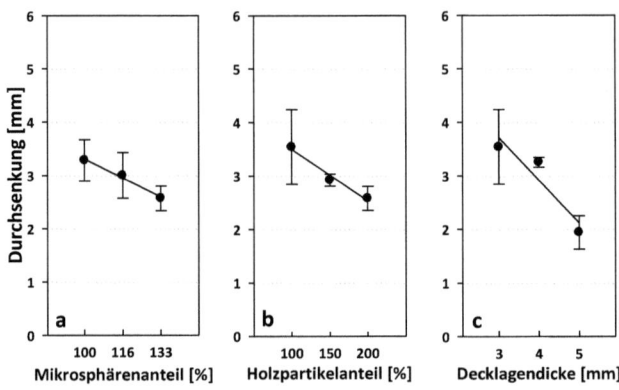

	Mikrosphärenanteil [%]			Holzpartikelanteil [%]			Decklagendicke [mm]		
	100	117	133	100	150	200	3	4	5
Durchsenkung w [mm]	3,29	3,00	2,57	3,54	2,92	2,58	3,54	3,26	1,94
Standardabweichung	0,39	0,43	0,23	0,70	0,12	0,23	0,70	0,09	0,31
Variationskoeffizient	0,12	0,14	0,09	0,20	0,04	0,09	0,20	0,03	0,16

Abbildung 5.9   Durchsenkung w der Schaumkernplatten unter Lastaufbringung von 100 N nach Variation (a) des Mikrosphärenanteils in der Mittellage (n=12), (b) des Holzpartikelanteils in der Mittellage (n=8) und (c) der Decklagendicke (n=8). Mittelwerte sind als Kreissymbole mit Standardabweichung dargestellt.

Die größere Mikrosphärenanzahl führte zur Ausbildung kleinerer Zellen mit dickeren Zellwänden und -kanten. Die somit verstärkte Struktur der Zellen führte zu einer verbesserten Schubsteifigkeit der Mittellage. Dieser Zusammenhang entspricht den von Gibson und Ashby, 1982, und Gibson, 1984, beschriebenen Beobachtungen. Zudem konnte angenommen werden, dass sich die Schaumstruktur durch die erhöhte Dichte dem von Ko, 1965, beschriebenen Zustand idealer Packung der Zellen näherte, was den positiven Einfluss auf die Eigenschaften bestätigte.

Die Erhöhung des Holzpartikelanteils in der Mittellage machte einen deutlicheren Anteil an der Dichteerhöhung aus. Im Gegensatz zu den Mikrosphären bildete sich hier jedoch keine grundsätzlich stärker verdichtete Zellstruktur, sondern ein geringerer Abstand zwischen den Holzpartikeln aus. Da die Holzpartikel unbeleimt eingebracht wurden, besaßen sie von sich aus keinen adhäsiven Charakter, sondern wurden lediglich von den Mikrosphären umschäumt und dadurch in der Matrix fixiert. Als mögliche Erklärung war die Wirkung der Holzpartikel als Stabilisierungskörper heranzuziehen, die durch die Verbindung mehrerer Zellen einen stärkeren Verbund und eine erhöhte Steifigkeit des Schaums hervorriefen. In diesem Zusammenhang untersuchten Alargova et al., 2004, die Stabilisierungswirkung von Polymer-Mikrofäden in einem wässrigen Schaumsystem. Sie beobachteten eine signifikante Zunahme der Zellwandstabilität und eine entsprechend erhöhte Schaumfestigkeit. Aufschlussreich sind hierzu auch die Untersuchungen von Ip et al., 1999, zur Stabilisierung von Aluminiumschäumen durch SiO_2-Partikel. Nach ihren Untersuchungen nimmt die Schaumstabilität mit sinkender Partikelgröße und steigendem Gehalt zu.

Die Entwicklung der Biegeeigenschaften in Bezug auf die Erhöhung der Decklagendicke zeigte einen homogeneren Trend. Sowohl die Biegefestigkeit als auch die Biegesteifigkeit wurden höchst signifikant durch die Decklagendicke beeinflusst. Die Entwicklung der Durchsenkungen unter einer Last von 100 N wurde mit 3,5 mm, 3,2 mm bzw. 1,9 mm gemessen (Abbildung 5.9c). Der Einfluss der dickeren Decklagen ließ sich primär über die verstärkte Aufnahme der Zug- und Druckspannungen erklären und bestätigte die Beschreibungen von Daniel und Abot, 2000, die die Biegeeigenschaften zu einem herausragenden Anteil den Eigenschaften der Decklagen zuschreiben.

Aus den Untersuchungen wurde deutlich, dass sowohl der Schaumkern, als auch die Grenzschicht zwischen Kern und Decklage eine ausreichend hohe

Festigkeit besitzen, um die während der Biegung entstehenden Schubspannungen aufzunehmen. Die vorwiegende Versagensart bestand im Zugversagen der unteren Decklage.

5.2.3 SCHRAUBENAUSZUGWIDERSTAND

Die Ermittlung des Schraubenauszugwiderstandes stellt eine wichtige Grundlage für den Einsatz im Möbelbereich dar. Anhand der durchgeführten Prüfungen sollte ermittelt werden, welchen Einfluss die Zusammensetzung der Schaumkernplatten auf das Haltevermögen für Normschrauben in der Oberfläche und in der Schmalfläche der Platten hat. Im Rahmen der Untersuchungen der vorliegenden Arbeit wurden die untersuchten Schraubenauszugwiderstände von Richter, 2010, beschrieben. Die Einschraubung in die Oberflächen erfolgte hierbei durch beide Decklagen, während die Einschraubtiefe in die Schmalfläche 30 mm betrug. Die Mehrlagigkeit der Platten zeigte in den Prüfungen charakteristische Unterschiede zwischen den Einschraubrichtungen der Verbindungsmittel. Das Haltevermögen für Schrauben senkrecht zur Oberfläche f_O lag in allen Fällen über dem Schmalflächenauszugwiderstand f_S.

Die in Abbildung 5.10 dargestellten Zusammenhänge zeigen die Veränderungen der Schraubenauszugwiderstände aus der Fläche bei Variation des Mikrosphärenanteils, des Holzpartikelanteils und der Decklagendicke. Die Prüfungen ergaben bei einer Änderung des Mikrosphärenanteils keine signifikante Korrelation zum Auszugwiderstand auf dem 95-% Signifikanzniveau (Abbildung 5.10a). Ein ähnliches Verhalten zeigte sich bei der Erhöhung des Holzpartikelanteils. Zwar konnte ein signifikanter Zusammenhang zum Auszugwiderstand verzeichnet werden, der Anstieg stellte sich allerdings als gering dar (Abbildung 5.10b). Eine Kausalität ließ sich in diesem Fall nicht direkt ableiten, sondern wurde erst durch weitere Untersuchungen des Schmalflächenauszugwiderstandes deutlich. Im Gegensatz dazu wiesen die ermittelten Schraubenauszugwiderstände in der Fläche einen höchst signifikanten Zusammenhang zur Erhöhung der Decklagendicken auf (Abbildung 5.10c). Die Ergebnisse der Untersuchungen lassen auf einen dominanten Einfluss der Holzwerkstoffdeck-

ERGEBNISSE UND DISKUSSION

lagen schließen, der die Ergebnisse des Oberflächenauszugs bei allen Variationen überlagert.

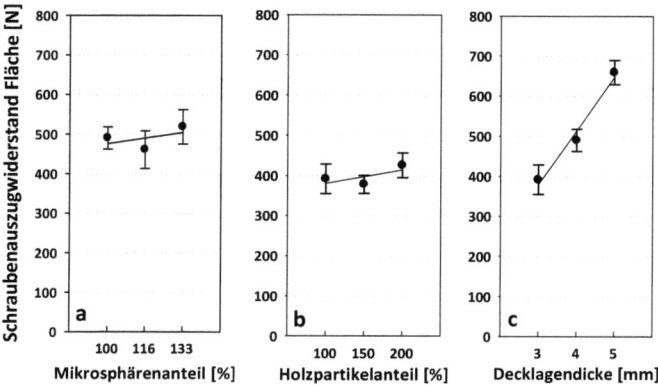

	Mikrosphärenanteil [%]			Holzpartikelanteil [%]			Decklagendicke [mm]		
	100	117	133	100	150	200	3	4	5
Schrauben-auszugwider-stand f_O [N]	489,8	460,8	518,4	391,5	377,7	425,4	391,5	489,8	659,0
Standard-abweichung	27,9	47,5	43,5	37,0	22,8	30,7	37,0	27,9	29,9
Variations-koeffizient	0,06	0,10	0,08	0,09	0,06	0,07	0,09	0,06	0,05

Abbildung 5.10 Schraubenauszugwiderstand f_O aus der Fläche der Schaumkernplatten nach Variation (a) des Mikrosphärenanteils in der Mittellage, (b) des Holzpartikelanteils in der Mittellage und (c) der Decklagendicke (jeweils n=12). Mittelwerte sind als Kreissymbole mit Standardabweichung dargestellt.

In den Prüfungen des Schraubenhaltevermögens in den Seiten der Platten konnte sowohl ein höchst signifikanter Zusammenhang zwischen dem Mikrosphärengehalt und dem Auszugwiderstand, als auch zwischen dem Holzpartikelanteil und dem Auszugwiderstand festgestellt werden. Die positive Korrelation zwischen Schaumdichte und Festigkeitseigenschaften wurde bereits von Gibson und Ashby, 1997, nachgewiesen. Diese Zunahme der inneren Festigkeit aufgrund einer Verdickung der Zellwände bzw. einem erhöhten Anteil eingebetteter Holzpartikel ließ daher einen indirekt verbesserten Halt der Schrauben in der Schaummatrix vermuten. Der von ihnen dargestellte Zusam-

MECHANISCHE UND PHYSIKALISCHE UNTERSUCHUNGEN

menhang konnte im Rahmen dieser Untersuchungen allerdings nur in Bezug auf den Schmalflächenauszug bestätigt werden. Abbildung 5.11a und Abbildung 5.11b lassen die höchst signifikante Korrelation zwischen der Mittellagenzusammensetzung und dem Schraubenauszug erkennen. Da die Decklage hier keinen Einfluss auf den Auszugwiderstand hatte, konnte dieser Zusammenhang direkt der Mittellage zugeschrieben werden.

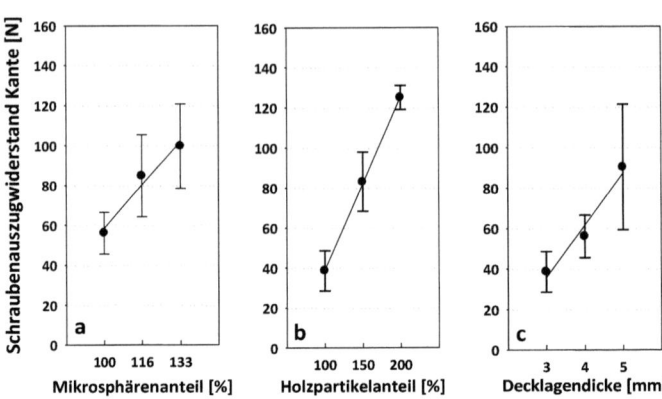

	Mikrosphärenanteil [%]			Holzpartikelanteil [%]			Decklagendicke [mm]		
	100	117	133	100	150	200	3	4	5
Schrauben-auszugwider-stand f_S [N]	56,1	84,8	99,7	38,6	83,0	125,1	38,6	56,1	90,3
Standard-abweichung	10,5	20,5	21,1	10,0	14,8	6,0	10,0	10,5	31,0
Variations-koeffizient	0,19	0,24	0,21	0,26	0,18	0,05	0,26	0,19	0,34

Abbildung 5.11 Schraubenauszugwiderstand f_S aus der Schmalfläche der Schaumkernplatten nach Variation (a) des Mikrosphärenanteils in der Mittellage, (b) des Holzpartikelanteils in der Mittellage und (c) der Decklagendicke (jeweils n=12). Mittelwerte sind als Kreissymbole mit Standardabweichung dargestellt.

Für die ebenfalls höchst signifikante Erhöhung des Schmalflächenauszugs bei Erhöhung der Decklagendicken (Abbildung 5.11c) konnte kein direkter kausaler Zusammenhang aus dem Plattenaufbau abgeleitet werden. Es ist aber davon auszugehen, dass sich hier der sekundäre Effekt der Festigkeitserhöhung in Folge der Erhöhung der Mittellagendichte durch das verringerte Kernvolumen

ERGEBNISSE UND DISKUSSION

widerspiegelt. Trotz gleichbleibendem Gehalt an Mittellagenmaterial ergab sich daraus eine verstärkte Befestigung des Verbindungsmittels.

Die Untersuchungen des Schraubenhaltevermögens sollten nicht in erster Linie die absoluten Festigkeiten darstellen, sondern vielmehr die Zusammenhänge zur Zusammensetzung der Schaumkernplatten herstellen. Zwar konnte im Rahmen der Untersuchungen eine Korrelation zwischen der Plattendichte und dem Schraubenauszugwiderstand nachgewiesen werden, wie sie Wong et al., 1999, für Holzwerkstoffe mit homogenen Dichteprofilen und Vassiliou und Barboutis, 2005, und Cai et al., 2004 in dreilagigen Spanplatten nachgewiesen haben. Die Übertragung dieses Zusammenhangs ist aufgrund der ausgeprägten Dreilagigkeit der Schaumkernplatten jedoch schwierig. Die Erklärung hierfür liegt aber weniger in der erhöhten Durchschnittsdichte, als in dem dominierenden Einfluss der Decklagen. Es konnte anhand der Versuche gezeigt werden, dass die Decklagendicke einen signifikanten Beitrag in der Verbindungstechnik der Platten leisten kann. Da sie gleichzeitig auch einen maßgeblichen Einfluss auf die Dichte der Platte hat, wird man in Zukunft allerdings bestrebt sein, die Dicke der Decklage bzw. bei dicken Decklagen die Mittellagendichte auf ein Optimum zu reduzieren. Ein für den jeweiligen Anwendungszweck ausreichendes Haltevermögen in der Platte muss dann entweder durch ein angepasstes Schaumsystem mit höheren spezifischen Kernfestigkeiten oder durch die Verwendung von Verbindungsmitteln erfolgen, die an den Einsatz in Leichtbauplatten angepasst sind. Orientierende Untersuchungen dazu führten Petutschnigg et al., 2005, durch. Eine Optimierung von Kern und Decklage muss im Idealfall gewährleisten, dass Decklage und Kern den gleichen Festigkeitsbeitrag zum Auszugwiderstand leisten und das Eintreten der zum Versagen führenden Spannung gleichzeitig in den allen Ebenen erfolgt.

Zusätzlich zu speziell angepassten Verbindungsmitteln kann bei der Verwendung von Wabenplatten durch lokales Aussteifen der großzelligen Mittellage eine Verbindungsstelle erzeugt werden. Hierbei werden entweder die, die Verbindungsstelle umgebenden, Zellräume mit einer expandierenden Masse gefüllt oder das Verbindungsmittel mit den inneren Oberflächen der Decklagen verklebt. Im Gegensatz dazu kann im Falle eines ausreichend festen Schaumkerns jedoch auf die Ausfüllung der Hohlräume verzichtet werden.

5.2.4 Dickenquellung und Wasseraufnahme

Das Verhalten von Holzwerkstoffen beim kurzzeitigen Kontakt mit Wasser kann bedeutend sein, wenn ein Feuchtekontakt der Platten nicht ausgeschlossen werden kann. Zwar ist für Holzwerkstoffe im Trockenbereich nach EN 312 für Möbelanwendungen (Typ P2) keine Feuchtebeständigkeit gefordert, jedoch bedingt der Einsatz in Feuchträumen eine Klassifizierung als Typ P3. In diesem Fall darf eine maximale Dickenquellung von 14 % (24h) nicht überschritten werden. Ergänzend zu den mechanischen Untersuchungen wurden daher die Einflüsse einer Wasserlagerung untersucht, welche sich in der Dickenquellung und der Wasseraufnahme widerspiegeln.

Bei der Herstellung der Schaumkernplatten erfolgte keine Zugabe von Hydrophobierungsmitteln, wie beispielsweise Paraffinen, wodurch ein verändertes Verhalten während der Wasserlagerung hätte hervorgerufen werden können. Die Prüfungen ergaben einen einheitlichen Einfluss auf die Wasseraufnahme und Dickenquellung der Prüfkörper. Die Darstellung der zeitabhängigen Ergebnisse ist in Abbildung 5.12a bis Abbildung 5.12f zu sehen. Die Kurvenverläufe zeigen, dass nach einer Lagerungszeit von 72 Stunden in keiner der Plattenvariationen eine Konstanz in der Wasseraufnahme bzw. Dickenquellung eingetreten war.

Der Einfluss einer Veränderung des Mikrosphärengehaltes in der Mittellage ist in Abbildung 5.12a und Abbildung 5.12b dargestellt. Es wurde festgestellt, dass eine Erhöhung der Mikrosphärenmenge von 100 % auf 133 % einen nicht signifikanten Einfluss auf die Wasseraufnahme hat. Die mittleren maximalen Wasseraufnahmen lagen zwischen 64,9 % (100 % Mikrosphärengehalt) und 66,5 % (117 %). Die Messungen der Dickenquellung zeigten einen etwas deutlicheren Trend mit mittleren Wasseraufnahmen (nach 72 h) zwischen 8,8 % (100 % Mikrosphärengehalt) und 9,6 % (133 %). Tendenziell ergab sich dort eine leicht erhöhte Dickenquellung mit steigendem Mikrosphärengehalt. Demgegenüber stellten Mathiasson und Kubát, 1994, in ihren Untersuchungen beim Zusatz von 5 % Mikrosphären eine Verringerung der Dickenquellung in Spanplatten fest. Sie gaben damit einen Hinweis, dass die Erhöhung der Quellung nicht auf die Beschaffenheit der Mikrosphären selbst zurückzuführen sein könnte. Durch den geschlossenzelligen Charakter der Mikrosphären konnte ein Eindringen des Wassers in die Schaumzellen grundsätzlich ausgeschlossen werden, außer die äußere Hülle wies Defekte auf. Dieser Effekt konnte durch die verstärkte Reibung zwischen Holzpartikeln und Mikrosphären eingetreten sein, da eine Erhöhung des Mikrosphärenanteils einen erhöhten Schäumdruck während der Expansion des Kerns zur Folge hatte (vgl. Kapitel 5.1.1). Gleichzeitig konnte der steigende Schäumdruck Ursache einer verstärkten Verdichtung des Holzmaterials in der Schaummatrix sein. Der positive Zusammenhang zwischen Verdichtungsverhältnis und Dickenquellung wurde in der Literatur mehrfach beschrieben (Halligan, 1970, Wong et al., 1999). Der sich während der Expansion ausbildende Schäumdruck überstieg allerdings in keinem Fall einen spezifischen Druck von 0,7 Nmm^{-2} in Normalrichtung der Presskraft. Somit erschien der Einfluss einer durch den Schäumdruck verursachten Verdichtung auf die Gesamtquellung der Prüfkörper marginal.

Eine mögliche Erklärung könnte durch den Einfluss der durch den erhöhten Anteil an Mikrosphären dichteren und somit steiferen Schaummatrix gegeben werden. Das Wasser konnte in allen Variationen des Mikrosphärengehalts vergleichbar gut in die Struktur und somit in die Holzpartikel eindringen, wie die Ergebnisse der Wasseraufnahme zeigen. Der Grund lag in der unvollständigen Verbindung der Zellwände, so dass sich über die Gesamtheit der Zellmatrix miteinander verbundene, zwischenzellulare Hohlräume ausbildeten. Diese ermöglichten ein kapillares Eindringen des Wassers in die gesamte Schaummatrix. Die Quellung der Holzpartikel äußerte sich in einer Gesamtquellung des Prüfkörpers. Aufgrund einer geringen Verdichtung des Schaums bei niedrigen Mikrosphärengehalten kompensierte die Verformung der Zellen einen Teil der holzindizierten Quellung. Dieser Kompensationseffekt war umso geringer, desto steifer die umgebende Schaumstruktur war. Eine infolge der Dichteerhöhung verstärkte Steifigkeit des Schaums übertrug die Quellung der Holzpartikel auf die Gesamtstruktur und wirkte sich somit auf die Dickenquellung aus. Dennoch konnte dieser Effekt nur in geringem Maße beobachtet werden.

Als wahrscheinlicher konnte ein Eindringen des Wassers in die Zwischenräume der Zellen gelten. Diese waren in der Lage, das Wasser kapillar aufzunehmen und über die Zeit in das Innere des Prüfkörpers zu leiten. Die Mikrosphären selbst weisen nach Herstellerangaben keine Größenänderung zwischen dem trockenen Zustand und einer Lösung im wässrigen Medium auf. Daher wird eine Wasseraufnahme und damit verbundene Dickenquellung des Polymers ausgeschlossen.

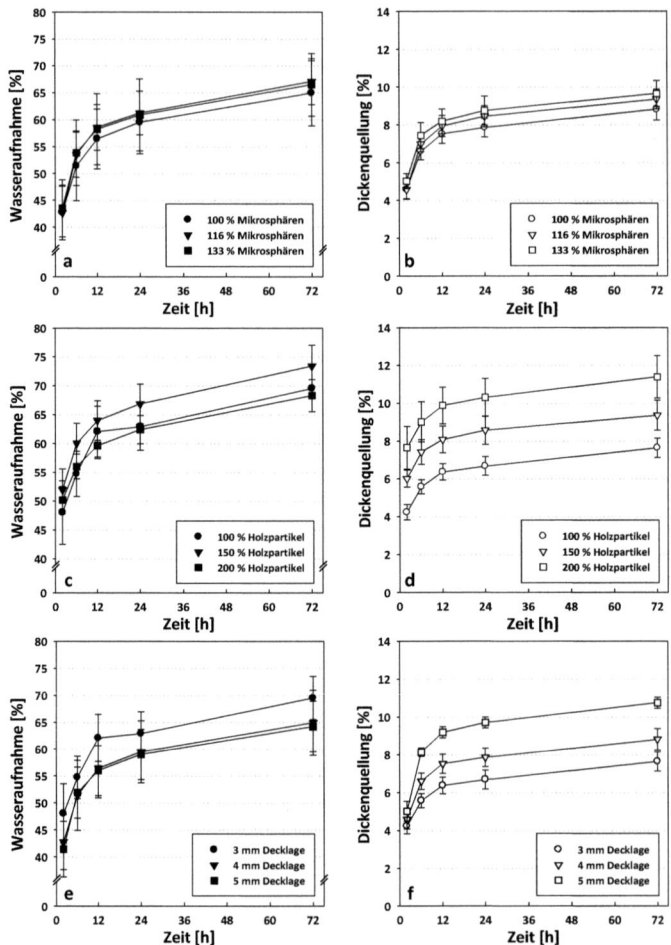

Abbildung 5.12 Wasseraufnahme und Dickenquellung der Schaumkernplatten nach 2, 6, 12, 24 und 72 Stunden bei (a) und (b) Variation des Mikrosphärenanteils, (c) und (d) Variation des Holzpartikelanteils, (e) und (f) Variation der Decklagendicke (jeweils n=12).

Abbildung 5.12c und Abbildung 5.12d zeigen den Zusammenhang zwischen einem erhöhten Holzpartikelanteil und dem Verhalten der Schaumkernplatten während der Wasserlagerung. Auch hier war der Effekt einer über einen langen

Zeitraum steigenden prozentualen Wasseraufnahme zu erkennen. Die mittleren maximalen Wasseraufnahmen lagen zwischen 68,3 % (200 % Holzpartikelanteil) und 73,4 % (150 %). Es zeigte sich keine einheitliche Abhängigkeit der Wasseraufnahme von der Menge an Holzpartikeln. Jedoch wurde ein gegensätzlicher Zusammenhang von Wasseraufnahme und Dickenquellung bei einem hohen Holzpartikelanteil festgestellt. Die Messung der Dickenquellung ergab einen signifikanten Einfluss des Holzpartikelanteils auf die Dickenquellung, die mit Werten zwischen 7,6 % (100 % Holzpartikelanteil) und 11,4 % (200 %) ermittelt wurde.

Die Kombination einer erhöhten Dickenquellung mit einer simultan verringerten Wasseraufnahme bei Spanplatten ist aus der Literatur bekannt und wird mit einem Anstieg der Plattendichte in Verbindung gebracht (Kelly, 1977, und Schneider et al., 1982). Die hohe Verdichtung des Spanmaterials ist einerseits der Ursprung für eine starke Ausdehnung, andererseits behindert die starke Kompaktierung den Zutritt des Wassers in das Material.

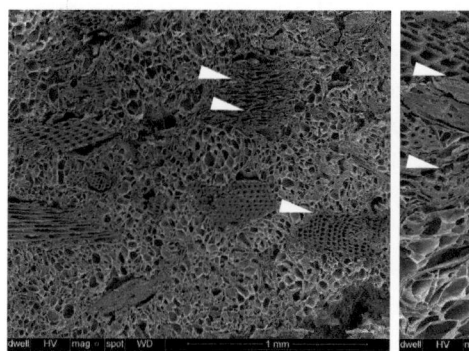 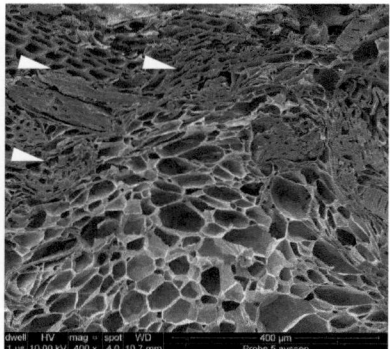

Abbildung 5.13 FESEM-Aufnahmen des Schaumkerns. Die linke Abbildung zeigt einen inneren Bereich des Schaumkerns bei 140facher Vergrößerung, die rechte Abbildung zeigt einen grenzschichtnahen Bereich des Schaumkerns bei 400facher Vergrößerung. Zu erkennen sind lokale zellulare Deformationen der Holzpartikel (Pfeile).

Die im Kern auftretenden Effekte erforderten in diesem Zusammenhang durch die Zusammensetzung aus Holz- und Polymeranteilen allerdings eine differenziertere Betrachtung von Dickenquellung und Wasseraufnahme. Da die Decklagen bei allen Prüfkörpern dieser Testreihe die gleiche Dicke besaßen, konnte deren Einfluss auf das Verhalten während der Wasserlagerung ausgeklammert werden. Eine von den geschlossenzelligen Mikrosphären selbst indizierte Dickenquellung konnte, wie bereits beschrieben, als unwahrscheinlich angenommen werden. Die Dickenquellung der Prüfkörper wurde aufgrund der Untersuchungsergebnisse auf den Holzanteil im Kern zurückgeführt, da andere Parameter konstant gehalten wurden. Während der Herstellung der Schaumkernplatten erfolgte in der ersten Pressphase eine Verdichtung der Decklagen. Der Kern wurde hier bereits mit verdichtet, so dass auch hier eine Kompaktierung des Mittellagenmaterials stattfand. Aufgrund der nicht vorhandenen Beleimung der Holzpartikel, fand zwar keine starre Verklebung der so verdichteten Matrix statt, die die anschließende Expansion hätte behindern können. Dennoch fanden sich durch den Pressvorgang teilweise gestauchte Partikel in der Schaummatrix, wie die Ergebnisse der bildanalytischen Untersuchungen zeigten (Abbildung 5.13). Diese Stauchung wurde durch die Feuchtigkeitserhöhung gelöst, so dass zusätzlich zu der durch die Holzsubstanz indizierten Quellung ein Rückquellen (Springback) der Holzstruktur eintrat. Die signifikante Korrelation der Dickenquellung mit steigendem Holzpartikelanteil konnte somit primär auf die Gegenwart des Holzes bezogen werden.

Die Messungen der Wasseraufnahme zeigten einen teilweise gegensätzlichen Zusammenhang. Die Prüfkörper mit einem Holzpartikelanteil von 200 % wiesen bei gleichzeitig signifikant erhöhter Dickenquellung die geringste Wasseraufnahme auf. Die durch die Holzpartikel verringerte, oben beschriebene, Porosität der Zellzwischenräume und die leicht erhöhte Dichte verschlechterten die Wegbarkeit für das eindringende Wasser, so dass eine reduzierte Wasseraufnahme ermittelt wurde.

Im Hinblick auf diese Untersuchungsreihe lagen die Ergebnisse der Decklagenvariationen auf einem ähnlichen Niveau, wie die Variationen der Mittellagenzusammensetzungen. Analog zu den Ergebnissen der Holzpartikelvariation in der Mittellage zeigte sich hier der erwartete, hoch signifikanter Zusammenhang zwischen der Erhöhung der Decklagendicke und einer verstärkten Dickenquellung der Schaumkernplatten (Abbildung 5.12). Die Zunahme der Dickenquellung betrug über einen Zeitraum von 72 Stunden zwischen 7,6 % (3 mm Decklagen) und 10,8 % (5 mm Decklagen). Die Messung der Wasseraufnahme lässt einen entgegengesetzten Zusammenhang erkennen. Es zeigten sich

Wasseraufnahmen zwischen 64,2 % (5 mm Decklagen) und 69,5 % (3 mm Decklagen).

Die Ergebnisse ließen auf einen signifikanten Einfluss der Decklagendicke auf das Verhalten des Gesamtsystems während der Wasserlagerung schließen. Allerdings mussten daneben auch andere bereits beobachtete Effekte in Betracht gezogen werden, um eine vollständige Erklärung der Vorgänge zu erhalten. Die Steigerung der Decklagendicke schlug sich in einer prozentualen Erhöhung des Decklagenanteils von 77 Gew.-% (3 mm Decklagen) auf 81 Gew.-% (4 mm) bzw. 85 Gew.-% (5 mm) nieder. Aufgrund der absolut erhöhten Holzmasse stellte sich in der Folge eine erhöhte prozentuale Dickenquellung der Prüfkörper ein.

Die Zieldichte der Decklagen war bei allen Variationen einheitlich auf eine mittlere Dichte von 750 kgm^{-3} eingestellt. Die nachträgliche Überprüfung der Decklagendichten (Abbildung 5.2) zeigte leicht erhöhte Werte mit steigenden Decklagendicken. Der in Holzwerkstoffen bekannte Effekt einer aufgrund stärkerer Verdichtung ebenfalls steigenden Dickenquellung bei gleichzeitig sinkender Wasseraufnahme wurde unter anderem von Halligan, 1970, Kelly, 1977, und Schneider et al., 1982, beschrieben. Diesem Zusammenhang konnte aufgrund steigender Decklagendichten im Rahmen dieser Untersuchungen ein anteiliger Effekt zugeschrieben werden.

Ein weiterer Randeffekt trat aufgrund der konstanten Mittellagenparameter bei Erhöhung der Decklagendicke auf. Durch das verringerte Kernvolumen bei gleichen Masseanteilen von Mikrosphären und Holzpartikeln erhöhte sich simultan die Dichte des Kerns. Diese Veränderung zeigte allerdings auch im Rahmen der übrigen Variationen einen eher undeutlichen Einfluss auf das Verhalten der Platten. Lediglich bei einer Erhöhung des Mikrosphärengehalts konnte eine leichte Tendenz zu einer stärkeren Dickenquellung verzeichnet werden. Da die Dichtezunahme aufgrund dickerer Decklagen jedoch gering war, konnte dieser Einfluss vernachlässigt werden.

Eine Differenzierung zwischen den einzelnen Effekten aus der Erhöhung der Decklagendicke auf die Gesamtdickenquellung der Platten musste aufgrund der Überlagerung der Effekte in Deck- und Mittellage abgeschätzt werden. Die Erhöhung der Schaumdichte zeigte schon bei der Variation des Mikrosphärenanteils einen lediglich geringen Einfluss auf Dickenquellung und Wasseraufnahme. Daher konnte diesem Faktor auch in diesem Zusammenhang nur ein geringer Einfluss zugeschrieben werden. Eine erhöhte Dichte der Decklagen hat eine geringe Wasseraufnahme und eine höhere Dickenquellung zur Folge. Allerdings zeigte sich aufgrund der Dichteprofilmessungen, dass die Decklagen nur eine geringe Dichteerhöhung aufweisen (Tabelle 4.5). Der insgesamt größte Anteil am Verhalten während der Wasserlagerung konnte der mit steigender Dicke erhöhten Holzmasse in den Decklagen beigemessen werden.

Insgesamt zeigten die Messungen des Verhaltens nach Wasserlagerung deutliche Tendenzen Bezug auf die Wasseraufnahme und die Dickenquellung. In der näheren Betrachtung zeigten die Variationen der Holzmasse in Decklagen und Kern die deutlichste Korrelation mit der Dickenquellung. Das Holz besitzt hier erwartungsgemäß den größten Einfluss. Dennoch konnte auch bei Erhöhung des Mikrosphärenanteils ein leichter Anstieg der Quellwerte festgestellt werden. Die ermittelten Quellwerte überschritten jedoch nicht die für Spanplatten Typ P3 nach EN 312 geltenden maximalen Quellungswerte nach 24stündiger Wasserlagerung von 14 %. Auch bei einer Ausdehnung der Wasserlagerung auf 72 Stunden wurde in keinem Fall dieser Wert erreicht. Die Wasseraufnahme zeigte einen uneinheitlicheren, weniger deutlichen Trend. So verringert aber die Erhöhung der Holzpartikelmenge in der Mittellage die Wasseraufnahme aufgrund einer verschlechterten Wegbarkeit in den Zwischenräumen der Schaumzellen.

5.2.5 BRANDVERHALTEN

Das Brandverhalten stellt einen wichtigen Aspekt für die Charakterisierung von Werkstoffen für Anwendungen in geschlossenen Bereichen dar. Dieser Aspekt trifft, neben Möbeln, insbesondere auch auf Werkstoffe zu, die durch ihr geringes Gewicht potentiell für die Anwendung im Transportwesen geeignet sind (Capote et al., 2008). Das Verhalten im Brandfall muss somit auch als sinnvolles Beurteilungskriterium für die vorliegenden Schaumkernplatten gelten.

Für die Beurteilung des Brandverhaltens von Schaumkernplatten wurden an der BAM, Berlin, Brandtests nach ISO 5660-1 durchgeführt. Als Referenzwerkstoff

ERGEBNISSE UND DISKUSSION

wurde eine konventionell hergestellte Spanplatte nach dem gleichen Verfahren geprüft. Die Ergebnisse der Messungen sind in Abbildung 5.14 und Abbildung 5.15 dargestellt; eine Übersicht der Ergebnisse zeigt Tabelle 5.2.

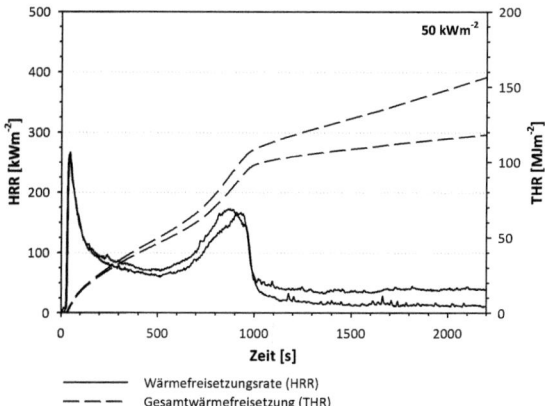

Abbildung 5.14 Brandverhalten einer konventionellen Spanplatte (650 kgm^{-3}) in Doppelbestimmung. Die Darstellung zeigt die Wärmefreisetzungsrate (HRR) und die Gesamtwärmefreisetzung (THR) im Cone Calorimeter.

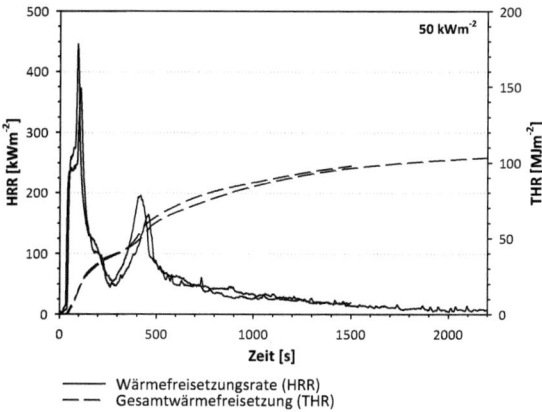

Abbildung 5.15 Brandverhalten der Schaumkernplatte mit Spandecklagen (350 kgm^{-3}) in Doppelbestimmung. Wärmefreisetzungsrate (HRR) und akkumulierte Gesamtwärmefreisetzung (THR) im Cone Calorimeter bei einer Wärmestromdichte von 50 kWm^{-2}.

Durch die stetige Auslösung eines Zündfunkens wurde die Entzündung des Prüfkörpers initiiert. Die Spanplattenprüfkörper zeigten ein zweistufiges

Abbrandverhalten. Der Anfangspeak der Wärmefreisetzungsrate (*peak of heat release rate*, PHRR) erreichte einen Wert von etwa 275 kWm^{-2} nach 29 s. Ein weiterer Peak der Wärmefreisetzungsrate auf 180 kWm^{-2} war nach etwa 850 s zu beobachten. Die Wärmefreisetzungskurve ließ einen für Holzwerkstoffe typischen Verlauf erkennen (Schartel und Hull, 2007). Die Verbrennung erzeugte einen HRR-Peak am Beginn der Prüfung. Holz bildet während der Verbrennung einen Brandrückstand, der sich aus polyaromatischen Strukturen (Char) und geringen Mengen nicht brennbaren, anorganischen Bestandteilen des Holzes zusammensetzt. Durch den kontinuierlichen Abbrand der Probe wächst diese Rückstandsschicht an und bildet eine Barriere für den Wärme- und Brandgastransport zwischen Probe und Flamme. Mit Bildung einer Verkohlungszone nimmt die Wärmefreisetzung entsprechend ab. Gegen Ende des Brandtests erreichte die Pyrolysezone die Probenrückseite und den darunter befindlichen, isolierten Probenhalteraufbau. Die bei der Verbrennung entstandene Wärme staute sich auf und der Prüfkörper erwärmte sich schneller. In der Folge kam es zu einer erhöhten Freisetzung von Brandgasen und es war eine erhöhte Wärmefreisetzung zu beobachten. Die Gesamtwärmefreisetzung (THR) über die Brenndauer betrug durchschnittlich 103 MJm^{-2} bei einem mittleren totalen Masseverlust (TML) von 73,8 %. Diese Resultate bestätigten die Untersuchungen von Östman et al., 1985. Sie fanden bei Anwendung des Cone Calorimeter-Testverfahrens an horizontal geprüften Spanplatten (670 kgm^{-3}) einen Peak der HRR von etwa 300 kWm^{-2} bei vergleichbarer zeitlicher Einordnung. In ihren Versuchen fand ein Abbruch der Prüfung vor Erreichen des zweiten HRR-Peaks statt, obwohl in den Messungen ein Anstieg der Wärmefreisetzung zu erkennen ist und von einem grundsätzlich ähnlichen Kurvenverlauf ausgegangen werden kann.Die Prüfung der Schaumkernplatten zeigte im Vergleich einen deutlich erhöhten mittleren Anfangspeak der Wärmefreisetzung von etwa 420 kWm^{-2} nach etwa 39 s. Der Peak der zeitlichen Rückkopplung tritt in zeitlich kürzerem Abstand mit einer vergleichbaren Höhe von 200 kWm^{-2} auf (Abbildung 5.15). Im Gegensatz zur Spanplatte geht dem ersten Peak der Wärmefreisetzung eine Schulter voraus, die mit einer Höhe von etwa 280 kWm^{-2} dem Peak der Spanplatte entspricht. Die Gesamtwärmefreisetzung der Schaumkernplatten konnte mit 57 MJm^{-2} bei einem Masseverlust von 72,8 % beziffert werden. Abbildung 5.16 zeigt die Brandrückstände der Prüfkörper nach der Prüfung.

ERGEBNISSE UND DISKUSSION

Tabelle 5.2 Brandverhalten der Schaumkernplatten: Wärmefreisetzung und Zeit bis zur Entzündung der Prüfkörper

	Gesamtwärme-freisetzung (THR) [MJm^{-2}]	Rück-stand [Gew.-%]	Spezifische Wärme-freisetzung (THR/Masseverlust) [MJm^{-2}g^{-1}]	Zeit bis zur Entzündung [s]
Spanplatte	103	26,2	1,18	29
Schaumkern-platte	57	27,2	1,17	39
Schaumkern-platte (seitlich)	50	35,1	1,15	4

Abbildung 5.16 Brandrückstände nach der Prüfung. Die Abbildung zeigt die Rückstände einer Schaumkernplatte (links) und die einer Spanplatte (rechts) in den Probenhalterungen.

Bei der Interpretation der Ergebnisse musste insbesondere der Einfluss der Mittellage in die Betrachtung einbezogen werden. Alle polymerbasierten Mittellagenschäume sind organisch und daher brennbar. Ihr Brandverhalten wird in hohem Maße von ihrer Wärmeleitfähigkeit bestimmt. Der getestete Mikrosphärenschaum besaß durch seine geschlossenzellige Struktur eine sehr niedrige Wärmeleitfähigkeit und erlaubte es daher dem Decklagenmaterial nicht, die von außen eingetragene Hitze konduktiv und rasch ins Kernmaterial abzuführen. Dieser Effekt führte zu einer intensiven Erhitzung der Decklagen. Dadurch ergab sich ein, im Gegensatz zu monolithischen Werkstoffen, verstärkter erster Wärmefreisetzungspeak des Prüfkörpers.

Die absolute Gesamtwärmefreisetzung der Spanplatten wurde gegenüber der Schaumkernplatte mit etwa dem doppelten Wert gemessen. Kunststoffe besitzen in der Regel höhere Verbrennungswärmen (ca. 20…40 MJ/kg) als Holz (ca. 10 MJ/kg). Die erwartete Erhöhung der Wärmefreisetzung durch die

Substitution des Holzes mit einem leichten Polymerschaum wurde durch die verminderte Probenmasse jedoch ausgeglichen bzw. sogar verbessert. Die geringere Gesamtwärmefreisetzung der Schaumkernplatten konnte daher positiv bewertet werden.

Die maximale Wärmefreisetzungsrate der Schaumkernplatten während der ersten Testminute war um 25 % gegenüber den Spanplattenproben erhöht. Dies ist von besonderer Bedeutung, da Sandwichplatten im Brandfall schnell ihre strukturelle Integrität verlieren können. Mit der Delamination der Verbindung zwischen Kern und Decklage oder der Zerstörung von Teilen einer Lage geht der Verlust der Biegeeigenschaften einher. In der Regel bedeutet dies einen totalen Verlust der strukturellen Eigenschaften. Allerdings ist es nicht möglich, das Verhalten von Sandwichwerkstoffen in einem realen Brandfall durch einen genormten Test zu prognostizieren (Davies, 2001, Capote et al., 2008). Neben der problematischen Übertragung der Probengröße auf komplette Bauteile, können beispielsweise Eckverbindungen nicht in ausreichendem Maße betrachtet werden. Der Hintergrund dieser Untersuchungen bestand daher nicht in der Abbildung eines realen Szenarios, sondern in einer vergleichenden Betrachtung gegenüber einer konventionellen Spanplatte, unter Bedingungen, die ein reales Szenario teilweise abbilden.

In einer zweiten Versuchsanordnung wurden fünf Streifen der Schaumkernplatten so in die Probenhalterung eingelegt, dass eine seitliche Erhitzung stattfand. Dieser Test sollte ein vereinfachtes Abbild eines *hidden fire* abbilden, bei dem eine Ausbreitung des Feuers innerhalb des Werkstoffes stattfindet und somit unbemerkt fortschreiten kann. Die Darstellung des Brandverhaltens ist in Abbildung 5.17 zu sehen. Bereits nach 4 s trat eine Entzündung des Prüfkörpers ein. Die Ausbildung der maximalen Wärmefreisetzungsrate stellte sich mit etwa 180 kWm^{-2} weniger intensiv als bei der horizontal gelagerten Schaumkernplatte ein. Der Peak der thermischen Rückkopplung entsprach dem Versuch mit der horizontal gelagerten Probe.

Die frühe Zündung der Probe lässt sich auf die leichte Entzündbarkeit des Polymerschaums, sowie des nach der Expansion darin verbliebenen Treibmittels zurückführen. Während der erste Peak der HRR bei der Spanplatte durch die Materialeigenschaften des Holzes bestimmt wurde, wurde in der seitlichen Anordnung der Schaumkernplatte eine Überlagerung der Materialeigenschaften

ERGEBNISSE UND DISKUSSION

von Holz und Polymer bestimmt. Entsprechend der verminderten Brandlast zeigte sich gegenüber der Spanplatte eine verminderte Gesamtwärmefreisetzung von 50 MJm^{-2}. Die spezifische Wärmefreisetzung stellte sich auf dem gleichen Niveau der Spanplatte, wie bei den Vergleichsproben ein.

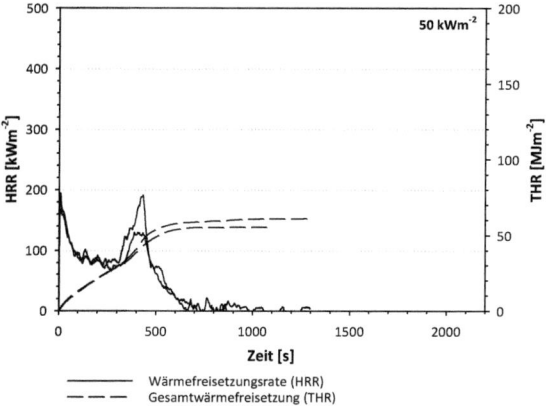

Abbildung 5.17 Brandverhalten der Schaumkernplatten mit Spandecklagen bei seitlicher Erhitzung (*hidden fire*) in Doppelbestimmung. Wärmefreisetzungsrate (HRR) und akkumulierte Gesamtwärmefreisetzung (THR) im Cone Calorimeter.

Schubert, 1979, berichtete von der rechnerischen Ermittlung der Brandlast von Möbelwerkstoffen in Büroräumen und schrieb Einrichtungsgegenständen und Einbaumöbeln einen wesentlichen Anteil an der Gesamtbrandlast zu. Daher schlägt Petrella, 1994, eine qualitative Interpretation der Ergebnisse anhand der Gegenüberstellung der Prüfergebnisse vor (Abbildung 5.18). Aufgrund der verringerten Gesamtwärmefreisetzung (THR), der sog. Brandlast, ist die Wahrscheinlichkeit eines langanhaltenden Feuers weniger wahrscheinlich, als bei einer Spanplatte. Die Neigung der Platten, ein sich schnell ausbreitendes Feuer zu verursachen, konnte über das Verhältnis vom PHRR und der Zeit bis zur Entzündung des Prüfkörpers als vergleichbar eingestuft werden. Die Gefahr eines *hidden fire* wird vornehmlich im Zusammenhang mit Luftfahrzeugen diskutiert (Chattaway, 1997). Doch auch in Gebäuden und Einrichtungsgegenständen können sich Brände unter bestimmten Voraussetzungen unbemerkt verbreiten. Das Brandverhalten einer seitlich geprüften Schaumkernplatte zeigte eine deutliche erhöhte Tendenz zur schnellen Entzündung. Die Gesamtwärmefreisetzung ist dabei naturgemäß identisch zur horizontal geprüften

Platte. Eine Verringerung der Feuergefährlichkeit des treibmittelgefüllten Thermoplasten wird durch die in den Patentschriften Lamon und Le Cozannet, 1994, und Murray, 2003, vorgeschlagene Zugabe von Additiven erzielt.

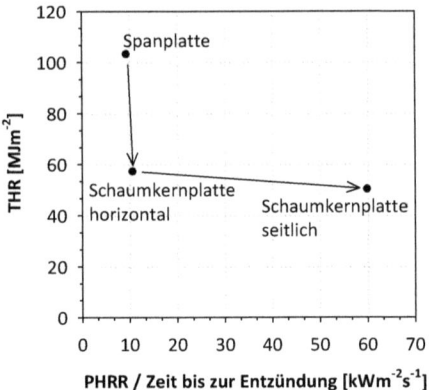

Abbildung 5.18 Beurteilung des Brandverhaltens von Schaumkernplatten. Höhere THR-Werte kennzeichnen die Neigung ein langanhaltendes Feuer zu verursachen, mit höheren Werten des PHRR/Zeit bis zur Entzündung-Verhältnisses steigt die Neigung ein sich schnell ausbreitendes Feuer zu verursachen.

Insgesamt lassen die Prüfungen des Brandverhaltens den Schluss zu, dass die geprüften Schaumkernplatten aufgrund ihrer Holzwerkstoffdecklagen ein grundsätzlich ähnliches Brandverhalten wie konventionelle Holzwerkstoffe aufweisen. Trotz eines verstärkten anfänglichen Wärmefreisetzungspeaks durch einen erhöhten Wärmestau im Probenmaterial und ihre erhöhte Neigung zur Entzündung, weisen die Schaumkernplatten eine reduzierte Brandlast auf, die in erster Linie auf der geringeren Masse beruht.

In der Anwendung stellen die während eines Brandes freigesetzten Gase neben dem Feuer selbst eine zusätzliche potentielle Gefahr dar. Insbesondere die Verbrennung von Kunststoffen kann eine erhebliche Menge an sog. akut-toxischen Gasen, wie Salzsäure (HCl) freigesetzt werden. Durch die Umstellung des verwendeten Mikrosphärentyps kommt in diesen Untersuchungen nun ein chlorfreier Kunststoff zum Einsatz, wodurch die Bildung von Salzsäure im Brandfall verhindert wird.

5.2.6 Dynamische Differenzkalorimetrie

Zur Bestimmung der Glasübergänge wurden mit Hilfe der Dynamischen Differenzkalorimetrie die Änderungen der Wärmekapazität der Mikrosphären während der Erhitzung ermittelt. Da der Fokus der Messungen auf dem Verhalten des Polymers in der Mikrosphärenhülle vor dem Einsetzen der Expansion lag, mussten die Reaktionen von Treibmittel und Polymer getrennt betrachtet werden.

Für die Expansion ist neben dem Erreichen des Siedepunktes des Treibmittels Isobutan auch die Erweichung des Hüllenpolymers notwendig. Die Siedepunkttemperatur des Isobutans beträgt unter Atmosphärendruck -11,7 °C. Es ist davon auszugehen, dass - auch im Falle eines innerhalb der Mikrosphärenhülle herrschenden Druckes - die Siedepunkttemperatur des Treibmittels bei Raumtemperatur überschritten ist. Solange keine Veränderung des Innenraumvolumens der Hülle einsetzt, verhindert der herrschende Dampfdruck jedoch einen Phasenübergang des Isobutans unabhängig von der Temperatur. Die Expansion beruht daher primär auf der Erweichung des Polymers. Da das Treibmittel während der Erwärmung bereits einen Innendruck aufbaut, wird die Expansion mit Beginn der Plastifizierung der Hülle initiiert.

Zunächst wurden nicht vorbehandelte, nicht expandierte Proben untersucht, die ein deutlich unterschiedliches Verhalten zwischen der ersten und zweiten Messung zeigten. Das Thermogramm der ersten Messung deutete auf einen Glasübergang bei etwa 85 °C hin (Abbildung 5.19). Die Änderung der Signalstruktur ab ca. 90 °C scheint durch den Beginn der Mikrosphärenexpansion bedingt zu sein. Durch das Aufschäumen des Materials wird der Kontakt zur Tiegelwand stark verändert. Zuverlässige Messungen des thermischen Geschehens im Material sind dabei nicht mehr möglich. Dennoch lassen sich aus dem Thermogramm der Start und das Ende des Expansionsvorgangs ablesen. Ab 120 °C erscheint im Thermogramm eine normale Basislinie, was auf den Abschluss der Volumenvergrößerung hinzuweisen scheint.

Diese Annahmen konnten durch eine zweite Messung derselben Probe belegt werden. Da die Expansion bereits abgeschlossen war, fanden hier nur noch wenig ausgeprägte Vorgänge statt, die sich in einer normalen Basislinie widerspiegelten. Aufgrund der verringerten Kontaktfläche zwischen Mikrosphären und Tiegelwand konnte die Glasübergangstemperatur jedoch nicht zuverlässig bestimmt werden.

Für eine genauere Bestimmung des Glasübergangs erfolgte eine Vorbehandlung der Proben, indem das Probenmaterial im Trockenofen bei 120 °C für einen Zeitraum von acht Stunden künstlich gealtert wurde, so dass die Expansion bereits vor den DSC-Messungen erfolgte. Die Messungen des gealterten Materials zeigten einen eindeutigen Glasübergangsbereich (Abbildung 5.20). Die Bestimmung des Glasübergangs des in der Hülle der Mikrosphären verwendeten Mischpolymers aus Acrylnitril, Methacrylat und Acrylat zeigte einen Glasübergangspunkt T_g von 85 °C. Die übereinstimmenden Messungen bestätigten damit die Angaben des Herstellers, wonach 85 °C als untere Starttemperatur T_{start} der Expansion angegeben war.

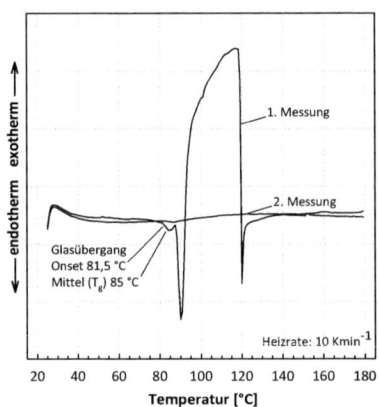

Abbildung 5.19 Zweifache Erhitzung einer nicht vorbehandelten Expancel 031DUX40-Probe bei einer Heizrate von 10 Kmin^{-1}

Um festzustellen, zu welchem Zeitpunkt der Erwärmung die Mikrosphären eine adhäsive Oberfläche ausbilden, wurde die Onset-Temperatur, der Beginn der endothermen Reaktion und somit Erweichung des Polymers, bestimmt. Aus dem Verlauf der Reaktionskurven ließ sich eine Onset-Temperatur von etwa 81,5 °C ermitteln.

Die Erweichungstemperatur der Mikrosphären wies darauf hin, dass bereits während der ersten Phase des Pressvorgangs - und somit vor der Expansion und dem Öffnen der Presse - sowohl eine Anhaftung der Mikrosphären an den

Decklagen als auch der Mikrosphären aneinander stattfinden kann. Die durchgeführten Messungen zeigten deutlich, dass die Mikrosphären einen sehr definierten Glasübergangspunkt besitzen, dem eine Erweichungsphase von etwa 3,5 °C vorausgeht. Dies beschränkt also bereits vor der Expansion die Relativbewegungen der Mikrosphären untereinander und sorgt für eine verbesserte Ortstabilität während der Expansion. Zugleich bedeuten die erweichenden Zellwände auch eine Verringerung der Stabilität und erhöhen dadurch die Gefahr einer Zerstörung der Hülle und eines Austritts des Treibmittels. Die DSC-Messungen ließen jedoch keine quantitative Aussage über die Stabilität der Mikrosphären bei Erhitzung und unter einem gleichzeitig vorherrschenden Pressdruck in der Heißpresse zu.

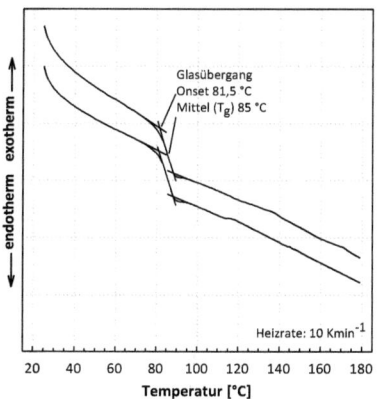

Abbildung 5.20 Doppelbestimmung des Glasübergangs von vorbehandeltem Expancel 031DUX40. Die Aufheizung erfolgte mit einer Heizrate von 10 Kmin^{-1}.

In der Konsequenz bedeutet dies für die Herstellung der Platten, dass eine genaue Kontrolle der Temperaturentwicklung während der Hochdruckphase garantiert, dass die adhäsive Wirkung der Mikrosphären im komprimierten Zustand ausgenutzt wird. Andererseits ist zu vermuten, dass ein zu ausgedehnter Heißpressvorgang negative Auswirkungen auf die Integrität der Mikrosphären hat. Einen besonderen Einfluss könnten dabei die zwischen den Mikrosphären liegenden Holzspäne besitzen, die eine zusätzliche mechanische Einwirkung auf die instabilen Hüllen ausüben können. Zu erwähnen ist jedoch, dass der geringe Erweichungsbereich, der der Expansion vorausgeht, in der Praxis eine eher untergeordnete Rolle spielen wird, da eine derart genaue

Regelung der Temperatur während des Pressvorgangs schwierig durchführbar ist. Das Temperaturfenster des Expansionsbeginns ist jedoch sehr deutlich definiert und kann somit als Stellgröße in der Herstellung angewendet werden.

5.3 VERSAGENSANALYSE AN SCHAUMKERNPLATTEN

Die Erstellung von Versagensdiagrammen, die zur Vorhersage des Bruchverhaltens dienen, erfordert die Ermittlung von Kennwerten, die in die analytischen Berechnungen eingehen. Der anschließende Vergleich mit experimentellen Festigkeitswerten dient als Verifikation des Rechenmodells und der daraus erstellten analytischen Failure Mode Map.

5.3.1 EXPERIMENTELL ERMITTELTE KENNWERTE

Als Ausgangspunkt für die Erstellung der Failure Mode Map wurden die hergestellten Schaumplatten mechanisch untersucht und die Kennwerte ermittelt, die als Berechnungsgrundlage für die Versagensanalyse dienten. Im Rahmen der vorliegenden Arbeit wurden von Hirsch, 2010, Untersuchungen zur Versagensmodellierung durchgeführt. Die Ergebnisse dieser Arbeit dienen als Basis für die Versagensanalyse.

Im Hinblick auf die Bewertung der Ergebnisse erfolgt an dieser Stelle eine Betrachtung des Einflusses der beiden Kernmatrixkomponenten Schaum und Holzpartikel auf die Entwicklung der Festigkeitseigenschaften des Kompositwerkstoffes. In Abhängigkeit von den jeweiligen Elastizitätsmoduln E_{Schaum} und E_{Holz} und Volumenanteilen V_{Schaum} und V_{Holz} ergibt sich der Elastizitätsmodul E_c im Kern nach der Mischungsregel (Zenkert, 1995) aus

$$E_c = \frac{E_{Schaum} V_{Schaum} + E_{Holz} V_{Holz}}{V_C} \qquad (5.1)$$

ERGEBNISSE UND DISKUSSION

Das Gesamtvolumen V_c wurde während der Plattenherstellung durch die festgelegten Schaumplattendimensionen konstant gehalten. Mit dem Ziel der Dichteerhöhung wurden während der Versuche die eingestreuten Schaum- und Holzmassen proportional erhöht. Durch die eingebrachten, nicht komprimierbaren Späne ergab sich im Kern eine Verringerung des verfügbaren Schaumvolumens V_c, so dass die Dichte des Schaumes relativ zur Gesamtdichte des Kompositmaterials stärker anstieg. Der Zusammenhang eines Elastizitätsmodulanstiegs mit Erhöhung der Dichte nach (4.24) konnte daher nicht durchgängig angewendet werden.

Die Ermittlung der **Elastizitätsmoduln** des Kernmaterials erfolgte im Zugversuch quer zur Plattenoberfläche. Die in Abbildung 5.21 dargestellten Prüfergebnisse zeigten keine signifikante Abhängigkeit des Elastizitätsmoduls von der Dichte des Schaummaterials.

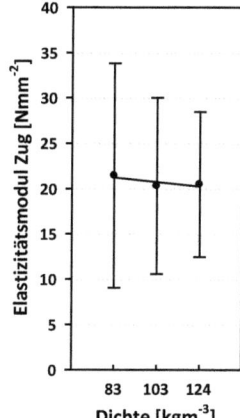

Zieldichte Schaum [kgm^{-3}]	Mittelwert E-Modul[1] [Nmm^{-2}]	Variationskoeffizient V(x)
83	21,4 (12,4)	0,57
103	20,3 (9,7)	0,47
124	20,5 (8,0)	0,39

(1) n=8, Standardabweichung in Klammern

Abbildung 5.21 Entwicklung des Zug-Elastizitätsmoduls in Abhängigkeit von der Schaumdichte

Durch die Erhöhung der Schaumdichte von 83 kgm^{-3} auf 103 kgm^{-3} bzw. 124 kgm^{-3} konnte kein Einfluss auf den Elastizitätsmodul nachgewiesen werden, die mit 21,4 Nmm^{-2}, 20,3 Nmm^{-2} bzw. 20,5 Nmm^{-2} ermittelt wurden.

Der lineare Bereich, der der Berechnung des Elastizitätsmoduls von Schäumen mit geschlossenen Zellen zugrunde liegt, wird in der Regel bestimmt durch die Biegung der Zellecken, die Dehnung der Zellwände und den in den Zellen vorhandenen Innendruck aufgrund des eingeschlossenen Gases (Gibson und

Ashby, 1997). Im Falle der vorliegenden Mischung aus Mikrosphären und Holzpartikeln kann dieser Zusammenhang nicht mehr ausschließlich als Grundlage für das Verhalten des Schaumes gelten. Darüber hinaus zeigte sich während der Prüfungen eine ungleichmäßig ausgebildete Holzpartikelverteilung innerhalb der Schaummatrix, die potentiell für ein frühzeitiges Versagen der Schaumplatten verantwortlich gewesen sein konnte. Da der Zusammenhang zwischen der Schaumdichte und dem Elastizitätsmodul nicht nachweisbar ist, verliert die Beziehung (4.24) hier ihre Anwendbarkeit. Vielmehr wird in den weiteren Berechnungen auf Basis der Ergebnisse ein einheitlicher, mittlerer Elastizitätsmodul von 20,7 Nmm^{-2} angenommen.

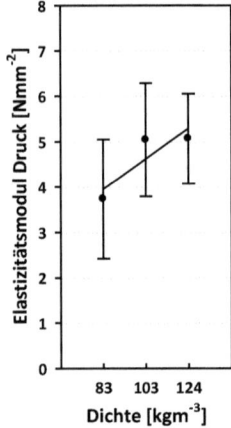

Zieldichte Schaum [kgm^{-3}]	Mittelwert E-Modul$^{(1)}$ [Nmm^{-2}]	Variations- koeffizient V(x)
83	3,7 (1,3)	0,35
103	5,0 (1,2)	0,25
124	5,1 (1,0)	0,19
(1) n=8, Standardabweichung in Klammern		

Abbildung 5.22 Entwicklung des Druck-Elastizitätsmoduls in Abhängigkeit von der Schaumdichte

Zur Absicherung der Ergebnisse wurden Messungen des Elastizitätsmoduls auf Basis einer Druckprüfung durchgeführt. Nach Untersuchungen von Gibson und Ashby, 1982, hat die Belastungsrichtung aufgrund des Zellaufbaus keinen Einfluss auf die Resultate der Elastizitätsprüfungen. Die aufgrund der Querzugprüfung getroffenen Aussagen hinsichtlich einer nicht vorhandenen Korrelation konnten durch die Druckprüfungen bestätigt werden (Abbildung 5.22). Aufgrund der hohen Variationskoeffizienten innerhalb der Gruppen konnte kein signifikanter Zusammenhang zwischen der Dichte und dem Elastizitätsmodul ermittelt werden, auch wenn hier ein deutlicherer Trend erkennbar schien. Die Ergebnisse wiesen durchgehend niedrigere Werte, als die im Zugversuch ermittelten

Elastizitätsmoduln auf. Dieses Phänomen ist auf die Verklebung der Prüfkörper mit den Jochen im Zugversuch zurückzuführen. Das für die Prüfkörperverklebung verwendete Epoxidharz drang etwa einen Millimeter in die Zellstruktur des Schaumprüfkörpers ein und verursachte dadurch eine Zunahme der Steifigkeit. Diese Klebstoffpenetration war auch während der späteren Verklebung der Schaumkerne mit den vorgefertigten Decklagen anzunehmen. Um eine Vergleichbarkeit herzustellen, wurden in den Berechnungen zur Versagensanalyse die in den Zugprüfungen ermittelten Modulwerte verwendet. Die Schubprüfungen lieferten keinen eindeutigen Zusammenhang zwischen einer Erhöhung der Schaumdichte und einem korrespondierenden **Schubmodul**. Die mit der Dichte steigenden Varianzen erwiesen sich als charakteristisch, da sich die erwähnte Inhomogenität der Schaum-Holz-Matrix verstärkte. Die in Abbildung 5.23 dargestellten Ergebnisse wiesen im Gegensatz zu den ermittelten Druck- und Zugelastizitätsmoduln auf eine tendenzielle Modulerhöhung in Abhängigkeit von der Dichte hin. Daher konnte hier nach Formel (4.21) ein potenzieller Zusammenhang nach Gibson und Ashby, 1982, und Triantafillou und Gibson, 1987a, angenommen werden:

$$G(\rho_c) = 1{,}8949 \rho_c^{0{,}428} \qquad (5.2)$$

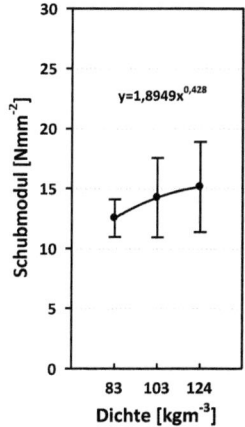

Zieldichte Schaum [kgm^{-3}]	Mittelwert Schub-Modul[1] [Nmm^{-2}]	Variationskoeffizient V(x)
83	12,5 (1,6)	0,12
103	14,2 (3,3)	0,23
124	15,1 (3,8)	0,24

(1) n=8, Standardabweichung in Klammern

Abbildung 5.23 Entwicklung des Schub-Elastizitätsmoduls in Abhängigkeit von der Schaumdichte

VERSAGENSANALYSE AN SCHAUMKERNPLATTEN

Die Prüfung der **Schubfestigkeit** zeigte deutlich den Einfluss der zweikomponentigen Schaum-Holz-Matrix auf das mechanische Verhalten. Eine Erhöhung der Schaumdichte von 83 kgm^{-3} auf 103 kgm^{-3} führte zunächst zu einer Erhöhung der Schubfestigkeit von 0,264 Nmm^{-2} auf 0,286 Nmm^{-2}. Eine weitere Steigerung führte dann jedoch zu einer Reduktion auf 0,255 Nmm^{-2} (Abbildung 5.24).

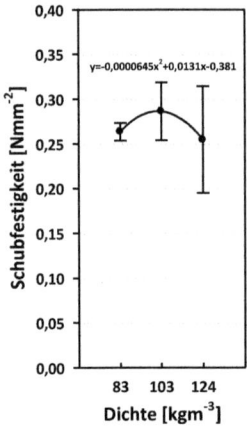

Zieldichte Schaum [kgm^{-3}]	Mittelwert Schubfestigkeit[1] [Nmm^{-2}]	Variationskoeffizient V(x)
83	0,264 (0,01)	0,03
103	0,286 (0,03)	0,11
124	0,255 (0,06)	0,23

(1) n=8, Standardabweichung in Klammern

Abbildung 5.24 Entwicklung der Schubfestigkeit in Abhängigkeit von der Schaumdichte

Eine nähere Betrachtung dieses Phänomens ließ einen positiven Einfluss eines steigenden Schaumanteils bei gleichzeitig negativem Einfluss der Erhöhung der Holzanteils erkennen. Für die Entwicklung der Schubfestigkeit lassen sich zwei grundsätzliche Erklärungsansätze in Betracht ziehen. Wird die Dichte der Schaummatrix sehr stark gesenkt, so findet eine extreme Expansion der Schaumzellen statt, wodurch ein unvollkommener Verbund von Zellen mit sehr dünnen Wänden und unvollständigen Kontaktflächen entsteht. Die Festigkeit einer Schaummatrix wird in erster Linie von der Ausbildung und dem elastisch-plastischen Verhalten der Zellstruktur bestimmt. Der Elastizitätsmodul von geschlossenzelligen Schäumen wird demnach durch die Biegung der Zellecken, die Dehnung der Zellwände und den durch das eingeschlossene Gas entwickelten Innendruck bestimmt. Die Belastung während der Untersuchung der Schubfestigkeitsprüfung ging über diesen linearen Bereich hinaus. Die Deformation der Zellen vollzieht sich im nicht-linearen Bereich, in dem die Zellkanten,

ERGEBNISSE UND DISKUSSION

die ursprünglich in einem Winkel zur Belastungsachse ausgerichtet sind, in Richtung dieser Achse rotieren. Dadurch reduziert sich das auf sie wirkende und zu Beginn dominierende Biegemoment. Nach dem Ausrichten der Zellkanten in Zugrichtung ist nach Gibson und Ashby, 1997, in erster Linie die Längendehnung für die Deformation der Zellen verantwortlich. Dieser Effekt trat allein bei der Prüfung der Schubfestigkeit auf, da im Rahmen der übrigen Untersuchungen lediglich elastische Prüfungen durchgeführt wurden. Die Verminderung der Dichte der Schaummatrix führte zu Veränderungen der Zellformen und Zellwanddicken, so dass es zu einer Beeinflussung der Zelldeformation kommen kann, in dessen Folge die Festigkeiten sinken.

Eine Erhöhung der Schaumdichte führt nach den Ergebnissen der Untersuchungen ebenfalls zu sinkenden Schubfestigkeiten. Die Ergebnisse aus den Biegeversuchen in Kapitel 5.2.2 und Lohmann, 2008, legen nahe, dass eine Erhöhung des Holzpartikelanteils in der Mittellage nicht prinzipiell zu sinkenden Festigkeitseigenschaften führt. Der Einfluss einer erhöhten Spänemenge kann, insbesondere vor dem Hintergrund eines konstanten Verhältnisses von Mikrosphären zu Holzpartikeln, nicht ursächlich für diesen Effekt sein. Die Untersuchungen der Mikrostruktur konnten zeigen, dass die unexpandierten Mikrosphären in der Lage sind, in die Zellumina einzudringen und dadurch eine mechanische Verklammerung zu bewirken. Zwar verstärkt sich dieser Effekt bei Erhöhung der Einsatzmengen, hingegen zeigten die Schaumplatten aber auch eine inhomogene Verteilung innerhalb der Holz-Spanmatrix. Somit kam die Bildung lokaler Fehlstellen aufgrund des Herstellungsprozesses der Schaumplatten als Versagensursache in Betracht. Da die Herstellung ohne Holzwerkstoffdecklagen erfolgte, wurde das Kernmaterial zwischen heißen Pressplatten aufgeschäumt, die durch Distanzleisten auf Abstand gehalten wurden. Hierdurch vollzog sich während des Erwärmungsprozesses des Schaummaterials eine Bewegung der Holzpartikel in Richtung der mittleren Plattenebene, was aufgrund der Verdichtung bei der Schaumkernplattenherstellung vermieden werden konnte. Es ergaben sich lokale Späne-Agglomerationen, die Initialpunkte für ein Versagen des Materials bei der Ermittlung der Schubfestigkeit darstellten. Dieser Effekt verstärkte sich mit steigenden Schaumdichten, so dass es zu einem Absinken der Festigkeiten im höheren Dichtebereich kommt. In zukünftigen Untersuchungen des Versagensverhaltens muss dieser Umstand berücksichtigt werden und insbesondere eine homogene Ausbildung der Schaummatrix verfolgt werden. Im Hinblick auf die durchgeführten Untersuchungen musste von einem vergleichbaren Einfluss bei der anschließenden Verklebung der Prüfkörper für die Erstellung der experimentellen Failure Mode Map ausgegangen werden. Daher wurde an Stelle des potenziellen Zusammenhanges hier aus materialtechnisch logischen Gründen aus der parabelförmigen Optimumkurve die Beziehung

$$y=-0{,}0000645x^2+0{,}0131x-0{,}381 \qquad (5.3)$$

abgeleitet. Die theoretische Erweiterung dieses Zusammenhangs ist die Konsequenz der obigen Erläuterungen zur Festigkeit und führt zu einem rechnerischen Festigkeitsverlust unterhalb von 35 kgm^{-3} bzw. oberhalb von 168 kgm^{-3}. Grundsätzlich kann aufgrund der Ergebnisse der dargestellten Mischung von Schaumzellen und Holzpartikeln von einer deutlich größeren Varianz der Eigenschaften ausgegangen werden, als bei Verwendung eines homogenen Schaummaterials.

5.3.2 MATHEMATISCHE VERSAGENSANALYSE FÜR DIE BIEGEBEANSPRUCHUNG

Das Verhalten von Sandwichmaterialien unter Belastung wird in erster Linie von den Materialeigenschaften, den Prüfkörperdimensionen und der Lastkonfiguration bestimmt. In das Verhalten des Sandwichaufbaus gehen die Materialeigenschaften der Decklagen über die Parameter Decklagenspannung σ_{yf} und Decklagenmodul E_f, die Eigenschaften des Kern über das Kernmodul E_c, die Kernschubfestigkeit τ^*_c, das Kernschubmodul G_c und die Kerndichte ρ_c ein. Ebenso fließen die Prüfkörperdimensionen über die Breite b, die Länge l, die Decklagendicke t und die Kerndicke c in die Berechnungen ein. Die Eigenschaften b, t, c und E_f werden teilweise über die Biegesteifigkeit D ausgedrückt, die mittels (4.8) errechnet wird.

Die Erstellung der Failure Mode Map erfolgte anhand der ermittelten Formeln (4.16), (4.18) und (4.23) zur Berechnung der Versagenskraft, die in Tabelle 5.3

ERGEBNISSE UND DISKUSSION

zusammengefasst sind und den in den praktischen Untersuchungen ermittelten Kennwerten (Tabelle 5.4).

Tabelle 5.3 Zusammenfassung der Versagensformeln

Versagensart	Formel
Decklagenversagen	$P_{fy} = \dfrac{4\sigma_{yf}D}{E_f\left(\dfrac{c}{2}+t\right)l}$
Decklagenknittern	$P_{fw} = \dfrac{2\sqrt[3]{E_f E_c G_c D}}{E_f\left(\dfrac{c}{2}+t\right)l}$
Kernschubversagen	$P_{cs} = \dfrac{4\tau_c^* D}{\sqrt{\left(\dfrac{E_c cl}{4}\right)^2 + [E_f(c+t)t]^2}}$

Tabelle 5.4 Zusammenfassung der für die Erstellung der Failure Mode Map ermittelten Kennwerte (Hirsch, 2010)

	Symbol	Wert	Einheit
Decklagen	σ_{yf}	10	Nmm^{-2}
	E_f	3000	Nmm^{-2}
	E_c	20,7	Nmm^{-2}
Kern	τ_c^*	$-0{,}0000645\rho_c^2 + 0{,}0131\rho_c - 0{,}381$	Nmm^{-2}
	G_c	$1{,}89\rho_c^{0,428}$	Nmm^{-2}
	ρ_c	variabel	kgm^{-3}
	b	50	mm
Prüfkörperdimension	l	17(c+2t)	mm
	t	variabel	mm
	c	9	mm

Die Abhängigkeit der Versagensarten von der Dimension der Prüfkörper bezieht sich lediglich auf den Parameter Decklagendicke t und die von ihr abhängige Kerndicke c und Prüfkörperlänge l. Die Prüfkörperbreite b wurde mit konstant 50 mm gewählt. Die analytischen Berechnungen erfolgten unter einer Variation der Decklagendicke von 0...21 mm. Parallel zur Variation dieser Dimension fand eine Anpassung der Mittellagendichte im Bereich 0...200 kgm^{-3} statt.

Zur Erstellung der analytisch ermittelten Failure Mode Map erfolgte die Berechnung der einzelnen Versagensarten für die jeweiligen Verhältnisse von Kerndichte zu Decklagendicke. Der Übergang zwischen zwei Versagensarten wird durch die Kraft definiert, die gleichzeitig bei unterschiedlichen Versagensarten zum Versagen des Bauteils führt. Durch Gleichsetzen der Formeln können diese Übergänge zwischen den Versagensarten ermittelt werden, die durch Abtragen im Diagramm Bereiche gleicher Versagensarten umschließen. Ein Gleichsetzen ergab in diesem Fall keine geschlossenen Formeln, so dass die spezifischen Versagensarten mittels eines numerischen Vorgehens ermittelt wurden. Da die Variablen Prüfkörperbreite b und Kerndicke c konstant gesetzt wurden, ließ sich die Failure Mode Map in Abhängigkeit der Parameter Kerndichte ρ_c und Decklagendicke t errechnen. Die niedrigste Kraft gilt als Versagenskraft und bestimmt die korrespondierende Versagensart. Die resultierende Failure Mode Map zeigte einen definierten Bereich, in dem Decklagen- und Kernschubversagen die dominierenden Versagensarten darstellen (Abbildung 5.25).

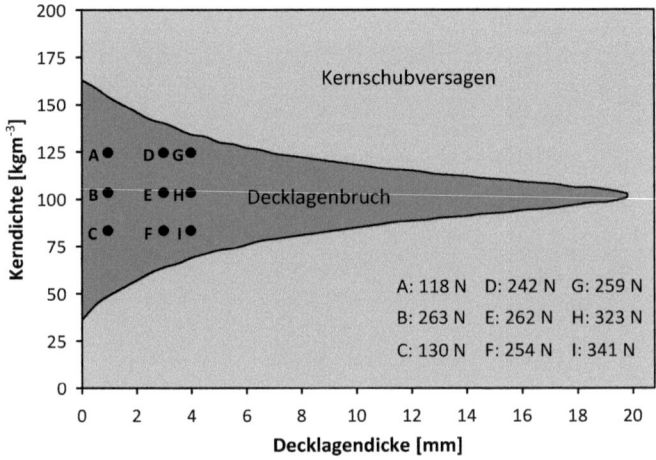

Abbildung 5.25 Analytisch ermittelte Failure Mode Map für Schaumkernplatten mit Spanplattendecklagen und Holz-Mikrosphären-Kern unter Dreipunktbelastung (Kerndicke: 9 mm). Die Symbole (●) stellen das experimentell ermittelte Versagen dar, die Werte A...I die korrespondierenden durchschnittlichen Versagenskräfte.

Mit steigender Decklagendicke verminderte sich das Eintreten des Decklagenversagens zugunsten des Kernschubversagens. Die experimentell ermittelte maximale Kernschubfestigkeit bei einer Kerndichte von 102 kgm^{-3} spiegelte sich in der Failure Mode Map wider und hatte ein Auftreten im unteren sowie im oberen Kerndichtebereich zur Folge.

Aus der Literatur ist bekannt, dass die Kombination einer geringen Kerndichte mit dünnen Decklagen in der Regel ein Auftreten von Decklagenknittern begünstigt, da das Kernmaterial wenig druckstabil gegen das aufgrund von Druckspannungen zum Beulen tendierende Decklagenmaterial ist. Die Prüfung der Schubfestigkeit der Schaumplatten ergab für Dichten unterhalb von 35 kgm^{-3} einen vollständigen Festigkeitsverlust der Schaum-Holzpartikel-Matrix. Entsprechend trat für diesen Plattentyp in diesem Bereich kein Decklagenknittern, sondern lediglich Kernschubversagen auf.

5.3.3 EXPERIMENTELLE VERSAGENSANALYSE

Die mathematisch modellierte Failure Mode Map sollte anhand der Biegeversuche der mit Spanplattendecklagen verklebten Schaumkerne verifiziert werden. Die in den praktischen Versuchen ermittelten Versagenskräfte sind in Abbildung 5.25 dargestellt. Es zeigte sich eine sehr gute Übereinstimmung der experimentell ermittelten Werte mit den analytisch berechneten (Abbildung 5.26). Die Abweichung zwischen den berechneten und experimentell ermittelten Versagenskräfte von Probenreihe B zeigt die möglichen starken Eigenschaftsschwankung von im Labor hergestellten Platten. Da die übrigen Probenreihen hingegen eine gute Übereinstimmung zeigen, kann bei Probenreihe B von einem - im Festigkeitssinne positiven - Ausreißer gesprochen werden. Über den Vergleich mit den zuvor ermittelten Schubfestigkeiten (Abbildung 5.24) kann interessanterweise nachvollzogen werden, dass die Schaumkerne mit einer Mittellagendichte von 103 kgm^{-3} auch im Verbundwerkstoff bei Decklagendicken von 1 mm und 3 mm (Probenreihen B und E) die höchsten Versagenskräfte erzielen.

Die für die neun im Vorfeld gewählten Kombinationen A...I aus Decklagendicke und Kerndichte vorhergesagten Versagensarten konnten durch die Versuche größtenteils bestätigt werden (Tabelle 5.5). Der mathematisch vorhergesagte

VERSAGENSANALYSE AN SCHAUMKERNPLATTEN

Decklagenbruch trat bei 40 der 45 getesteten Prüfkörper ein. Der Bruch trat durchgehend mittig unterhalb der Lasteinleitung auf der Zugseite der Prüfkörper ein.

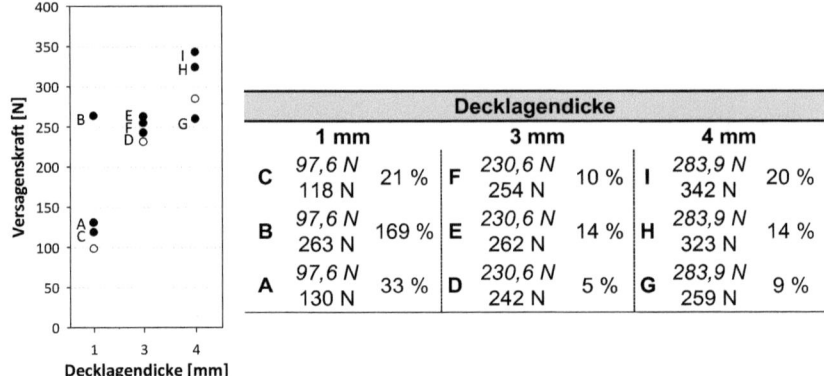

Abbildung 5.26 Vergleich der experimentell und analytisch ermittelten Versagenskräfte an Schaumkernplatten bei Dreipunktbiegung (n=5). Die ausgefüllten Symbole (●) zeigen die experimentellen, die offenen Symbole (○) die analytisch berechneten Versagenskräfte. Die Tabelle zeigt die korrespondierenden Werte (*kursiv*: analytisch berechnete Versagenskraft) und ihre entsprechenden prozentualen Abweichungen.

Im Falle aufgetretener Kernschubbrüche konzentrierten sich diese auf die hohen Kerndichten in den Kombinationen A, D und G. Die derart versagten Prüfkörper wiesen eine deutlich verringerte Versagenskraft auf. Daher konnte davon ausgegangen werden, dass das Schubversagen der Prüfkörper durch lokale Schwachstellen innerhalb des Materials initiiert wurde. Die Prüfkörper wiesen aufgrund der manuellen Herstellung mit steigendem Holzpartikelanteil im Kern eine zunehmend ausgeprägte Dreilagigkeit bzw. lokale Konzentrationen von Holzpartikeln in der mittleren Ebene des Kerns auf. Mit dem gleichzeitig steigenden Einfluss der Schubspannungen wurde in diesem Bereich ein Versagen aufgrund von Schubkräften begünstigt.

Da das Eintreten eines Decklagenversagens unabhängig von der Kerndichte ist, wurde entsprechend bei der Berechnung der in Tabelle 5.5 dargestellten, analytischen Versagenskräfte die Kerndichte nicht berücksichtigt.

ERGEBNISSE UND DISKUSSION

Tabelle 5.5 Eingetretene Versagensarten und berechnete Versagenskräfte der im Biegeversuch getesteten, verklebten Schaumkernplatten in Abhängigkeit der gewählten Parameterkombinationen A...I: (■) Decklagenbruch, (□) Kernschubversagen

Kerndichte		Decklagendicke		
		1 mm	3 mm	4 mm
83 kgm^{-3}	C	■■■■■ 97,6 N	F ■■■■■ 230,6 N	I ■■■■■ 283,9 N
103 kgm^{-3}	B	■■■■■ 97,6 N	E ■■■■■ 230,6 N	H ■■■■■ 283,9 N
124 kgm^{-3}	A	■■■■(□)[1] 97,6 N	D ■■■□□ 230,6 N	G ■■■□□ 283,9 N

[1] Werte in Klammern wurden als Ausreißer gewertet.

Die Festlegung der Parameterkombinationen erfolgte aufgrund der Erfahrungen aus Vorversuchen und bewegte sich intuitiv im Rahmen eines zweckmäßigen Sandwichaufbaus. Daher wurde als Obergrenze eine Decklagendicke von 4 mm gewählt, die sich in der Nachbetrachtung der Untersuchungen als zu gering herausstellte. Während die Kerndichten sehr gut dem analytischen Festigkeitsoptimum entsprachen, wäre eine weitere Erhöhung der Decklagendicke bei gleichbleibender Kerndichte zur vollständigen Verifizierung der Failure Mode Map wünschenswert gewesen. Schaumkernplatten mit deutlich dickeren Decklagen hätten allerdings dem Grundgedanken eines Sandwichwerkstoffes nicht mehr entsprochen, da die Decklagendicke dann die Dicke des Kerns überstiegen hätte. Zudem zeigten die vorangegangenen Untersuchungen, dass Decklagendicken von über 5 mm zu Plattendichten oberhalb von 500 kgm^{-3} führen und somit nicht die gewünschte Gewichteinsparung gegenüber konventionellen Holzwerkstoffen beinhalten. Eine Untersuchung solcher Platten wurde daher nicht durchgeführt.

5.3.4 VERGLEICH UND BEWERTUNG DES MODELLS

Ein Vergleich der experimentell ermittelten Ergebnisse mit den analytisch berechneten Versagenskräften zeigt, dass die entwickelten Formeln geeignet sind, die Versagensarten vorherzusagen. In mehr als 90 % der Fälle konnte die prognostizierte Art des Bruchs beim Erreichen der kritischen Spannung durch die Laborversuche verifiziert werden. Die erwähnte Maximaldicke der Decklagen von 4 mm und der Dichtebereich von 83…124 kgm^{-3} führten einerseits zu einer symmetrisch zentrierten Lage innerhalb des Decklagenbruchbereiches der Failure Mode Map und zu einer sehr guten Übereinstimmung der berechneten Versagenskräfte mit denen der praktischen Versuche. Andererseits konnten die Berechnungen zum Versagensübergang hierdurch nicht vollständig experimentell bestätigt werden, da in den Grenzbereichen keine Prüfungen durchgeführt werden konnten. Die hergestellten Schaumplatten wiesen in diesen Bereichen bereits zu geringe Festigkeiten für eine experimentelle Untersuchung auf.

Eine Herausforderung in den Untersuchungen bestand in der Varianz der Eigenschaften der Schaum-Holz-Matrix. Jedoch berichteten Triantafillou und Gibson, 1987a, sogar für homogen aufgeschäumte Materialien über Eigenschaftsvariationen im Ausgangsmaterial. Nach ihren Untersuchungen verursachen bereits unterschiedliche Chargen des Grundmaterials einen deutlichen Einfluss auf die Form und die Lage der Failure Mode Map. Die Mischung der Schaumzellen mit den Holzpartikeln in den hier durchgeführten Untersuchungen erzeugte ein entsprechend inhomogenes Material, das größere Varianzen hervorruft, als ein homogener, aus reinem Schaum aufgebauter Kern. Ihre Ergebnisse zur Empfindlichkeit leichter Strukturen gegenüber derartigen Einflüssen konnten im Rahmen dieser Untersuchungen auf eine zweikomponentige Zusammensetzung von Schäumen erweitert werden. Es wurde gezeigt, dass die Realisierung einer gleichmäßigen Ausbildung des Materials schwieriger wird, wenn ein mehrkomponentiger Schaum erzeugt werden soll. So wurde in Kapitel 5.3.1 bereits auf den ungleichen Einfluss der Späne und der Mikrosphären auf den Elastizitätsmodul im Span-Polymer-Verbund hingewiesen. Durch die Anisotropie innerhalb des Verbundes, die unterschiedlichen Eigenschaften und die unterschiedliche Belastung der Komponenten Span und Matrix sowie deren Grenzflächen entsteht ein heterogenes Gefüge. Eine Folge dieser Heterogenität können die beschriebenen nichtlinearen Zusammenhänge zwischen Materialeigenschaften und Festigkeiten sein.

Die Verteilung der Holzpartikel in der Schaummatrix ließ sich während der Herstellung der Schaumplatten nur in begrenztem Rahmen kontrollieren. So bildete sich eine je nach Zieldichte und Partikelanteil unterschiedlich ausge-

ERGEBNISSE UND DISKUSSION

prägte Dreischichtigkeit der Platten aus. Diese der manuellen Herstellung der Platten geschuldete Verteilung der Späne in der Schaummatrix begünstigte, insbesondere bei höheren Dichten bei denen eine größere Menge an Spänen zum Einsatz kam, die Bildung von lokalen Schwachstellen. Diese initiierten dann ein vorzeitiges Versagen der Prüfkörper bei der Ermittlung der Materialeigenschaften. Die Verwendung einheitlichen Materials bei der Prüfung der verklebten Sandwichproben bestätigte einerseits diese Beobachtungen, konnte andererseits aber auch den Effekt dieses Einflussfaktors minimieren, da die analytischen Berechnungen und die experimentellen Untersuchungen auf Grundlage desselben Materials durchgeführt wurden.

Das entwickelte Modell ließ sich aus diesen Gründen lediglich im Bereich des Decklagenversagens verifizieren. Die Übergänge zwischen den Versagensarten konnten ausschließlich rechnerisch ermittelt werden. Eine vollständige Bestätigung des Modells muss unter Berücksichtigung einer homogenen Materialverteilung in der Schaummatrix erfolgen. Hierbei muss insbesondere die Entwicklung der Schubfestigkeiten bei höheren Dichten untersucht werden. Dieser Entwicklung ist das sowohl bei niedrigen als auch bei hohen Schaumdichten eintretende Kernschubversagen zuzuschreiben. Die vorangegangenen mechanischen Untersuchungen zeigten jedoch, dass mit einer steigenden Dichte der Schaummatrix verbesserte Grenzflächenanbindungen und somit verbesserte Festigkeiten zu erwarten sind.

Aus der Sensibilität leichter, geschäumter Materialien gegenüber material- und produktionsbedingten Schwankungen und den damit verbundenen lokalen Eigenschaftsschwankungen innerhalb des Plattenmaterials kann aus den Untersuchungen dieser Arbeit die Notwendigkeit der Vergrößerung der Prüfkörperdimensionen für die Prüfung leichter Werkstoffe abgeleitet werden. Hierdurch kann eine Homogenisierung der Eigenschaften in Prüfkörpergröße erfolgen und der Einfluss von lokalen Schwankungen reduziert werden. Insbesondere mehrkomponentige Schäume, die über keine vollständig homogene Materialverteilung verfügen, fallen unter diesen Aspekt, da die Heterogenitäten innerhalb des Materials andernfalls einen dominierenden Einfluss auf die Eigenschaftsbewertung ausüben könnten.

5.4 ÖKONOMISCHE ANALYSE DER PRODUKTION

Die in diesem Kapitel vorgestellte Kostenanalyse untersucht die Herstellungskosten von Spanplatten und Schaumkernplatten. Die Betrachtung dieser Holzwerkstoffe erfolgt vor dem Hintergrund der Herstellung beider Produkte auf derselben Fertigungsanlage bei zeitlich wechselnder Fertigung der Werkstoffe. Eine Kostenbetrachtung der Schaumkernplatten erscheint besonders beim Vergleich dieser beiden Produkte sinnvoll.

Die Betrachtungen der Produkte wurden einzeln vorgenommen, da die Produkte individuelle Kostenparameter verlangen, wie die Verwendung unterschiedlicher Anlagenteile mit entsprechenden Energieverbräuchen, Materialzusammensetzungen der Werkstoffe und die Anwendung verschiedener technologischer Parameter, wie Presszeitfaktoren.

Die Aufteilung der Herstellungskosten erfolgte in variable produktionsabhängige Kosten und fixe Kosten; letztere ändern sich mit einer Anpassung der Produktionsmenge nicht. Für die Ermittlung der Kostenstrukturen wurden individuelle Anlagenkonfigurationen entwickelt (Poppensieker, 2010). Insbesondere aufgrund des verringerten Presszeitfaktors ergaben sich für die Herstellung der Schaumkernplatten deutlich reduzierte Produktionsleistungen. Diese wirkten sich auf die Kosten je Produktionseinheit aus, da sich die Fixkosten dort stärker niederschlagen. Die Zusammensetzung der ermittelten Kosten ist aus Tabelle 5.6 ersichtlich. Den Hauptkostenfaktor stellten in beiden Produkten die Materialkosten für Holz und chemische Rohstoffe mit einem prozentualen Anteil von 61 % für die Spanplatte bzw. 55 % für die Schaumkernplatte dar. Der Einsatz von teuren Holzsortimenten konzentriert sich in beiden Fällen auf die Deckschichten, wobei die Decklagen der Schaumkernplatten etwas weniger zum Gesamtvolumen beitragen und daher weniger Material aufnehmen. Die aus technologischen Gründen lediglich in der Mittelschicht eingesetzten und vergleichsweise günstigen Holzsortimente werden im Kern der Sandwichplatte durch das Polymer ersetzt. Den primären Anteil an den Herstellungskosten der Spanplatte machte mit 44 % der Holzeinsatz (51,40 €m^{-3}) aus, für die Schaumkernplatte konnten die chemischen Rohstoffe mit einem Anteil von 34 % bzw. 48,49 €m^{-3} als maßgeblicher Kostenfaktor identifiziert werden. Trotz der geringen eingesetzten Masse stellt dieses Material aufgrund des hohen Grundpreises den Hauptkostenfaktor dar.

Tabelle 5.6   Materialeinsatz und Kostenstruktur von Spanplatten und Schaumkernplatten produziert auf einer kontinuierlichen Holzwerkstoffanlage unter Verwendung individueller Aggregatauslastungen, Materialzusammensetzungen und Produktionsleistungen.

		Spanplatte		Schaumkernplatte	
Produktionsleistung	[m³/Tag]	1481		833	
Presszeitfaktor	[smm⁻¹]	4		8	
Variable Kosten					
Holz		[kgm⁻³]	[€m⁻³]	[kgm⁻³]	[€m⁻³]
Nadelholz		145,66	14,57	154,96	15,50
Laubholz (hart)		130,80	12,43	100,59	9,56
Laubholz (weich)		53,51	4,01	12,23	0,92
Hackschnitzel		41,62	3,12	4,08	0,31
Sägespäne		35,67	2,85	0,00	0,00
Hobelspäne/Schwarten/Kappholz		26,75	1,47	0,00	0,00
Rückführgut		41,62	0,62	0,00	0,00
Altholz		118,91	4,76	0,00	0,00
Holz gesamt		594,54	43,83	271,86	26,29
Holz gesamt (incl. Verluste)		697,14	51,40	317,07	30,64
Chemische Rohstoffe (flüssig)					
UF-Harz		78,20	17,99	41,19	9,47
Paraffin		1,01	0,66	1,36	0,88
Härter		1,16	0,27	0,14	0,03
Schaummaterial		0,00	0,00	47,22	37,77
Chemische Rohstoffe gesamt		80,37	18,92	89,91	48,15
Chem. Rohstoffe gesamt (incl. Verluste)		84,92	19,98	91,25	48,49
Energie		[kWhm⁻³]		[kWhm⁻³]	
elektrische Energie		122,07	10,99	165,77	14,92
thermische Energie		935,05	8,60	439,63	2,46
Energie gesamt		1057,12	19,59	605,40	17,38
Instandhaltung					
Reparaturmaterialkosten			2,79		4,95
Reparatur- und Inspektionskosten			2,28		4,05
Instandhaltung gesamt			5,07		9,01
Variable Kosten gesamt			**96,03**		**105,52**
Fixe Kosten					
Personal			6,96		12,37
kalkulatorische Abschreibung			14,33		25,47
Fixe Kosten gesamt			**21,29**		**37,84**
Herstellungskosten			**117,32**		**143,36**

ÖKONOMISCHE ANALYSE DER PRODUKTION

Der Verbrauch chemischer Rohstoffe in der Spanplattenproduktion von 17 % liegt primär im Einsatz des UF-Harzes begründet. Die Kosten für Additive belaufen sich in beiden Produkten trotz ihrer hohen Kosten aufgrund der geringen Einsatzmenge auf geringe Beträge.

Es zeigte sich, dass die Produkte nach Ermittlung der Kosten für Holz, chemische Rohstoffe und Energie ähnliche variable Herstellungskosten aufweisen, wie in der graphischen Darstellung in Abbildung 5.27 zu erkennen ist. Insbesondere die fixen Kosten machen bei der Schaumkernplatte einen größeren Anteil an den Gesamtkosten aus, da sie sich auf ein geringeres Produktionsvolumen beziehen.

Die Instandhaltungskosten wurden als variable Kosten eingesetzt, da beispielsweise Werkzeugmaterialien produktionsabhängig gewartet und repariert werden müssen. Die Ermittlung der Kostenaufteilung auf die einzelnen Kostenstellen ist jedoch sehr schwierig und für jeden Betrieb individuell, so dass aus Gründen der Vergleichbarkeit für beide Produkte mit dem gleichen Instandhaltungskostensatz gerechnet wurde. Dieses Vorgehen birgt wiederum die Gefahr einen Nachteil für die Schaumkernplatten darzustellen, da sich die Kosten wie oben erwähnt, auf weniger produziertes Volumen aufteilen und dadurch die Gesamtkosten absolut stärker steigen.

Ein ähnliches Bild zeigte sich bei der Betrachtung der Personalkosten und Abschreibungen. Da das Modell eine Holzwerkstoffanlage abbildet, auf der sowohl Spanplatten als auch Schaumkernplatten produziert werden, muss für beide Produkte vom gleichen Personalstand ausgegangen werden. Während die Personalkosten einen Anteil an den Herstellungskosten der Spanplatte von 6 % ausmachen, sind es bei der Schaumkernplatte bereits knapp 9 %. Gleiches gilt für die Investitionen, die im Modell, basierend auf der Investitionssumme von 84 Mio. €, über 12 Jahre linear abgeschrieben wurden. Entsprechend stieg auch der Anteil der Abschreibungskosten von 12 % (14,33 €m^{-3}) bei der Spanplatte auf 18 % (25,47 €m^{-3}) bei der Schaumkernplatte.

Insgesamt weist die Herstellung der Spanplatten in dieser Parameterkonfiguration Gesamtkosten von 117,32 €m^{-3}, die Herstellung der Schaumkernplatten von 143,36 €m^{-3} auf. Die Kostenberechnung lehnt an die von Janssen, 2001, und Poppensieker, 2010, entwickelten Modelle an. Die im Modell getroffenen Annahmen zeigen in Bezug auf die Herstellungskosten für Spanplatten eine gute Übereinstimmung und entsprechen der aktuellen Marktsituation. Die Grundlagen der im Modell eingesetzten Einzelkosten stammen von europäischen Holzwerkstoffherstellern und Maschinen- und Anlagenherstellern. Sie weisen somit realistische Größenordnungen auf, unterliegen aber Unsicherheiten aufgrund der Individualität der Anlagen, den naturgemäßen Schwankungen der Eingangsparameter, wie Material- und Energiekosten und nicht zuletzt aufgrund der Fragestellungen. Eine genaue Aussage entsprechend einer Anlagenkonfiguration und dem zu produzierenden Produkt kann daher nur im individuellen Fall getroffen werden.

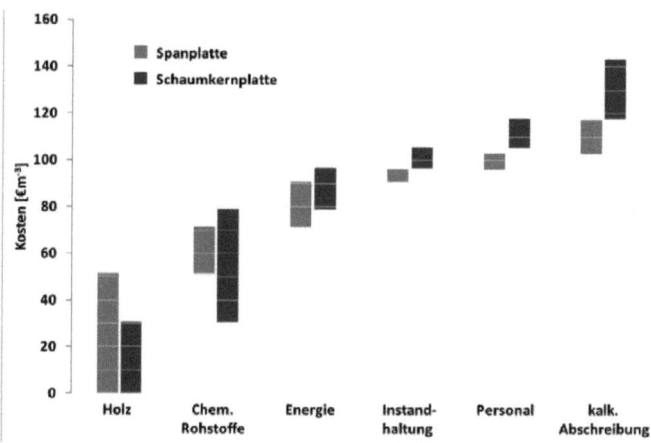

Abbildung 5.27 Vergleich der Kostenzusammensetzungen von Span- und Schaumkernplatten

Die im Rahmen dieser Arbeit durchgeführten Berechnungen wurden in erster Linie vor dem Hintergrund angestellt, einen Kostenvergleich der Produkte Spanplatte und Schaumkernplatte zu erarbeiten, der die wirtschaftlichen Unterschiede der beiden Produktions- und Produktansätze aufzeigt. Die Herstellung beider Produkte wurde auf derselben Modellanlage simuliert, da seitens eines Holzwerkstoffherstellers keine Neuinvestition für ein noch nicht am Markt etabliertes Produkt zu erwarten war. Der Herstellungsprozess der Schaumkernplatten folgt dabei größtenteils der Herstellung der Spanplatten. Letztere ist bereits sehr gut bekannt und optimiert. Die notwendigen Anpassungen erforderten zwangsläufig Annahmen, die trotz ihrer Realitätsnähe aufgrund unbekannter Parameter mit Unsicherheiten behaftet sind.

ÖKONOMISCHE ANALYSE DER PRODUKTION

Die Produktionsanlage war daher für die Herstellung von Schaumkernplatten deutlich überdimensioniert und viele der vorhandenen Aggregate werden für die Herstellung von Schaumkernplatten nicht oder nur teilweise benötigt. Dies resultierte in einer nicht optimalen Auslastung der Anlagen und führte zu einem relativ erhöhten Energieverbrauch. So konnte beispielsweise die benötigte thermische Energie an die Trocknungsleistung angepasst werden, der Verbrauch elektrischer Energie zum Betrieb des für die Spänemengen der Spanplattenproduktion ausgelegten Trommeltrockners wurde aber in voller Höhe angenommen, da beispielsweise die Antriebe unabhängig von der Trocknungsleistung ständig in Betrieb sind. Schaumkernplatten verfügen daneben über eine reduzierte Dichte, so dass für eine Erwärmung der verringerten Masse ebenfalls ein reduzierter Energiebedarf erwartet werden kann.

Der in der Modellierung angesetzte Presszeitfaktor von 4 smm^{-1} gilt für die Produktion von Spanplatten in einem modernen Werk. Für die Produktion von Schaumkernplatten stellte die Ermittlung eines Presszeitfaktors jedoch einen großen Unsicherheitsfaktor dar, da das zu entwickelnde Schaummaterial nicht mit einem konkreten Faktor zu belegen war. Es wurde daher mit 8 smm^{-1} eine Annahme getroffen, die, aufgrund den sich aus der Pressengeschwindigkeit ergebenden Expansions- und Härtungszeiten (Abbildung 4.17), als realistisch eingestuft wurde. Der angesetzte Presszeitfaktor stellte durch seinen Einfluss auf den Anlagenoutput eine dominierende Größe in der Wirtschaftlichkeitsbetrachtung dar, da mit der gefertigten Menge auch die Umlage der Fixkosten auf die produzierten Einheiten stattfand.

Neben der Festlegung eines geeigneten Presszeitfaktors wurden die Materialkosten für Holz, chemische Rohstoffe und Energie so gewählt, dass eine realistische Abbildung der marktüblichen Preise erfolgte. Für die Kosten des Schaummaterials musste wiederum eine begründete Annahme getroffen werden, die sich in Absprache mit Klebharz- und Schaumherstellern an existierenden Produkten orientierte. Dennoch muss diese Annahme in einer individuellen Berechnung modifiziert werden, um eine korrekte Kostenbetrachtung zu ermöglichen.

Die Instandhaltungskosten wurden mit einem identischen Kostensatz sowohl für die Herstellung der Spanplatte als auch für die Schaumkernplatte angenommen. In der Regel wird die Instandhaltung in den Werken von einer Abteilung vorgenommen, wodurch sich die anfallenden Kosten zwar auf einzelne Aggregate, jedoch nur unzureichend auf spezifische Auslastungen umrechnen lassen. Eine auslastungsabhängige Untersuchung des Instandhaltungsaufwandes könnte demnach eine höhere Exaktheit der Kostenanalyse bieten. Der Mehraufwand der Datenerhebung würde diesen Zugewinn an Informationen jedoch nicht rechtfertigen, zumal es sich um einen Kostenfaktor handelt, der einen vergleichsweise geringen Einfluss auf die Gesamtkosten besitzt.

Einen ebenfalls marginalen Einfluss auf die Gesamtkostenbetrachtung besaßen die für die Herstellung von Schaumkernplatten notwendigen Adaptionen des Anlagenlayouts im Bereich der Streuung. Da es sich hierbei um eine, im Vergleich zur Gesamtinvestition, geringe Ergänzungsinvestition für Streukopf, Dosierbunker, Förderanlagen und ein Lagersilo handelt, ist der Einfluss auf die Produktkosten sehr gering. Eine zusätzliche Investition von geschätzten 2 Mio. € hätte beispielsweise eine Kostensteigerung der Schaumkernplatte von lediglich 0,61 €m^{-3} zur Folge.

In der Summe bedeuten die Einflüsse eine Variabilität der Gesamtkosten, die mit einer einfachen Betrachtung der Kosten zu statisch erscheint und keine Variationen innerhalb der Parameter zulässt. Aus diesem Grund wird im Folgenden eine Sensitivitätsanalyse durchgeführt, die den Einfluss auf die Herstellungskosten durch gezielte Änderungen von Kosteneinflussfaktoren deutlich machen soll.

5.4.1 Sensitivitätsanalyse

In Kapitel 4.8 wurden der Presszeitfaktor und die Zusammensetzung des Produktes in Bezug auf das Verhältnis von Holz zu Schaummaterial als maßgebliche Kosteneinflussfaktoren identifiziert. Im Rahmen einer Sensitivitätsanalyse wurden diese Parameter variiert, um ihren potentiellen Einfluss auf die Kostenstruktur zu ermitteln.

Im Einzelnen wurden die Einflüsse
- des Presszeitfaktors bzw. der Anlagenkapazität,
- der Decklagendicke,

- der Mittellagendichte und
- der Materialkosten des Schaums

auf die Einzel- und Gesamtkosten der Herstellung berechnet. Die Veränderung wurde in einem technologisch sinnvollen und realistischen Rahmen durchgeführt, um eine praktische Nachvollziehbarkeit zu gewährleisten. Die nicht beeinflussbaren Parameter Energie- und Materialkosten, Investition und Abschreibung wurden im Rahmen dieser Betrachtungen als konstant angenommen. Die Analyse der Parameter kann somit die Grundlage für die weitere Entwicklung des Prozesses bilden.

Im Rahmen der Sensitivitätsanalysen fanden keine Untersuchungen der Spanplatten statt, da eine Optimierung dieses Produktes nicht im Fokus dieser Arbeit stand.

5.4.1.1 Variation des Presszeitfaktors

Die Geschwindigkeit des Mattenvorschubs in einer kontinuierlichen Heißpresse bestimmt sich unter anderem nach der erforderlichen Erwärmungszeit der durchlaufenden Partikelmatte, die unter anderem von der Mattendicke abhängt. Mit dem Presszeitfaktor (PZF) nutzt man eine dickenunabhängige Größe zur Beschreibung der notwendigen Presszeit. Höhere Presszeitfaktoren verringern dabei die Pressengeschwindigkeit und beeinflussen direkt die Anlagenkapazität. Der Zusammenhang zwischen Presszeitfaktor und Kapazität in Bezug auf die im Modell betrachtete Anlage wurde in Abbildung 4.17 dargestellt. Eine Variation wirkt sich demnach nicht nur auf den Output aus, sondern hat auch maßgeblichen Einfluss auf die volumenbasierten Gesamtkosten des Plattenmaterials, da sich Fixkosten, wie Abschreibung oder Personal, auf die veränderte Menge beziehen. Daher ist man, trotz eines erhöhten Energiebedarfs, bestrebt, den Presszeitfaktor durch technologische Parameter, wie beispielsweise Pressentemperatur oder Klebharzzusammensetzungen, so niedrig wie möglich einzustellen.

Im Rahmen dieser Analyse erfolgte eine Presszeitvariation im Bereich 5…10 smm^{-1} (Abbildung 5.28). Der Pressvorgang beinhaltete damit einen Expansions- und Härtungsbereich von 55…110 s. Die grundsätzliche Zusammensetzung der in der Sensitivitätsanalyse betrachteten Platte entspricht der in Tabelle 4.10 dargestellten Zusammensetzung.

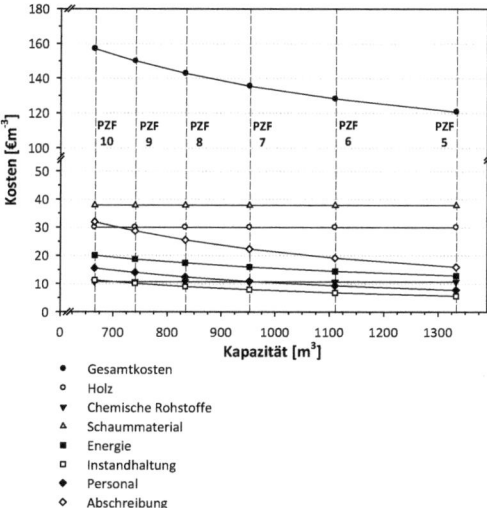

Abbildung 5.28 Entwicklung der Einzel- und Gesamtkosten der Schaumkernplatte bei Variation der Anlagenkapazität bzw. des Presszeitfaktors (PZF)

Die Energiekosten verhalten sich aufgrund der Auslastung der Maschinen nicht linear zur produzierten Menge, da sich aufgrund des erhöhten Materialdurchsatzes eine erhöhte gleichzeitige Nutzung der Maschinen einstellt. Die Energiekosten müssen als Mischkosten betrachtet werden, da sie einen fixen Anteil, der auf einer Grundauslastung (z.B. Leerlaufleistung, Beleuchtung) beruht und einen variablen produktionsabhängigen Teil besitzen. Da die differenzierte Berechnung aufgrund einer vorgegebenen gemeinsamen Erfassung der Verbräuche nicht möglich war, wird diesem Umstand durch eine Erhöhung des Gleichzeitigkeitsfaktors Rechnung getragen. **Fehler! Ungültiger Eigenverweis auf Textmarke.** zeigt die an Stelle der zuvor genutzten Gleichzeitigkeitsfaktoren (vgl. Tabelle 4.11) in die Berechnungen eingeflossenen Faktoren.

Tabelle 5.7 Anpassung des Gleichzeitigkeitsfaktors an den spezifischen Presszeitfaktor (Poppensieker, 2010)

Presszeitfaktor [smm^{-1}]	4	5	6	7	8	9	10
Gleichzeitigkeitsfaktor g	0,64	0,576	0,516	0,467	0,420	0,378	0,340

Die Analyse der Presszeitfaktoränderungen zeigt, dass der Anteil der variablen Rohstoffkosten für Holz, chemische Rohstoffe und Schaum über die Kapazitätsänderung konstant bleibt, da diese Kosten nicht von der ausgebrachten Menge abhängen, sondern von der Zusammensetzung des Werkstoffs. Die ermittelten Gesamtherstellungskosten liegen zwischen 120,61 €m^{-3} (PZF=5 smm^{-1}) und 156,99 €m^{-3} (PZF=10 smm^{-1}).

Die fixen Kosten für Abschreibungen und Personal sind unabhängig von der produzierten Menge. Allerdings nimmt mit steigendem Presszeitfaktor der Kostenanteil pro produzierte Einheit linear zu. Eine Erhöhung des Presszeitfaktors um 1 smm^{-1} bedeutet eine Kostenzunahme von 3,18 €m^{-3} für die Abschreibungs- und 1,54 €m^{-3} für die Personalkosten. Die Instandhaltungskosten wurden im Modell als fixe Kosten angesetzt, obwohl ihr Betrag in der Praxis mit steigender Leistung ebenfalls zunimmt. Aufgrund dieser Annahme steigen diese Kosten mit dem Presszeitfaktor um 1,13 €m^{-3} pro Einheit. Insgesamt kann dem Presszeitfaktor ein überragender Einfluss auf die Gesamtkosten der Schaumkernplattenherstellung zugeschrieben werden. Einhergehend mit der Entwicklung eines Schaummaterials für die Mittellage, sollte das vorrangige Augenmerk auf einem hochreaktiven duroplastischen Material liegen, das innerhalb - idealerweise unter - der im Modell vorgegebenen Zeit expandiert und härtet.

5.4.1.2 Variation der Produktzusammensetzung

In Anlehnung an die technologischen Untersuchungen werden Sensitivitätsanalysen durchgeführt, die die Zusammensetzung bzw. den Aufbau der Platten in ähnlicher Weise simulieren. Hierzu werden Variationen der Decklagendicke und der Mittellagenschaumdichte durchgeführt.

Die Auswirkungen der Parameterveränderungen auf die Herstellungskosten wurden anhand der in Tabelle 4.15 und Tabelle 4.16 dargestellten Kenngrößen berechnet. Eine **Steigerung der Decklagendicke** bei konstanter Plattendichte von 360 kgm^{-3} führt zu einer Reduzierung der Gesamtkosten (Abbildung 5.29), da das vergrößerte Volumen der Decklagen die notwendige Menge an kostenintensivem Schaummaterial reduziert. Die Verringerung der Decklagendicke und simultane Steigerung der Decklagendichte erfordert eine leichte Erhöhung der eingesetzten Holzmasse, da unter anderem die Schleifzugabe von 0,55 mm einen höheren Masseverlust während der Endfertigung verursacht (vgl. Tabelle 4.10). Entsprechend erhöhen sich die Materialkosten für Holz und Bindemittel.

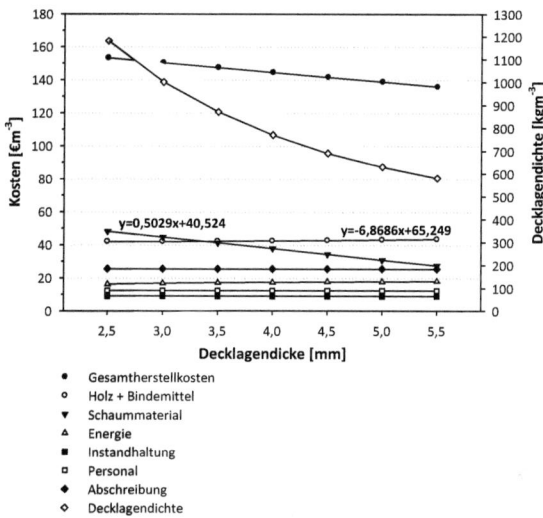

Abbildung 5.29 Entwicklung der Einzel- und Gesamtkosten und der Decklagendichte bei Variation der Decklagendicke zwischen 2,5 mm und 5,5 mm und konstanter Plattendichte von 360 kgm^{-3}

Der leichte Anstieg des Energiebedarfs - und folglich der Energiekosten - rührt ebenfalls vom höheren Holzanteil. Die erforderliche, höhere thermische Trocknerleistung wird nur teilweise durch die verbesserte thermische Energiegewinnung durch die erhöhten Produktionsabfälle der Schleifstraße aufgefangen. Die Erhöhungen der Kosten für Holz und Bindemittel bzw. Energie stehen einer deutlichen Verringerung der Schaumkosten gegenüber und werden überkompensiert, da das Mittellagenvolumen bei konstanter Schaumdichte reduziert wird. Es ergibt sich ein starker Einfluss auf die Gesamtkosten, die tendenziell den Schaumkosten folgen. Bei einer Dicke von 3,35 mm weisen die Kosten für Holz und Mittellagenschaum die gleiche Höhe auf. Da das Mittellagenmaterial über den höchsten Grundpreis verfügt, haben auch kleine Änderungen im Einsatz einen starken Einfluss auf die Kosten. Dieser Effekt dominiert die unterschiedlichen Kostenanteile an den Gesamtkosten, die zwischen 135,80 €m^{-3} und 153,20 €m^{-3} liegen.

Die Analyse konnte zeigen, dass eine Erhöhung der Decklagendicke unter Beibehaltung der Plattendichte - und somit einer Verringerung der Decklagendichte - zu einer Reduzierung der Herstellungskosten führt. Die Menge an relativ teurem Schaummaterial kann infolgedessen verringert werden, ohne dass ein erhöhter Einsatz an Holz in den Decklagen diese Material- und Kostenreduzierung wieder aufhebt. Entsprechend sinken die Herstellungskosten. Offen bleibt indes, ob diese Veränderung des Plattenaufbaus aus technologischer Sicht sinnvoll ist bzw. die Eigenschaften unter Umständen negativ beeinflusst werden.

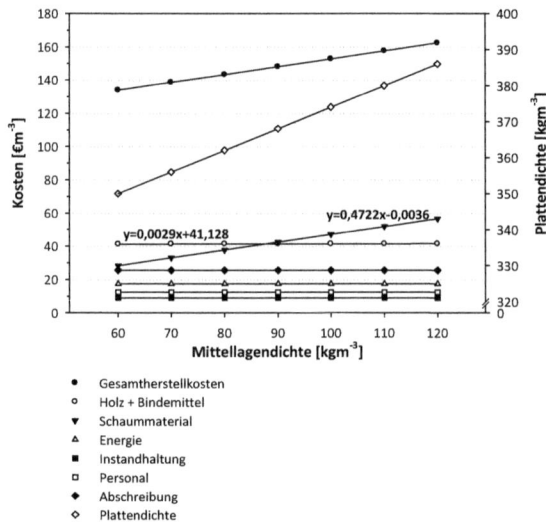

Abbildung 5.30 Entwicklung der Einzel- und Gesamtkosten bei Variation der Mittellagendichte zwischen 60 kgm^{-3} und 120 kgm^{-3}

Die **Variation der Mittellagendichte** zeigt gegenüber der Decklagenvariation einen gegenläufigen Trend (Abbildung 5.30). Eine Erhöhung der Schaumdichte geht einher mit einer größeren Masse des Schaummaterials und entsprechend höheren Materialkosten. Analog zum Materialeinsatz entwickelt sich die

Plattendichte und steigt moderat von 350 kgm^{-3} bei einer Schaumdichte von 60 kgm^{-3} auf 382 kgm^{-3} bei 120 kgm^{-3}. Die Erhöhung der Schaumdichte erfordert keine Änderungen an der Decklagenzusammensetzung oder am Ablauf des Prozesses. Die anteiligen Kosten für Holz und Bindemittel, als auch für Energie und Instandhaltung, sowie die fixen Kosten für Personal und Abschreibung bleiben folglich davon unberührt. Die Gesamtkosten entwickeln sich von 133,86 €m^{-3} auf 162,36 €m^{-3} und bilden die Entwicklung der Schaumkosten ab.

Eine weitere Senkung des Schaumanteils wirkt sich zwar einerseits positiv auf die Kosten aus, eine sinnvolle Einstellung der Schaumdichte kann aber nur in gemeinsamer Betrachtung mit den technologischen Eigenschaften geschehen. Aufgrund des hohen Preises ist der Schaumanteil bei dieser Analyse der dominierende Faktor und hat einen überragenden Einfluss auf die Gesamtkosten. Die Kosten für das simulierte Schaummaterial (Grundpreis 800 €/t) übersteigen bereits ab einer Mittellagendichte von 87,6 kgm^{-3} die Kosten für Holz und Bindemittel von 41,13 €m^{-3}. Die Materialkosten (Holz, Leim, Additive incl. Verlusten) für die Mittelschicht einer konventionellen Spanplatte liegen zum Vergleich bei 38,71 €m^{-3}.

Die Anwendung von Sensitivitätsanalysen in Bezug auf die Zusammenhänge zwischen Decklagendicke bzw. Mittellagendichte und den Kosten für die Herstellung der Plattenwerkstoffe konnte wertvolle Hinweise auf die Kostenentwicklung geben. Trotzdem ist diese Betrachtung teilweise kritisch zu sehen, da die gewählten Zusammensetzungen der Platten bzw. die betrachteten Parameter nicht zwingend unabhängig zu variieren sind. So kann beispielsweise eine Verringerung des Schaummaterialeinsatzes durch die gesunkene Abnahmemenge eine negative Auswirkung auf die Materialkosten besitzen. Da die Zusammenhänge bei einer gleichzeitigen Variation mehrerer Parameter im Zuge einer Sensitivitätsanalyse unscharf abgebildet werden könnten und eine direkte Korrelation nicht mehr erkennbar wäre, erlaubt diese Methode eine solche Betrachtung nicht.

Durch starke Schwankungen der Rohstoff- und Energiepreise kann eine ökonomische Betrachtung lediglich eine Momentaufnahme darstellen und erlaubt nur durch eine Anpassung der Inputdaten eine aktuelle Abbildung der Kostensituation. Somit kann eine vergleichende Darstellung der Herstellungs-

ÖKONOMISCHE ANALYSE DER PRODUKTION

kosten naturgemäß lediglich die zum Zeitpunkt der Kostenerhebung aktuellen Werte aufnehmen. Durch die unterschiedlichen Zusammensetzungen der Produkte kann aber keine längerfristige Prognose erstellt werden, da die eingesetzten Rohstoffe verschiedenen Preisentwicklungen unterliegen. Ein zum Zeitpunkt der Datenerhebung und Erstellung des Kostenmodells durchgeführte Referenzierung der Ergebnisse mit Daten der Holzwerkstoffindustrie bestätigte, dass durch das entwickelte Kostenmodell sehr realitätsnahe Ergebnisse für die Kostenstruktur von Spanplatten ermittelt werden konnten. Die entsprechende Modifizierung des Modells zur Schaumkernplattenherstellung kann somit trotz der zusätzlichen, virtuellen Aggregate als aussagekräftiges Instrument gelten.

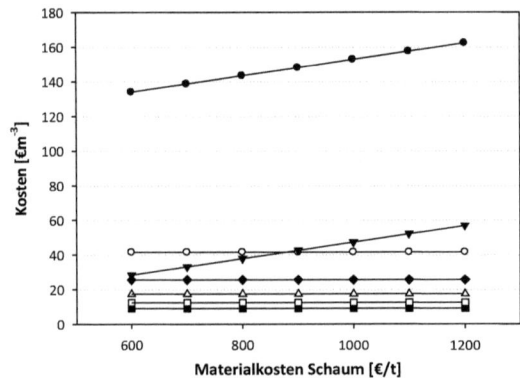

- Gesamtherstellkosten
- ○ Holz + Bindemittel
- ▼ Schaummaterial
- △ Energie
- ■ Instandhaltung
- □ Personal
- ♦ Abschreibung

Abbildung 5.31 Entwicklung der Einzel- und Gesamtkosten bei Variation der Kosten für den Mittellagenschaum zwischen 600 €/t und 1200 €/t und einer konstanten Plattendichte von 360 kgm^{-3}.

Vor diesem Hintergrund kann auch die **Entwicklung der Kosten für das Schaummaterial** gesehen werden. Da in der ökonomischen Betrachtung bewusst ein fiktives Material eingesetzt wurde, können sich die realen Kosten wesentlich von den Modellannahmen unterscheiden. Selbst nach der Auswahl eines - fossil basierten oder nachwachsenden - Materials können Rohstoffpreisschwankungen eintreten, die in einer Kostenbetrachtung dargestellt werden müssen. Auf Basis aktueller Preise von Polymeren zeigt eine Sensitivitätsanalyse für eine Materialkostenspanne von 600...1200 €/t Herstellungskosten für Schaumkernplatten von 133,92 €m^{-3} bis 162,25 €m^{-3}. Abbildung 5.31 zeigt den direkten Einfluss der Rohstoffkosten auf die Gesamtkosten. Wie zu erwarten war, beeinflussen diese Materialkosten keine andere Kostenart. Der hier dargestellte Plattentyp wurde mit einer konstanten Mittellagendichte von 80 kgm^{-3} modelliert. Können Schäume mit einer geringeren Dichte eingesetzt werden - ausreichende technische Eigenschaften vorausgesetzt - nimmt die Kurve einen entsprechend flacheren Verlauf ein.

5.4.2 Kostenbetrachtung der analytisch optimierten Schaumkernplatten

Die im Rahmen dieser Arbeit hergestellten Schaumkernplatten stellen einen neuartigen Werkstoff dar, für den nur in begrenztem Maße Erfahrungen im Hinblick auf die Eigenschaften vorliegen. Daher wurden die individuellen Sensitivitätsanalysen mit einer breiten Variation der Parameter durchgeführt. Um eine genauere Aussage über die Eigenschaften machen zu können, bedarf es entweder einer umfangreichen empirischen Datenbasis oder eines Vorhersagemodells, welches die Eigenschaften analytisch ermitteln kann.

Zu diesem Zweck wurde in Kapitel 5.3 eine Versagensanalyse durchgeführt, die zum Ziel hatte, die Platten zu rechnerisch zu charakterisieren. Darüber hinaus dient die erstellte Failure Mode Map (Abbildung 5.25) als Optimierungswerkzeug, denn mit ihr können die Übergänge zwischen den Versagensarten ermittelt werden. An diesen Punkten findet ein gleichzeitiges Versagen der Komponenten statt, das heißt keines der Elemente (Decklagendicke, Mittellagendichte) ist überdimensioniert. Die dort ermittelten Werkstoffzusammensetzungen bzw. -aufbauten können nun mit dem optimierten Materialverhältnis modelliert werden. Aus der dargestellten Failure Mode Map werden die Dichten am oberen und unteren Versagensübergang bei 1, 3 und 4 mm Decklagendicke kostenmäßig betrachtet. Eine Erhöhung der Decklagendicke über 5 mm scheint unter Leichtbaugesichtspunkten nicht zielführend zu sein.

ÖKONOMISCHE ANALYSE DER PRODUKTION

Tabelle 5.8   Grundlegende Herstellungsparameter der optimierten Schaumkernplatten

Parameter	Wert
Decklagendicke	4 mm
Presszeitfaktor	8 smm^{-1}
Decklagendichte	750 kgm^{-3}
Materialkosten Schaum	800 €m^{-3}

Die Berechnungen erfolgten auf Basis der bereits zuvor gewählten Anlagenparameter (Tabelle 5.8). Die übrigen Produkt- und Produktionsparameter lehnen sich an die in Kapitel 4.8.3 und 4.8.4 beschriebenen Größen an. An dieser Stelle sei darauf hingewiesen, dass die Kostenkalkulation für ein Schaumsystem entwickelt wurde, welches ohne aktive Kühlung härtet, die in der Versagensanalyse modellierten Mikrosphärenschäume jedoch thermoplastisch reagieren. Da es hier aber in erster Linie um einen Vergleich zwischen den verschiedenen Werkstoffzusammensetzungen geht, ist die absolute Höhe der Herstellungskosten von lediglich untergeordneter Bedeutung. **Fehler! Ungültiger Eigenverweis auf Textmarke.** zeigt die errechneten Herstellungskosten der optimierten Schaumkernplatten. Der Kostenspanne ist weiter als die der zuvor in der Wirtschaftlichkeitsanalyse berechneten Kosten. Wie infolge der Variation der Decklagendicke bereits vermutet werden konnte, steigen die Gesamtkosten mit der Verringerung der Decklagendicke, weil das erhöhte Kernvolumen durch zusätzliches Schaummaterial aufgefüllt wird. Dementsprechend sinken die Gesamtkosten bei einer Verringerung der Kerndichte, da weniger Schaummaterial benötigt wird. Dies zeigt wiederum den Einfluss des Schaumes auf die Kosten.

Tabelle 5.9   Herstellungskosten der optimierten Schaumkernplatten

		Decklagendicke		
		1 mm	3 mm	4 mm
Kerndichte	154 kgm^{-3}	205,34	183,42	172,36
	140 kgm^{-3}	196,87	176,94	166,87
	134 kgm^{-3}	193,23	174,16	164,52
	69 kgm^{-3}	153,89	144,08	139,05
	57 kgm^{-3}	146,62	138,52	134,35
	49 kgm^{-3}	141,78	134,82	131,21

In der Praxis wird man daher bestrebt sein, primär die Kerndichte im Rahmen des technologisch und anforderungstechnisch Möglichen zu reduzieren. Die Erhöhung der Decklagendicke stellt erst die zweite Stufe der Optimierung dar, da hierdurch die Plattendichte wesentlich erhöht wird. Diese Option muss jedoch in Anpassung an die individuelle Anwendung betrachtet werden.

5.5 RESSOURCENVERBRAUCH

Ein Ziel der Arbeit war die Entwicklung eines aufgrund des strukturellen Aufbaus ressourceneffizienten Werkstoffes. Die Bewertung der Ressourceneffizienz kann nur bedingt über die Darstellung der Herstellungskosten erfolgen, da sich diese durch externe Faktoren ändern und somit ein verzerrtes Bild über die Menge der eingesetzten Ressourcen darstellen können. Basierend auf den ermittelten Ressourceneinsätzen (vgl. Tabelle 5.6) wurde daher wurden die absolut eingesetzten Mengen an Material und Energie zur Produktion von Schaumkernplatten einer Spanplattenproduktion gegenübergestellt (Abbildung 5.32).

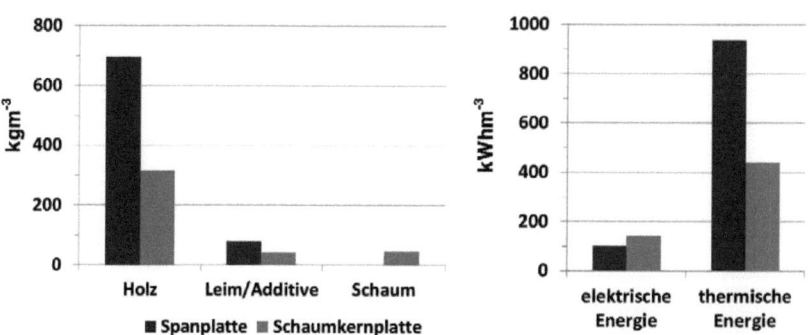

Abbildung 5.32 Ressourcenverbräuche für die Herstellung von Schaumkernplatten und Spanplatten. Die Abbildungen zeigen die Unterschiede der Materialverbräuche von Holz, Leim/Additiven und Schaum (links) und die jeweils benötigte elektrische bzw. thermische Energie (rechts).

Ein Vergleich mit der Kostendarstellung (Abbildung 5.27) zeigt, dass die Verringerung des Holzeinsatzes aufgrund der in den Decklagen verwendeten hochwertigen Holzsortimente zwar keine äquivalente Kostenreduktion zur Folge hat, aufgrund der polymerbasierten Mittellage verringert sich der Bedarf an Holz jedoch um mehr als die Hälfte von 700 kgm^{-3} (Spanplatte) auf etwa 320 kgm^{-3} (Schaumkernplatte). Entsprechend sinkt der primär für die Trocknung der Späne notwendige thermische Energieverbrauch von 935 kWhm^{-3} auf 440 kWhm^{-3}. Mit der Reduzierung der Einsatzmenge der Mittellagenspäne verringert sich analog der Bedarf an Leim und Additiven von 80 kgm^{-3} auf 43 kgm^{-3}. Die Substitution der Mittellage von 460 kgm^{-3} Holz, Leim und Additiven erfolgt durch 47 kgm^{-3} Schaummaterial. Insgesamt wird demnach der Materialverbrauch für die Herstellung der Schaumkernplatten um 48 % gegenüber den Spanplatten verringert. Der Einsatz der elektrischen Energie erhöht sich von 100 kWhm^{-3} auf 143 kWhm^{-3}, da trotz des reduzierten Produktionsvolumens nicht alle Aggregate in ihrer elektrischen Leistung vollständig reduziert werden können, was somit eine höhere Kostenbelastung pro produziertem Volumen zur Folge hatte. Insgesamt zeigte sich hier eine Verringerung des notwendigen thermischen Energieeinsatzes um 44 %. Ausgehend vom Produktionsprozess kann demzufolge eine deutliche Verminderung des Ressourceneinsatzes und eine Optimierung der Effizienz aufgezeigt werden.

Die Betrachtung der Ressourceneinsätze beinhaltet jedoch lediglich die Verbräuche, die für die Plattenherstellung notwendig sind. Eine vollständige Darstellung der Ressourcenverbräuche muss darüber hinaus auch die Vorketten, d. h. die für die Produktion der eingesetzten Rohstoffe notwendigen Energien, enthalten. Als Basis hierfür wurden die Primärenergieverbräuche aus fossilen Ressourcen der eingesetzten Rohstoffe und Energieeinsätze für die Produktion beider Plattenwerkstoffe ermittelt, durch die eine vergleichende Gegenüberstellung der eingesetzten Ressourcen ermöglicht wird.

Abbildung 5.33 zeigt die Differenzen der Primärenergieverbräuche zwischen der Herstellung von Spanplatte und Schaumkernplatte. Im Gegensatz zur Darstellung der Ressourcenverbräuche zeigt sich hier, dass die Verringerung des Holzeinsatzes keinen deutlichen Einfluss besitzt, da für die Bereitstellung des nachwachsenden Rohstoffes nur wenig Primärenergie auf fossiler Basis aufgewendet werden muss (Δ=157 MJ). Da die thermische Energie ebenfalls aus Biomasse erzeugt wird, ist dieser Einfluss mit einer Verringerung des Primärenergieverbrauchs von Δ=93 MJ ebenfalls gering. Als deutlichste Faktoren stellen sich die Veränderungen der chemischen Rohstoffe dar, da diese zum einen auf fossilen Rohstoffen basieren und zum anderen hohe Energiebedarfe bzw. -verluste während der Erzeugung beinhalten. Der in der Mittellage eingesetzte UF-Leim und die Additive werden durch das Schaummaterial ersetzt. Als Basis wurde ein phenolharzbasierter, duroplastischer Schaum verwendet, der bereits in Vorversuchen eingesetzt wurde. Die Einsparungen, die durch den verringerten Leimeinsatz erfolgen (Δ=-1750 MJ), werden durch den Schaum überkompensiert (Δ=2700 MJ), so dass in der Summe ein erhöhter Primärenergiebedarf von Δ=1040 MJ ($\triangleq$20 %) notwendig ist. Eine vergleichsweise durchgeführte Betrachtung des in den technologischen Untersuchungen eingesetzten Mikrosphärenmaterials ergibt, bei sonst identischen Werten, einen Primärenergieverbrauch des Schaums von Δ=4170 MJ und damit in der Summe eine Erhöhung des Verbrauchs von Δ=2550 MJ.

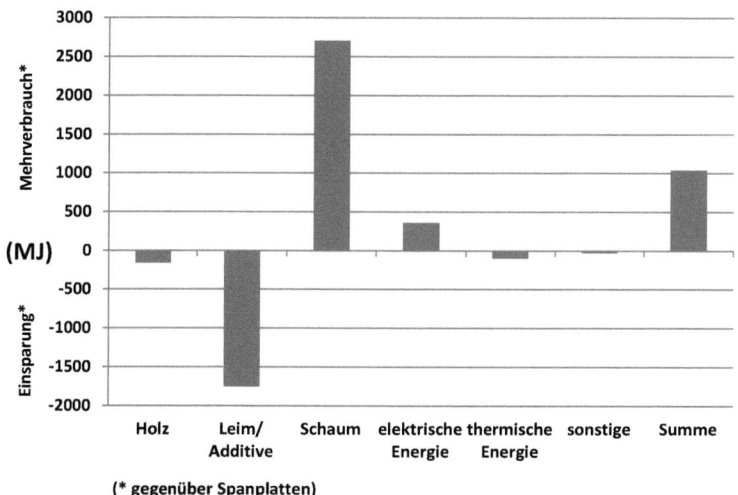

Abbildung 5.33 Verbrauch von Primärenergie aus fossilen Ressourcen. Differenz zwischen der Herstellung von 1 m³ Spanplatte und 1 m³ Schaumkernplatte (mit duroplastischem Kern).

Insbesondere durch diesen dominierenden Einfluss kann der Einsatz des Schaummaterials als wesentlicher Faktor gelten, gegenüber dem die anderen

Ressourcenverbrauch

Parameter zurückstehen und durch den zukünftig eine Optimierung des Gesamtenergieeinsatzes erfolgen muss. Hier könnte der Einsatz eines Schaummaterials auf Basis nachwachsender Rohstoffe einen viel versprechenden Ansatz für eine Reduzierung des Primärenergieverbrauchs bieten.

6 SCHLUSSFOLGERUNGEN

Die in dieser Arbeit behandelte Entwicklung von Schaumkern-Kompositplatten basiert auf dem von Luedtke, 2007, beschriebenen einstufigen Herstellungsprinzip für mehrlagige Holzwerkstoffsandwichplatten. Neben dem Herstellungsverfahren waren die hergestellten Werkstoffe selbst Gegenstand der Untersuchungen. Ein Vergleich mit dem im Rahmen dieser Arbeit entwickelten allgemeinen Anforderungsprofil für leichte Holzwerkstoffe lässt sich entsprechend in verfahrenstechnischer Hinsicht anhand

- den technischen Aspekten der Herstellung und
- der ökonomischen Bewertung

und unter produkttechnischen Gesichtspunkten anhand

- der mechanischen und physikalischen Eigenschaften und
- der Vorhersagbarkeit des Werkstoffsystems

darstellen.

6.1 VERFAHRENSTECHNISCHES FAZIT

Der Ansatz mehrlagige Holzwerkstoffe in einem einstufigen Verfahren zu produzieren, konnte weitgehend erfolgreich umgesetzt werden. Die Untersuchungen zeigten, dass das **Herstellungsverfahren** so weiterentwickelt werden konnte, dass die einstufige Produktion von Schaumkernplatten von der Phase der Ideengenerierung und grundsätzlicher Entwicklung in eine ausgereifte Laborphase überführt werden konnte. Aus den gewonnen Erkenntnissen über die Anwendbarkeit und die Wirtschaftlichkeit des Verfahrens lassen sich folgende Feststellungen ableiten:

(1) Eine industrielle Implementierung des Verfahrens in einem kontinuierlichen Prozess ist grundsätzlich möglich. Voraussetzung hierfür ist die technologische Verarbeitbarkeit der verwendeten Materialien. Hierzu sind weitere Untersuchungen notwendig.

(2) Eine Gegenüberstellung der Kosten innovativer Produkte mit den Kosten konventioneller Werkstoffe stellt zwar eine Vergleichsoption dar, darf aber nicht ausschließliches Kriterium für eine ökonomische Bewertung sein. Dieser muss vielmehr eine ganzheitliche Betrachtung der Leistungen des Werkstoffes zugrunde liegen, die auch die Weiterverarbeitung und Nutzung einschließt.

(3) Die Herstellungskosten des vorgestellten Werkstoffes werden primär von den Faktoren Presszeitfaktor und Kosten für das Mittellagenmaterial bestimmt.

(4) Durch eine Anpassung des Herstellungsprozesses an die veränderten Materialströme im Vergleich zu einer Spanplattenproduktion ist eine deutliche Verringerung gegenüber den Kosten einer universellen Anlage erreichbar.

Mit der Entwicklung einer seitlich umlaufenden Barrierezone kann das Verfahren auf Pressensystemen ohne maschinenseitige, seitliche Begrenzung eingesetzt werden. Hierdurch konnte sehr erfolgreich eine Ortstabilität der Mittellage während des Prozesses erzielt werden. Dies gilt als wichtige Grundlage für die nächste Stufe der industriellen Implementierung, da ein seitliches Ausschäumen des expandierenden Mittellagenschaums während des Pressvorgangs unterbunden werden muss. In der Konsequenz bedeutet dies, dass die vorgestellten Ergebnisse die Basis für eine industrielle Pilotanwendung darstellen können.

Eine solche Implementierung ist in wirtschaftliche und unternehmenspolitische Entscheidungsprozesse eingebunden. Es ist daher davon auszugehen, dass eine industrielle Umsetzung auf einer bestehenden Holzwerkstoffanlage erfolgt. Daher ist die Anwendbarkeit des Prozesses auf einer kontinuierlichen Streu- und Pressenanlage, wie sie für die Produktion von Spanplatten genutzt wird, eine Bedingung für eine erfolgreiche Umsetzung. Vor diesem Hintergrund musste die Nähe des Verfahrens zu bereits etablierten Prozessabläufen bewertet und eine ökonomische Betrachtung durchgeführt werden.

Ein Einsatz des im Rahmen der Untersuchungen eingesetzten thermoplastischen Mikrosphärenmaterials bietet aufgrund der ausgezeichneten verfahrenstechnischen Eigenschaften des Materials die Möglichkeit Verfahrensabläufe definiert und reproduzierbar zu gestalten. Im Hinblick auf einen industriellen Prozess erscheint der Einsatz jedoch aus verfahrenstechnischer Sicht fraglich. Der Vorgang der Plattenbildung bestimmt die Dauer des Pressvorgangs. Da die Presszeit bzw. die Pressgeschwindigkeit maßgeblich die Kapazität der Anlage bestimmt, stellt sie einen bedeutenden Einflussfaktor für die Herstellungskosten dar. Daher ist ein schneller Durchlauf der Matte und somit eine kurze Verweildauer in der Presse erstrebenswert. Der Schäumprozess erfordert, da er nicht auf einer chemischen Reaktion mit anschließender Vernetzung sondern auf einer thermisch indizierten Expansion beruht, eine Kühlung, um eine Konsolidierung der Schaummatrix zu erzielen. Diese Möglichkeit ist in einer industriellen Produktion in der Regel nicht gegeben und die Ergänzungsinvestition in eine aktive Kühlung der hinteren Pressensektion kann als unwahrscheinlich gelten.

Die Mikrosphären müssen daher vor dem Hintergrund der Prozessentwicklung primär als Medium gesehen werden, mit Hilfe derer die Grundlagen des Verfahrens aufgebaut werden konnten. Für zukünftige Forschungen bedeutet dies, dass aus verfahrenstechnischer Sicht die Anpassung des Mittellagenmaterials in Richtung eines duroplastisch härtenden Schaumsystems im Mittelpunkt stehen sollte. Durch diese Art der Schaumhärtung wäre eine Kühlung der Platte überflüssig und die Option eröffnen, die Platten auf bestehenden kontinuierlichen Holzwerkstoffanlagen ohne Kühlsektion produzieren zu können.

Auf Basis dieser Erkenntnisse wurden die **ökonomischen Untersuchungen** auf die Verwendung eines solchen duroplastischen Materials ausgerichtet. Das entwickelte Kostenmodell basiert auf dem Herstellungsprozess für Spanplatten und wurde auf die Herstellung von Schaumkernplatten angepasst. Während der Anpassung des Spanplattenprozesses wurden einzelne Prozessabschnitte im Hinblick auf die Herstellung der Schaumkernplatten modifiziert. Es zeigte sich, dass außer einem zusätzlichen auf das Mittellagenmaterial angepassten Streustrang keine weiteren Modifikationen notwendig sind. Da die wechselweise Produktion von Spanplatten und Schaumkernplatten es nicht erlaubt, einzelne Aggregate vollständig zu deinstallieren, wurde die Kostenbetrachtung über eine geänderte Leistungsbewertung der einzelnen Prozesse und Betrachtung zusätzlicher virtueller Aggregate angepasst werden.

Die Aussagekraft des entwickelten Modells konnte durch einen Vergleich mit Referenzdaten zum Zeitpunkt der Erstellung des Modells für die Spanplattenproduktion bestätigt werden. Für die Simulation der Schaumkernplattenproduktion mussten hingegen teilweise begründete Annahmen getroffen werden, die eine industrielle Umsetzung abzubilden versuchten. Dabei wurde der starke Einfluss der Pressgeschwindigkeit auf die Pressenkapazität deutlich, wodurch sich insbesondere die Umlegung der Fixkosten auf die geringere Produktionsmenge in erhöhten Herstellungskosten bemerkbar macht. Dies kann beispielsweise durch die Wahl eines hochreaktiven Schaumsystems erzielt werden. Insgesamt weist die Herstellung der Spanplatten unter Annahme der dargestellten Ressourcenkosten und der Fertigungskonfiguration Gesamtkosten von 117,32 €m^{-3}, die Herstellung der Schaumkernplatten von 143,36 €m^{-3} auf.

Zu beachten ist hierbei, dass die Produktion lediglich in ihrer Leistung an das veränderte Produkt angepasst wurde, nicht aber der physische Umfang bzw. die Größe von Aggregaten, wie beispielsweise Trockner oder Doppelband-Heißpresse, für die Fertigung von Schaumkernplatten reduziert wurde. Optional könnte zukünftig der Einsatz einer auf die Produktion dieses Plattentyps abgestimmten Fertigungslinie mit angepasster Holzzufuhr zu betrachten sein. Die reduzierte erforderliche Trocknungsleistung, geringere notwendige Lagerkapazitäten und insgesamt verringerte bewegte Massen im Prozess würden eine wesentlich reduzierte Auslegung der Anlagen bedeuten und in einer erheblichen Kostensenkung resultieren. Dieses Szenario ist noch nicht sinnvoll modellierbar, da die Anlagenauslegung auf den eingesetzten Materialien, insbesondere auf einem zukünftigen Mittellagenmaterial, basiert.

Ein Teil der Herstellungskostendifferenz kann potentiell durch post-produktive Prozesse, wie Transport oder gewichtbasierte Effizienzsteigerungen in der Weiterverarbeitung eingespart werden. Die Betrachtung dieser Weiterverarbeitungskette war nicht Gegenstand des Kostenmodells, muss aber in eine zukünftige ganzheitliche Gesamtkostenbetrachtung einbezogen werden.

Die Untersuchungen zum Neudesign von Holzwerkstoffen in Form einer mehrlagig aufgebauten Kompositplatte konnten zeigen, dass hierdurch Potentiale zur Steigerung der Effizienz im Bereich des Ressourceneinsatzes positiv genutzt werden können. Vor dem Hintergrund einer weiterhin ansteigenden Nutzungskonkurrenz um den Rohstoff Holz und steigender Energiepreise wird eine Erhöhung der relativen Ressourceneffizienz mittelfristig an Bedeutung gewinnen. Diese Arbeit kann dazu einen aussichtsreichen Ansatz liefern. Dies wird auch in der Betrachtung der produkttechnischen Untersuchungen deutlich.

6.2 Produkttechnisches Fazit

Die Untersuchungen konnten zeigen, dass eine Steigerung der Ressourceneffizienz in der Holzwerkstoffindustrie idealerweise über eine Einsparung von Material im Werkstoff geschehen kann. Soll das vorhandene Substitutionspotential etablierter Werkstoffe ausgenutzt werden, muss ein alternatives Produkt zudem eine Verbesserung in einem oder mehreren relevanten Aspekten aufweisen. Hierfür können folgende grundsätzliche Feststellungen gemacht werden:

(1) Die Erfüllung der Anforderungen im Einsatz und der Bearbeitung müssen durch die mechanischen Eigenschaften des alternativen Werkstoffes sichergestellt sein.

(2) Die Auflösung der Struktur zu einem mehrlagigen Werkstoff kann als vielversprechender Ansatz für eine Ressourceneffizienzsteigerung gelten. Material wird innerhalb des Werkstoffs dort reduziert, wo ein geringer Einfluss auf die mechanische Charakteristik zu erwarten ist.

(3) Stellt die Gewichtseinsparung das primäre Motiv für eine Werkstoffsubstitution dar, sollte ein Vergleich der Alternativen aufgrund der spezifischen, gewichtsbezogenen Werkstoffeigen-

Produkttechnisches Fazit

schaften erfolgen. Anhand der gewichtsbezogenen Eigenschaften kann eine optimierte Auslegung des Bauteils erfolgen und somit eine Verringerung des notwendigen Materialeinsatzes erzielt werden.

(4) Für Sandwichmaterialien typische Versagensformen, wie Decklagenknittern oder -beulen, spielen bei Verwendung holzwerkstoffbasierter Decklagen eine untergeordnete Rolle, da die gegenüber sehr dünnen metallischen Decklagen erhöhte Eigenbiegesteifigkeit deren Auftreten verhindert.

(5) Eine mechanische Optimierung des Werkstoffaufbaus muss ein gleichzeitiges Versagen von Deck- und Mittellage unter Belastung zum Ziel haben, um eine Überdimensionierung einer Komponente zu verhindern.

Im Rahmen dieser Arbeit wurde ein innovatives einstufiges Verfahren angewandt, um einen mehrlagigen Kernverbundwerkstoff herzustellen, dessen Produktion üblicherweise in mehreren getrennten Prozessschritten erfolgt. Im Hinblick auf die Substitution etablierter Plattenwerkstoffe wurden die **mechanischen und physikalischen Eigenschaften** ermittelt. Die Untersuchungen zeigten eine starke Abhängigkeit der Eigenschaften vom Aufbau des Werkstoffes. Als Einflussgrößen konnten die Decklagendicke und Mittellagenkomposition identifiziert werden, wobei sich zeigte, dass die Decklagendicke einen dominierenden Einfluss auf die mechanischen Eigenschaften besitzt. Die Bedeutung der Mittellagenkomposition aus Holzpartikeln und Mikrosphären ist demgegenüber im Bereich praxisnaher Zusammensetzungen vergleichsweise gering.

Es konnte gezeigt werden, dass die untersuchten Sandwich-Holzwerkstoffplatten mit Dichten von 300...500 kgm^{-3} nicht in allen Aspekten Eigenschaften aufweisen, die auf dem Niveau konventioneller Holzwerkstoffe mit Dichten von 650...700 kgm^{-3} liegen. Da die absoluten Festigkeitswerte in dieser Betrachtung an Bedeutung verlieren, bietet sich ein Werkstoffvergleich auf Basis der gewichtsbezogenen, spezifischen Festigkeiten an, wodurch die Steigerung der Materialeffizienz deutlich wird. So kommt eine Schaumkernplatte (360 kgm^{-3}) mit einer Biegefestigkeit von 7,7 Nmm^{-2} auf eine spezifische Biegefestigkeit von etwa 21000 $Nmkg^{-1}$, während eine Spanplatte (680 kgm^{-3}) bei einer Biegefestigkeit von 14 Nmm^{-2} eine spezifische Festigkeit von etwa

SCHLUSSFOLGERUNGEN

20500 Nmkg^{-1} aufweist und somit pro Gewichtseinheit über eine vergleichbare Festigkeit verfügt.

Die **Vorhersagbarkeit der statischen Eigenschaften** ist eine Grundlage für eine effiziente Werkstoffentwicklung. Es wurde grundsätzlich gezeigt, dass sich das Versagen des mehrlagigen Werkstoffes analytisch ermitteln lässt. Zwar ließen die mechanischen Untersuchungen erkennen, dass der Einfluss der Mittellagenkomposition gegenüber dem Einfluss der Decklagendicke auf die Statik vergleichsweise gering ist, jedoch führten auch hohe Holzpartikel- bzw. geringe Mikrosphärengehalte im Kern zu einem Verlust der mechanischen Eigenschaften. Die Ausbildung der Failure Mode Map wies auf einen Verlust der Kernschubfestigkeiten sowohl im unteren als auch im oberen Dichtebereich der Schaummatrix hin. Aufgrund der im Rahmen dieser Arbeit durchgeführten mechanischen Untersuchungen konnte jedoch nicht zwingend von einer Abnahme der Festigkeitseigenschaften mit steigender Dichte der Schaummatrix ausgegangen werden. Prüfkörper in den Bereichen der Versagensübergänge konnten aufgrund einer inhomogenen Materialverteilung nicht untersucht werden, was zu einer nicht vollständigen Verifizierung der Failure Mode Map führte.

Demgegenüber zeigten die analytisch ermittelten Versagenskräfte im Bereich des Decklagenversagens eine gute Übereinstimmung mit den experimentellen Untersuchungen und belegten die prinzipielle Anwendbarkeit des Modells. Die deutlich definierten, rechnerisch ermittelten Übergänge zwischen unterschiedlichen Versagensformen wiesen darauf hin, dass die in den experimentellen Versuchen eingesetzten Decklagendicken und Mittellagenkompositionen ein Versagen im Bereich des Decklagenbruches erwarten lassen. Diese analytischen Aussagen konnten durch die Bruchbilder der im Labor durchgeführten Biegeuntersuchungen bestätigt werden und somit als eine Verifizierung des entwickelten Versagensmodells in diesem Bereich gelten.

Ein *ideales* Versagen des Bauteils findet jedoch direkt im Grenzbereich zweier Versagensformen statt. Ein gleichzeitiges Versagen der Komponenten gewährleistet, dass kein Element überdimensioniert ist. Erwartungsgemäß verhindert die gegenüber Sandwichwerkstoffen mit sehr dünnen Decklagen erhöhte Eigenbiegesteifigkeit der Decklagen das Auftreten einiger sandwichtypischer Versagensformen. Die von Triantafillou und Gibson, 1987a, und Lim et al.,

Produkttechnisches Fazit

2004, ermittelten Failure Mode Maps weisen aufgrund verwendeten dünnen Decklagen und der homogenen, einkomponentigen Zusammensetzung des Mittellagenmaterials drei Felder unterschiedlicher Versagensarten auf. Ihre Untersuchungen konnten somit erstmals derart erweitert werden, dass eine Aussage über das Bruchverhalten von Platten mit Holzwerkstoffdecklagen und zweikomponentigem Kern gemacht werden kann. Zukünftig kann dieser Ansatz eine Grundlage für weitere Forschungen auf diesem Gebiet darstellen und die Entwicklung von Kompositwerkstoffen systematisieren. Hierfür ist es notwendig, insbesondere eine Homogenität der Schammatrix zu erzeugen und die Grenzflächenanbindung zwischen Polymer und Holzpartikeln detaillierter zu betrachten. In Verbindung mit definierten Anwendungsfällen können diese Berechnungen dann die Basis für eine Optimierung des Gewichts von Werkstoffen darstellen, da individuelle Teile der Struktur anhand ihrer mechanischen Eigenschaften in Dichte oder Dimension angepasst werden können.

Eine entsprechende Spezialisierung des Einsatzes von plattenförmigen Materialien hätte zur Folge, dass bestimmte Einsatzzwecke von darauf abgestimmten Werkstoffen bedient werden können. Dies würde zu einer Diversifizierung des Angebotes führen, in dem nicht mehr der universelle Plattenwerkstoff, sondern eine Vielzahl an einsatzorientierten Platten eine zentrale Rolle einnehmen würde. In der Folge könnten für viele Anwendungen in Gewicht und Statik überdimensionierte Holzwerkstoffe durch spezialisierte Werkstoffe zurückgedrängt werden.

Die Weiterverarbeitbarkeit des Materials war nicht Gegenstand dieser Untersuchungen. Daher kann im Hinblick auf die Prozessierbarkeit in industriellen Bearbeitungszentren keine Aussage gemacht werden.

Die durchgeführten Untersuchungen zur Herstellung von Schaumkernplatten auf Basis eines papierbasierten Trägermaterials konnten Grundlagen für die Entwicklung dreidimensionaler Formteile aufzeigen. Die Mikrosphären konnten im Papierherstellungsprozess erfolgreich an ein Precursormaterial gebunden und in Form eines beladenen Papiers für eine Verarbeitung zur Verfügung gestellt werden. Hier scheint weiterer Forschungsbedarf notwendig, um die Zweiseitigkeit der Papiere zu verringern und das Expansionsvermögen weiter zu verbessern. Sollte dies gelingen, so könnte dieses Produkt eine aussichtsreiche Komponente für dreidimensionale, leichte Holzwerkstoffe darstellen.

7 ANSÄTZE FÜR ZUKÜNFTIGE FORSCHUNGEN

Zukünftige Ansätze zur Effizienzsteigerung in der Holzwerkstoffindustrie werden eine weitere Spezialisierung von Werkstoffen nach sich ziehen. Die Entwicklung von Holz-Polymerverbunden wird sich in Richtung eines optimierten Materialeinsatzes durch Strukturauflösung und effizienterer Herstellungsmethoden fortsetzen. Für weiterführende Untersuchungen an mehrlagigen Holzwerkstoffen und für vergleichbare Entwicklungen auf diesem Gebiet kann diese Arbeit als vielversprechende Grundlage gelten. Die Weiterentwicklungen potentieller Mittellagenmaterialien und Herstellungsprozesse werden neben der Erprobung neuer Materialkombinationen die hier vorgestellten Ergebnisse verbessern und neue Ansätze hervorbringen.

Für das weitere Upscaling des Herstellungsprozesses auf industrielle Anlagengrößen scheint es insbesondere notwendig, die Expansion und die Härtung bzw. Stabilisierung des **Mittellagenschaums** für eine verbesserte Anlagengeschwindigkeit zu optimieren. Die Verwendung der in dieser Arbeit genutzten Mikrosphären stellt wohl für die Entwicklung von Prozess und Produkt lediglich eine Zwischenstufe dar. Eine künftige Weiterentwicklung wird auch eine kritische Evaluierung des Kernmaterials in technischer und ökonomischer Hinsicht beinhalten müssen. Die Entwicklung eines duroplastisch härtenden Schaumsystems, in welchem die Expansion aus einer thermoplastischen Phase initiiert wird, muss als vorrangiges Ziel zukünftiger Forschungen gelten. Hierzu können die Ansätze des begonnenen Forschungsprojektes (vgl. Kapitel 4.8.1) als Basis dienen. Zugleich könnten auch rein thermoplastische Systeme einen Optimierungsansatz darstellen. So zeigen Versuche mit expandierbarem Polystyrol (EPS) bereits eine deutliche Verbesserung der Platteneigenschaften und damit eine äußerst aussichtsreiche Alternative zu den in dieser Arbeit verwendeten Mikrosphären (Shalbafan et al., 2011a, Shalbafan et al., 2011b). Darüber hinaus nehmen biobasierte Polymere, wie beispielsweise Schäume auf Basis von Polymilchsäure (PLA) oder ligninbasierte Schäume, aktuell einen hohen Stellenwert in der Forschung ein, so dass mittelfristig auch solche Systeme verfahrenstechnisch und ökonomisch für einen Einsatz attraktiv werden könnten.

Obwohl das vorgestellte Verfahren auf eine Umsetzung auf bestehenden Anlagen hin entworfen wurde, darf eine **Weiterentwicklung der Anlagentechnik** nicht unberücksichtigt bleiben. Eine speziell auf die Herstellung von mehrlagigen Platten abgestimmte Anlage kann eine aus technologischer und ökonomischer Sicht durchaus interessante Alternative darstellen. Vorstellbar wäre in dieser Hinsicht eine kontinuierlich produzierende Heiz-Kühlpresse in unmittelbarer Nähe einer Holzwerkstoffanlage. Durch den geringen Holzbedarf in der Schaumkernplattenproduktion können Prozesse bis vor der Streuung gemeinsam genutzt werden, was die Effizienz beider Prozesse erhöhen würde.

Die Optimierung von Verbundwerkstoffen mittels **analytischer Modellierungen** während der Entwicklungsphase bietet ein enormes Potential zur Vorhersage der technische Werkstoffeffizienz und der Erfüllung spezifischer Anforderungen. Zukünftig kann diese Vorhersagbarkeit durch die Anwendung numerischer Berechnungsmethoden verbessert werden. Für eine Modellierung von zweikomponentigen Schaummatrizes müssen eine ideale Verteilung der Komponenten und eine Betrachtung der Grenzflächen zwischen Polymer und Holzpartikeln als Grundlage gelten. Eine solche Optimierung als Gegenstand weiterer Forschungen könnte höchstmögliche Festigkeiten bei minimalem Gewicht und gleichzeitig minimierten Kosten bedeuten. Da der Fokus wissenschaftlicher Untersuchungen primär auf der gezielten Verbesserung der technischen Eigenschaften liegt, kann eine Verknüpfung mit ökonomischen Aspekten einen neuen, umfassenderen Optimierungsansatz bedeuten. Mit dieser Arbeit wurde die Grundlage geschaffen, solche Untersuchungen zu ermöglichen.

Das Konzept der intelligenten, strukturellen Aufteilung der Materialien innerhalb eines Werkstoffes ist nicht neu, die Verbindung mit einem einstufigen Herstellungsprozess kann aber als innovativer Ansatz gelten, der die Grundlage weiterer Entwicklungen sein kann. Einhergehend mit der Entwicklung neuartiger, spezialisierter Werkstoffe werden sich in der Praxis zunehmend diversifizierte Anforderungen und entsprechende Beurteilungen verschiedener Plattenwerkstoffe etablieren. Somit werden zukünftig angepasste **Regelungen und Prüfverfahren** notwendig sein, die beispielsweise die Erfordernisse von Kernverbunden stärker berücksichtigen.

Ein unberücksichtigter Aspekt in dieser Arbeit ist die **ökologische Betrachtung** des Werkstoffes. Vor einer Umsetzung des Verfahrens müssen sowohl die eingesetzten Materialien und angewandten Prozesse als auch das Potential in einer vergleichenden Betrachtung gegenüber den zu substituierenden Werkstoffen kritisch dargestellt werden. Zudem sollten bereits während der Designphase die Verwendung recyclebarer Rohstoffe und die Entwicklung geeigneter Konversionsverfahren im Sinne einer Kaskadennutzung des Werkstoffes vorgesehen werden. Die vollständige Einbindung eines innovativen Leichtbauwerkstoffes in ein **stoffliches Wiederverwertungskonzept** kann für die Holzwerkstoffindustrie einen sehr aussichtsreichen Ansatz bedeuten.

Kurzfassung

Die Entwicklung von Werkstoffen, die unter technischen und ressourcenbezogenen Gesichtspunkten eine Effizienzverbesserung darstellen, hat in den letzten Jahren stark an Bedeutung gewonnen. Dies geschieht in der Holzwerkstoffindustrie vor dem Hintergrund einer zunehmenden Nutzungskonkurrenz um den Rohstoff Holz und steigenden Ressourcenkosten in der Herstellung.

Die Idee, Material innerhalb von Werkstoffen intelligent zu verteilen und dadurch die monolithische Struktur aufzulösen, wird in modernen Bauteilen immer häufiger umgesetzt. Ursprünglich mit dem Ziel hierdurch eine anwendungsbezogene Optimierung der technischen Eigenschaften zu erreichen, bieten sie darüber hinaus oftmals eine ressourceneffiziente Lösung. Die Auflösung der Struktur wird in der Regel über symmetrisch angeordnete, lokale Dichteverringerungen erreicht, durch die das Prinzip einer effizienten, leichten Struktur umgesetzt werden kann. Die Herstellung dieser Werkstoffe erfolgt zumeist in mehrstufigen Prozessschritten. Der in dieser Arbeit vorgestellte Prozess stellt einen neuartigen Ansatz zur einstufigen Produktion von leichten, mehrlagigen Holzwerkstoffen mit einer Polymermittellage dar.

Mit der Erarbeitung eines Anforderungsprofils werden vorab allgemeingültige Parameter aufgezeigt, die während der Entwicklung leichter Holzwerkstoffe berücksichtigt werden müssen. Die weiteren Untersuchungen vertiefen dann gezielt die qualitativen und quantitativen Bewertungen ausgewählter Parameter.

Für ein umfassendes Verständnis und eine Bewertung des Werkstoffes wird ein ganzheitlicher Ansatz gewählt, der neben der Analyse des Herstellungsprozesses und der Prüfung der technischen und ökonomischen Produkteigenschaften auch eine Modellierung des Versagensverhaltens beinhaltet. Ein zusätzlicher Aspekt der Arbeit befasst sich mit der Entwicklung einer Schaumkernplatte auf Basis eines papierbasierten Mittellagenprecursors.

Die hergestellten und untersuchten dreilagigen Schaumkernplatten konnten insgesamt als Erfolg versprechender Ansatz gewertet werden. Die technischen Eigenschaften können über die Zusammensetzung der Platten an individuelle Einsatzzwecke angepasst werden. Die ökonomische Betrachtung betrachtet die

KURZFASSUNG

Herstellung der Schaumkernplatten auf einer kontinuierlichen Holzwerkstoffanlage und konnte mit der Dauer der Schaumexpansion und der Presszeit die wichtigsten Faktoren in den Gesamtkosten ausmachen. Die Modellierung des Versagensverhaltens erlaubt es anhand eines analytischen Modells qualitative und quantitative Aussagen zum statischen Verhalten zu machen.

Zukünftige Entwicklungsschritte werden auf der Basis der durchgeführten Untersuchungen eine Verfeinerung dieser Berechnungen beinhalten. Ebenso können aktuelle Forschungen auf dem Gebiet schnellreagierender bzw. biobasierter Schäume in die Entwicklungen einbezogen werden.

ABBILDUNGSVERZEICHNIS

Abbildung 2.1 Umwandlungsprozess von Ressourcen zu Produkten 13
Abbildung 2.2 Gegenüberstellung von absolutem Ressourcenabbau und der Materialintensität forstlicher Biomasse (EU15) 15
Abbildung 2.3 Energieeffizienzsteigerung in der Holzwerkstoffindustrie gegenüber dem Produktionsvolumen 16
Abbildung 2.4 Kostenstruktur der eingesetzten Ressourcen einer Spanplatte 18
Abbildung 3.1 Gewicht-Kosten-Relation von Leichtbaumaterialien 27
Abbildung 3.2 Formen des Aufbaus von Zellstrukturen 44
Abbildung 3.3 Diskontinuierliche Herstellung von Sandwichplatten 53
Abbildung 3.4 Diskontinuierliche *in situ*-Herstellung von Schaumkernplatten 54
Abbildung 3.5 Kontinuierliche Herstellung von Schaumkernplatten 58
Abbildung 3.6 Kontinuierliche Herstellung von Schaumkernplatten 61
Abbildung 4.1 Schematisches Expansionsverhalten thermisch aktivierbarer, kugelförmiger Mikrosphären 73
Abbildung 4.2 Expansionskurven von Expancel 031DUX40 und 551DU40 75
Abbildung 4.3 Partikelgrößenverteilung und kumulierte Volumina 78
Abbildung 4.4 Aufbau des unexpandierten Mittellagenwerkstoffes 80
Abbildung 4.5 Schematische Darstellung des Herstellungsprinzips 82
Abbildung 4.6 Schaumkernplatte mit Rahmenstreuung vor dem Verpressen 84
Abbildung 4.7 Schematisches Pressprogramm (Sollkurven) zur Herstellung von Schaumkernplatten mit gestreuten Mittellagen 85
Abbildung 4.8 Pressdiagramm zur Herstellung von Schaumkernplatten mit gestreuten Mittellagen 86
Abbildung 4.9 Schematisches Pressprogramm (Sollkurve) für die Herstellung von Schaumkernplatten mit papierbasierten Mittellagen 93
Abbildung 4.10 Zuschnittplan für die Probenplatten 96
Abbildung 4.11 Querschnitt eines Kernverbundes 96

Abbildungsverzeichnis

Abbildung 4.12 Schematischer Ablauf der Versagensanalyse 105
Abbildung 4.13 Partialdurchsenkungen am Biegebalken 106
Abbildung 4.14 Spannungsverteilungen in einem Sandwichbalken 108
Abbildung 4.15 Versagensarten von Sandwichbalken 110
Abbildung 4.16 Schematische Failure Mode Map eines Sandwichwerkstoffes in einer Dreipunktbelastung 115
Abbildung 4.17 Einfluss des Presszeitfaktors auf Pressengeschwindigkeit, Kapazität und Pressezeiten 126
Abbildung 5.1 Einfluss des Holzpartikelanteils auf die Mittellagendichte 137
Abbildung 5.2 Rohdichteprofile der Schaumkernplatten 138
Abbildung 5.3 Expandierter Papierprecursor mit eingebetteten Fasern 141
Abbildung 5.4 Expandierter Papierprecursor mit Zweiseitigkeit 142
Abbildung 5.5 Aufgezeichnetes Pressdiagramm (Istkurve) der Herstellung von Schaumkernplatten mit papierbasierten Mittellagen 144
Abbildung 5.6 Querzugfestigkeiten σ_B der Schaumkernplatten 147
Abbildung 5.7 Querzugfestigkeiten σB der Schaumkernplatten mit papierbasierten Mittellagen. 151
Abbildung 5.8 Biegefestigkeit σ_{3P} der Schaumkernplatten in Dreipunktbiegung 154
Abbildung 5.9 Durchsenkung w der Schaumkernplatten unter Lastaufbringung von 100 N 156
Abbildung 5.10 Schraubenauszugwiderstand f_O aus der Fläche 159
Abbildung 5.11 Schraubenauszugwiderstand f_S aus der Schmalfläche 160
Abbildung 5.12 Wasseraufnahme und Dickenquellung der Schaumkernplatten 164
Abbildung 5.13 FESEM-Aufnahmen des Schaumkerns 165
Abbildung 5.14 Brandverhalten einer konventionellen Spanplatte 169
Abbildung 5.15 Brandverhalten der Schaumkernplatte mit Spandecklagen.. 169
Abbildung 5.16 Brandrückstände nach der Prüfung 171
Abbildung 5.17 Brandverhalten der Schaumkernplatten mit Spandecklagen bei seitlicher Erhitzung 173
Abbildung 5.18 Beurteilung des Brandverhaltens von Schaumkernplatten ... 174
Abbildung 5.19 Zweifache Erhitzung einer nicht vorbehandelten Expancel 031DUX40-Probe 176

ABBILDUNGSVERZEICHNIS

Abbildung 5.20 Doppelbestimmung des Glasübergangs von vorbehandeltem Expancel 031DUX40 177

Abbildung 5.21 Entwicklung des Zug-Elastizitätsmoduls 179

Abbildung 5.22 Entwicklung des Druck-Elastizitätsmoduls 180

Abbildung 5.23 Entwicklung des Schub-Elastizitätsmoduls 181

Abbildung 5.24 Entwicklung der Schubfestigkeit........................... 182

Abbildung 5.25 Analytisch ermittelte Failure Mode Map für Schaumkernplatten 186

Abbildung 5.26 Vergleich der experimentell und analytisch ermittelten Versagenskräfte 188

Abbildung 5.27 Vergleich der Kostenzusammensetzungen von Span- und Schaumkernplatten 195

Abbildung 5.28 Entwicklung der Einzel- und Gesamtkosten der Schaumkernplatte bei Variation der Anlagenkapazität 199

Abbildung 5.29 Entwicklung der Einzel- und Gesamtkosten und der Decklagendichte bei Variation der Decklagendicke 201

Abbildung 5.30 Entwicklung der Einzel- und Gesamtkosten bei Variation der Mittellagendichte 202

Abbildung 5.31 Entwicklung der Einzel- und Gesamtkosten bei Variation der Kosten für den Mittellagenschaum 204

Abbildung 5.32 Ressourcenverbräuche für die Herstellung von Schaumkernplatten und Spanplatten 207

Abbildung 5.33 Verbrauch von Primärenergie aus fossilen Ressourcen 209

TABELLENVERZEICHNIS

Tabelle 4.1	Grundsätzliche Umgebungsbedingungen und Anforderungen für ein Mittellagenmaterial	72
Tabelle 4.2	Zusammensetzung und Spezifikationen des Mikrosphärentyps Expancel 031DUX40	74
Tabelle 4.3	Zetapotentiale der eingesetzten Mikrosphärentypen	79
Tabelle 4.4	Konstante Parameter für die Herstellung der Schaumkernplatten mit gestreuten Mittellagen	84
Tabelle 4.5	Versuchsmatrix der Zusammensetzung der Probenplatten mit drei Variablen in drei Stufen	88
Tabelle 4.6	Physikalische Charakterisierung der mit Mikrosphären beladenen Papiere	91
Tabelle 4.7	Konstante Parameter für die Herstellung der Schaumkernplatten mit papierbasierten Mittellagen	92
Tabelle 4.8	Variationsmatrix der Schaumplattenzusammensetzung	94
Tabelle 4.9	Mechanische Eigenschaften der Decklagen nach Herstellerangaben	116
Tabelle 4.10	Produktzusammensetzung der Spanplatte und der Schaumkernplatte	124
Tabelle 4.11	Produktionsstufen der Fertigung und Unterteilung in Einzelprozesse	128
Tabelle 4.12	Elektrische Leistungsaufnahmen der einzelnen Produktionsstufen	129
Tabelle 4.13	Übersicht der Kostenarten und deren Beträge	131
Tabelle 4.14	Produktparameter für die Variation des Presszeitfaktors	134
Tabelle 4.15	Produktparameter für die Variation der Decklagendicke	134
Tabelle 4.16	Produktparameter für die Variation der Mittellagendichte	134
Tabelle 5.1	Spezifikation und Zusammensetzung der Papiermittellagen	152
Tabelle 5.2	Brandverhalten der Schaumkernplatten: Wärmefreisetzung und Zeit bis zur Entzündung der Prüfkörper	171
Tabelle 5.3	Zusammenfassung der Versagensformeln	185

Tabelle 5.4	Zusammenfassung der für die Erstellung der Failure Mode Map ermittelten Kennwerte	185
Tabelle 5.5	Eingetretene Versagensarten und berechnete Versagenskräfte	189
Tabelle 5.6	Materialeinsatz und Kostenstruktur von Spanplatten und Schaumkernplatten	193
Tabelle 5.7	Anpassung des Gleichzeitigkeitsfaktors an den spezifischen Presszeitfaktor	200
Tabelle 5.8	Grundlegende Herstellungsparameter der optimierten Schaumkernplatten	206
Tabelle 5.9	Herstellungskosten der optimierten Schaumkernplatten	206

NORMENVERZEICHNIS

DIN 789: 2004	Holzbauwerke - Prüfverfahren - Bestimmung der mechanischen Eigenschaften von Holzwerkstoffen
DIN 53292: 1982	Prüfung von Kernverbunden; Zugversuch senkrecht zur Deckschichtebene
EN 310: 1993	Holzwerkstoffe; Bestimmung des Biege-Elastizitätsmoduls und der Biegefestigkeit
EN 311: 2002	Holzwerkstoffe - Abhebefestigkeit der Oberfläche - Prüfverfahren
EN 317: 1993	Spanplatten und Faserplatten; Bestimmung der Dickenquellung nach Wasserlagerung
EN 320: 1993	Spanplatten und Faserplatten - Bestimmung des achsenparallelen Schraubenausziehwiderstands
EN 13 446: 2001	Holzwerkstoffe - Bestimmung des Haltevermögens von Verbindungsmitteln
ISO 5660-1: 2002	Prüfungen zum Brandverhalten von Baustoffen - Wärmefreisetzung, Rauchentwicklung und Masseverlustrate - Teil 1: Wärmefreisetzungsrate (Cone-Calorimeter-Verfahren)

Literatur

Alargova, R. G., Warhadpande, D. S., Paunov, V. N. and Velev, O. D. (2004). "Foam Superstabilization by Polymer Microrods." Langmuir **20**(24): 10371-10374.

Allen, H. G. (1969). Analysis and design of structural sandwich panels. Oxford, Pergamon.

Ashby, M. F. (1993). "Criteria for selecting the components of composites." Acta Metallurgica et Materialia **41**(5): 1313-1335.

Ashby, M. F. and Bréchet, Y. J. M. (2003). "Designing hybrid materials." Acta Materialia **51**(19): 5801-5821.

Azzi, V. and Tsai, S. (1965). "Anisotropic strength of composites." Experimental Mechanics **5**(9): 283-288.

Barboutis, I. and Vassiliou, V. (2005). Strength properties of lightweight paper honeycomb panels for furniture. Proceedings of International Scientific Conference 10th Anniversary of Engineering Design (Interior and Furniture Design). Sofia.

Becker, W. (1998). "The in-plane stiffnesses of a honeycomb core including the thickness effect." Archive of Applied Mechanics (Ingenieur Archiv) **V68**(5): 334-341.

Bekhta, P. and Hiziroglu, S. (2002). "Theoretical approach on specific surface area of wood particles." Forest Products Journal **52**(4): 5.

Bendsøe, M. P. (1989). "Optimal shape design as a material distribution problem." Structural and Multidisciplinary Optimization **1**(4): 193-202.

Bierter, W. (2003). Zukunftsfähiges Systemdesign. Jahrbuch Ökologie 2002. G. Altner. München, Beck.

Bitzer, T. (1996). Recent Honeycomb Core Developments. Proceedings of the Third Sandwich Construction conference. D. Weissman-Berman and K. A. Olsson. Southampton, EMAS Publications: 555-563.

BMWI (2009). Energie in Deutschland : Trends und Hintergründe zur Energieversorgung in Deutschland. Berlin, BMWI.

Boehme, C. (1976). "Tragverhalten von GFK-verstärkten Holzwerkstoffen." Holz als Roh- und Werkstoff **34**(5): 155-161.

Boehme, C. and Schulz, U. (1974). "Tragverhalten eines GFK-Holzsandwichs." Holz als Roh- und Werkstoff **32**(7): 250-256.

Branner, K. (1995). Capacity and Lifetime of Foam Core Sandwich Structures, Dissertation, Department of Naval Architecture and Offshore Engineering, Technical University of Denmark. (172 p.)

LITERATUR

Bratfisch, P., Vandepitte, D., Pflug, J. and Verpoest, I. (2005). Development and Validation of A Continuous Production Concept for Thermoplastic Honeycomb. Sandwich Structures 7: Advancing with Sandwich Structures and Materials: 763-772.

Bräuniger, M., Matthies, K., Weinert, G., Koller, C., Pflüger, W. and Roestel, A.-A. (2005). HWWI: Strategie 2030 - Energierohstoffe, Hamburgisches WeltWirtschaftsInstitut. Hamburg.

Britzke, M. (2009). Verfahren zur automatisierten Fertigung rahmenloser Sandwichplatten mit Papierwabenkern. LightweightDesign, Vieweg+Teubner: 8.

Burgueño, R., Quagliata, M. J., Mohanty, A. K., Mehta, G., Drzal, L. T. and Misra, M. (2005). "Hierarchical cellular designs for load-bearing biocomposite beams and plates." Materials Science and Engineering A **390**(1-2): 178-187.

Burman, M. and Zenkert, D. (1997). "Fatigue of foam core sandwich beams--2: effect of initial damage." International Journal of Fatigue **19**(7): 563-578.

Cai, Z., Wu, Q., Lee, J. N. and Hiziroglu, S. (2004). "Influence of board density, mat construction, and chip type on performance of particleboard made from eastern redcedar." Forest products journal. **54**(12): 226.

Campbell, C. J. (2005). The meaning of oil depletion and its consequences. 6th Petroleum Geology Conference, London, Geological Society.

Capote, J. A., Alvear, D., Lázaro, M. and Espina, P. (2008). "Heat release rate and computer fire modelling vs real-scale fire tests in passenger trains." Fire and Materials **32**(4): 213-229.

Carlsson, L. A., Nordstrand, T. and Westerlind, B. (2001). "On the Elastic Stiffnesses of Corrugated Core Sandwich." Journal of Sandwich Structures and Materials **3**(4): 253-267.

Charpentier, R. R. (2005). Estimating undiscovered resources and reserve growth: contrasting approaches. 6th Petroleum Geology Conference, London, Geological Society.

Chattaway, A. (1997). "The development of a hidden fire challenge." Fire and Materials **21**(5): 219-228.

Clad, W. (1982). "Die Rohdichtesenkung bei Spanplatten - Eine Literaturübersicht." European Journal of Wood and Wood Products **40**(10): 387-393.

Cohrs, W. E. and Gunderman, R. E. (1978). Thermoplastic expandable microsphere process and product. United States, The Dow Chemical Company. **4108806**.

Cramer, B., Andruleit, H., Babies, H. G., Rehder, S., Rempel, H., Schmidt, S. and Schwarz-Schampera, U. (2009). Energierohstoffe 2009 - Reserven,

Ressourcen, Verfügbarkeit, Bundesanstalt für Geowissenschaften und Rohstoffe (BGR). Hannover.

Daniel, I. M. and Abot, J. L. (2000). Fabrication, testing and analysis of composite sandwich beams. Composites Science and Technology. **60**: 2455-2463.

Daniel, I. M., Gdoutos, E. E., Wang, K. A. and Abot, J. L. (2002). "Failure Modes of Composite Sandwich Beams." International Journal of Damage Mechanics **11**(4): 309-334.

Davies, J. M. (2001). Lightweight sandwich construction. Oxford, Blackwell Science.

De Groot, R., Peters, M. C. R. B., De Haan, Y. M., Dop, G. J. and Plasschaert, A. J. M. (1987). "Failure Stress Criteria for Composite Resin." Journal of Dental Research **66**(12): 1748-1752.

Demsetz, L. A. and Gibson, L. J. (1987). "Minimum weight design for stiffness in sandwich plates with rigid foam cores." Materials Science and Engineering **85**: 33-42.

Deppe, H.-J. (1968). "Holzspan-Schaumstoff-Verbundplatten für das Bauwesen." Holz-Zentralblatt(86): 1249-1253.

Deppe, H.-J. (1977). "Der Spezialplatte gehört die Zukunft." Holz-Zentralblatt(103): 1893-1895.

Deppe, H.-J. (1978). "Möglichkeiten und Grenzen der Weiterentwicklung von Holzwerkstoffen." Holz-Zentralblatt(104): 67-70.

Deppe, H.-J. (1980). "Die europäische Holzwerkstoffindustrie zwischen Strukturwandel und Spezialisierung." Holz-Zentralblatt(106): 1153-1155.

Deppe, H.-J. (2005). "Holzwerkstoffe und Globalisierung." Retrieved 10.11.2009, from www6.fh-eberswalde.de/hote/global1.pdf.

DEPV. (2010). "Entwicklung Pelletproduktion." Deutscher Energieholz- und Pellet-Verband e.V. Retrieved 12.08.2009, from www.depv.de.

Ding, Y. (1986). "Shape optimization of structures: a literature survey." Computers & Structures **24**(6): 985-1004.

Doroudiani, S. and Kortschot, M. T. (2003). "Polystyrene foams. III. Structure-tensile properties relationships." Journal of Applied Polymer Science **90**(5): 1427-1434.

Easterling, K. E., Harrysson, R., Gibson, L. J. and Ashby, M. F. (1982). "On the Mechanics of Balsa and Other Woods." Proceedings of the Royal Society of London. Series A, Mathematical and Physical Sciences **383**(1784): 31-41.

Egger. (2008). "Eurolight(R) Produkttechnische Daten - Decklage 8 mm." Retrieved 20.01.2011, from http://www.egger.com/downloads/bildarchiv/18000/1_18033_TD_Eurolight-DL8_DE.pdf.

Literatur

Eierle, B., Niedermaier, P. and Meistring, P. (2008). "Trennwände: leicht und leise."

Endres, A. and Querner, I. (2000). Die Ökonomie natürlicher Ressourcen. Stuttgart [u.a.], Kohlhammer.

EPF (2009). European Panel Federation, Annual Report 2008/2009. Brussels.

EPF (2011). European Panel Federation, Annual Report 2010/2011. Brussels.

Eurostat (2010). Energy Statistics: gas and electricity prices, Statistical Office of the European Communities

Expancel (2006). Expancel(R) Microspheres. A Technical Presentation based upon TB No. 40.

Expancel (2007). Expancel(R) Microspheres. Preliminary Specification 031DUX40.

Fairbairn, W. (1849). An Account of the Construction of the Britannia and Conway Tubular Bridges. London, John Weale.

Falk, L. (1994). "Foam core sandwich panels with interface disbonds." Composite Structures **28**(4): 481-490.

Fan, X. (2006). Investigation on processing and mechanical properties of the continuously produced thermoplastic honeycomb, Dissertation, Departement Metaalkunde en Toegepaste Materiaalkunde, Katholieke Universiteit Leuven. (224 p.)

FAOSTAT. (2011). "ForeSTAT." Retrieved 21.07.2011, from http://faostat.fao.org/site/626/default.aspx#ancor.

Fengel, D. and Wegener, G. (1989). Wood : chemistry, ultrastructure, reactions. Berlin; New York, Walter de Gruyter.

Fleck, N. A. and Sridhar, I. (2002). "End compression of sandwich columns." Composites Part A: Applied Science and Manufacturing **33**(3): 353-359.

Frostig, Y. (2006). "Geometrically Nonlinear Response of Modern Sandwich Panels - Distributed Loads and Localized Effects." Journal of Sandwich Structures and Materials **8**(6): 539-556.

Froud, G. R. (1980). "Your sandwich order, Sir?" Composites **11**(3): 133-138.

Fruehwald, A. (2002). Ökobilanzierung von Holzwerkstoffen. Umweltschutz in der Holzwerkstoffindustrie. Georg-August-Universität, Göttingen: 20-30.

Fruehwald, A., Scharai-Rad, M. and Hasch, J. (2000). Ökologische Bewertung von Holzwerkstoffen, Arbeitsbericht, University of Hamburg. Hamburg.

Fukuda, H., Itohiya, G., Kataoka, A. and Tashiro, S. (2004). "Evaluation of Bending Rigidity of CFRP Skin-Foamed Core Sandwich Beams." Journal of Sandwich Structures and Materials **6**(1): 75-92.

Geimer, R. L., Montrey, H. M. and Lehmann, W. F. (1975). "Effect of Layer Characteristics on the Properties Of Three-Layer Particleboards." FOREST PRODUCTS JOURNAL **25**.

Gellhorn, E. v. (1992). "Sandwich structure success depends on process conformity with requirements." Composites Manufacturing **3**(3): 183-188.

Gerard, G. (1956). Minimum weight analysis of compression structures. New York, New York University Press; distributed by Interscience Publishers.

Gfeller, B. (1973). "Ueber den Einfluss der Spanfraktion, der Spanfeuchte und der Menge Reaktionsmischung auf die Herstellung und die Eigenschaften von Holzspan-Polyurethan-Hartschaumstoff-Mischplatten." Holz als Roh- und Werkstoff **31**(10): 5.

Gibson, L. J. (1984). "Optimization of stiffness in sandwich beams with rigid foam cores." Materials Science and Engineering **67**(2): 125-135.

Gibson, L. J. and Ashby, M. F. (1982). "The Mechanics of Three-Dimensional Cellular Materials." Proceedings of the Royal Society of London. Series A, Mathematical and Physical Sciences **382**(1782): 43-59.

Gibson, L. J. and Ashby, M. F. (1997). Cellular solids: Structure and Properties. Cambridge; New York, Cambridge University Press.

Gibson, L. J., Ashby, M. F., Schajer, G. S. and Robertson, C. I. (1982). "The Mechanics of Two-Dimensional Cellular Materials." Proceedings of the Royal Society of London. A. Mathematical and Physical Sciences **382**(1782): 25-42.

Giljum, S. and Behrens, A. (2005). Entkopplung des Wirtschaftswachstums vom Ressourcenverbrauch als neues Paradigma? Interdisziplinäres Kolloquium: Armutsbekämpfung durch Umweltpolitik. Loccum.

Gough, C. S., Elam, C. F. and de Bruyne, N. A. (1939). "The stabilisation of a thin sheet by a continuous supporting medium." Journal of the Royal Aeronautical Society(44): 31.

Gupta, N., Woldesenbet, E., Kishore and Sankaran, S. (2002). "Response of Syntactic Foam Core Sandwich Structured Composites to Three-Point Bending." Journal of Sandwich Structures and Materials **4**(3): 249-272.

Habenicht, G. (1997). Kleben : Grundlagen, Technologie, Anwendungen. Berlin, Springer.

Halligan, A. F. (1970). "A review of thickness swelling in particleboard." Wood Science and Technology **4**(4): 301-312.

Heimbs, S., Middendorf, P. and Maier, M. (2006). Honeycomb Sandwich Material Modeling for Dynamic Simulations of Aircraft Interior Component. 9th International LS-DYNA Useres Conference, Dearborn, USA.

Literatur

Heller, W. (1980). "Die Herstellung von Spanplatten aus unkonventionellen Rohstoffen." European Journal of Wood and Wood Products **38**(10): 393-396.

Himmelheber, M., Hagen, G. and Froede, O. (1956). Verfahren zur Herstellung von Spanplatten und Spanholzkörpern vornehmlich niedrigen spezifischen Gewichtes. D. Patentamt. Germany **DE000001147745B**.

Himmelheber, M., Hagen, G. and Froede, O. (1958). Verfahren zur Herstellung von Spanplatten und Spanholzkörpern vornehmlich niedrigen spezifischen Gewichts. D. Patentamt. Germany

Hinton, M. J., Kaddour, A. S. and Soden, P. D. (2002). "Evaluation of failure prediction in composite laminates: background to 'part B' of the exercise." Composites Science and Technology **62**(12-13): 1481-1488.

Hinton, M. J., Kaddour, A. S. and Soden, P. D. (2004a). "Evaluation of failure prediction in composite laminates: background to 'part C' of the exercise." Composites Science and Technology **64**(3-4): 321-327.

Hinton, M. J., Kaddour, A. S. and Soden, P. D. (2004b). "A further assessment of the predictive capabilities of current failure theories for composite laminates: comparison with experimental evidence." Composites Science and Technology **64**(3-4): 549-588.

Hinton, M. J. and Soden, P. D. (1998). "Predicting failure in composite laminates: the background to the exercise." Composites Science and Technology **58**(7): 1001-1010.

Hirsch, M. (2010). Die Ermittlung von Materialkennwerten zur Vorhersage des Bruchverhaltens leichter Holzwerkstoff-Sandwichplatten, BSc-Thesis, Department Biologie Universität Hamburg. (45 p.)

Hoff, N. J., Mautner, S. E., Skydyne, I. and Institute of the Aeronautical, S. (1945). The buckling of sandwich type panels. Port Jervis, N.Y.; New York, N.Y., Skydyne ; Institute of the Aeronautical Sciences.

Hotelling, H. (1931). "The Economics of Exhaustible Resources." The Journal of Political Economy **39**(2): 137-175.

Huang, S. N. and Alspaugh, D. W. (1974). "Minimum Weight Sandwich Beam Design." AIAA Journal **12**(12).

Hubbert, M. K. (1949). "Energy from Fossil Fuels." Science **109**(2823): 103-109.

Huggett, C. (1980). "Estimation of rate of heat release by means of oxygen consumption measurements." Fire and Materials **4**(2): 61-65.

IKEA (2010). IOS-MAT-0070. Particleboard - Mechanical Properties. Älmhult.

Ip, S. W., Wang, Y. and Toguri, J. M. (1999). "Aluminum foam stabilization by solid particles." Canadian Metallurgical Quarterly **38**(1): 81-92.

IUCLID Dataset. (2000). "CAS No. 75-28-5." Retrieved 20.01.2011, from http://ecb.jrc.ec.europa.eu/esis/index.php?LANG=de&GENRE=CASNO&ENTREE=75-28-5.

Janssen, A. (2001). Wirtschaftlich-technologische Analyse der MDF-Produktion und Ausblick auf andere Holzwerkstoffe, Dissertation, Zentrum Holzwirtschaft, Universität Hamburg.p.)

Janssens, M. L. (1991). "Measuring rate of heat release by oxygen consumption." Fire Technology **27**(3): 234-249.

Johnson, A. F. and Sims, G. D. (1986). "Mechanical properties and design of sandwich materials." Composites **17**(4): 321-328.

Jonsson, M., Nordin, O., Kron, A. L. and Malmström, E. (2010). "Thermally expandable microspheres with excellent expansion characteristics at high temperature." Journal of Applied Polymer Science **117**(1): 384-392.

Kaddour, A. S., Hinton, M. J. and Soden, P. D. (2004). "A comparison of the predictive capabilities of current failure theories for composite laminates: additional contributions." Composites Science and Technology **64**(3-4): 449-476.

Kaechele, L. E., Rand, C. and United States. Air, F. (1957). Minimum-weight design of sandwich panels. Santa Monica, Calif., Rand Corporation.

Kapps, M. and Buschkamp, S. (2000). "Herstellung von Polyurethan (PUR)-Hartschaumstoff." Technische Information Nr. 12/2000, Bayer AG.

Karam, G. N. and Gibson, L. J. (1994). "Evaluation of commercial wood-cement composites for sandwich-panel facing." Journal of Materials in Civil Engineering **6**(1): 100-117.

Karlsson, K. F. and Aström, B. T. (1997). "Manufacturing and applications of structural sandwich components." Composites Part A: Applied Science and Manufacturing (Incorporating Composites and Composites Manufacturing) **28**(2): 97-111.

Kawasaki, T., Zhang, M. and Kawai, S. (1999). "Sandwich panel of veneer-overlaid low-density fiberboard." Journal of Wood Science **45**(4): 291-298.

Kawasaki, T., Zhang, M., Wang, Q., Komatsu, K. and Kawai, S. (2006). "Elastic moduli and stiffness optimization in four-point bending of wood-based sandwich panel for use as structural insulated walls and floors." Journal of Wood Science **52**(4): 302-310.

Keener, T. J., Stuart, R. K. and Brown, T. K. (2004). "Maleated coupling agents for natural fibre composites." Composites Part A: Applied Science and Manufacturing **35**(3): 357-362.

Kelly, M. W. (1977). Critical literature review of relationships between processing parameters and physical properties of particleboard. Madison, U.S. Dept. of Agriculture, Forest Service, Forest Products Laboratory.

LITERATUR

Kemmochi, K. and Uemura, M. (1980). "Measurement of stress distribution in sandwich beams under four-point bending." Experimental Mechanics 20(3): 80-86.

Keylwerth, R. (1958). "Zur Mechanik der mehrschichtigen Spanplatte." Holz als Roh- und Werkstoff 16(11): 419-430.

Khan, S. (2007). Bonding of Sandwich Structures - The Facesheet/Honeycomb Interface - A Phenomenological Study. SAMPE 2007. Baltimore, MD: 9.

Klein, B. (2007). Leichtbau-Konstruktion. Berechnungsgrundlagen und Gestaltung. Wiesbaden, Vieweg.

Ko, W. L. (1965). "Deformations of Foamed Elastomers." Journal of Cellular Plastics 1(1): 45-50.

Kossatz, G. (1988). "Ist die Spanplatte als Produkt ausgereizt?" Holz als Roh- und Werkstoff 46(10): 361-364.

Kreibaum, O. (1956). Einrichtung zur Herstellung von Spanplatten im Strangpreßverfahren. D. Patentamt. Deutschland: 4.

Kuenzi, E. W. (1959). Structural sandwich design criteria. Madison, Wis., U.S. Dept. of Agriculture, Forest Service, Forest Products Laboratory, University of Wisconsin.

Kuenzi, E. W. (1970). Minimum weight structural sandwich. Madison, WI, USDA, Forest Service, Forest Products Laboratory.

Lamon, A. and Le Cozannet, S. (1994). Fire-resistant essentially halogen-free epoxy composition. U. MINNESOTA MINING & MFG. USA. **US 22377594**

Lang, R. W., Stutz, H., Heym, M. and Nissen, D. (1986). "Polymere Hochleistungs-Faserverbundwerkstoffe." Angewandte Makromolekulare Chemie 145(1): 267-321.

Lim, T. S., Lee, C. S. and Lee, D. G. (2004). "Failure Modes of Foam Core Sandwich Beams under Static and Impact Loads." Journal of Composite Materials 38(18): 1639-1662.

Lindenberger, D., Bartels, M., Seeliger, A., Wissen, R., Hofer, P. and Schlesinger, M. (2006). Auswirkungen höherer Ölpreise auf Energieangebot und -nachfrage - Ölpreisvariante der Energiewirtschaftlichen Referenzprognose 2030. BMWi: 181.

Liu, K.-S. and Tsai, S. W. (1998). "A progressive quadratic failure criterion for a laminate." Composites Science and Technology 58(7): 1023-1032.

Lohmann, M. (2008). Untersuchungen an einer neu entwickelten Leichtbauplatte: Mechanische Eigenschaften und Marktsituation, Diploma Thesis, Fachbereich Biologie, Universität Hamburg.p.)

Luedtke, J. (2007). Entwicklung eines kontinuierlichen Verfahrens zur Herstellung von Leichtbauplatten, Diploma Thesis, Fachbereich Biologie, Universität Hamburg. (102 p.)

Luedtke, J., Welling, J., Thoemen, H. and Barbu, M. C. (2008). Development of a continuous process for the production of lightweight panelboards. 8th International Conference on Sandwich Structures ICSS8. A. J. M. Ferreira. Porto: 638-644.

Mahfuz, H., Islam, S., Saha, M., Carlsson, L. and Jeelani, S. (2005). "Buckling of Sandwich Composites; Effects of Core-Skin Debonding and Core Density." Applied Composite Materials **12**(2): 73-91.

Mantau, U. (2010). Rohstoffknappheit und Holzmarkt. Waldeigentum. O. Depenheuer and B. Möhring, Springer Berlin Heidelberg. **8:** 139-147.

Mantau, U., Saal, U., Prins, K., Steierer, F., Lindner, M., Verkerk, H., Eggers, J., Leek, N., Oldenburger, J., Asikainen, A. and Anttila, P. (2010). EUwood - Real potential for changes in growth and use of EU forests, Final Report, Hamburg/Germany.

Mathiasson, A. and Kubát, D. (1994). "Lignin as binder in particle boards using high frequency heating." European Journal of Wood and Wood Products **52**(1): 9-18.

Maugeri, L. (2004). "SCIENCE AND INDUSTRY: Oil: Never Cry Wolf--Why the Petroleum Age Is Far from over." Science **304**(5674): 1114-1115.

Maxwell, J. C. and Niven, W. D. (1890). The scientific papers of James Clerk Maxwell. Cambridge,, University Press.

Michell, A. G. M. (1904). "LVIII. The limits of economy of material in frame-structures." Philosophical Magazine Series 6 **8**(47): 589 - 597.

Murray, O. (2003). Syntactic phenolic foam composition O. Murray. USA.

Murthy, O., Munirudrappa, N., Srikanth, L. and Rao, R. M. V. G. K. (2006). "Strength and Stiffness Optimization Studies on Honeycomb Core Sandwich Panels." Journal of Reinforced Plastics and Composites **25**(6): 663-671.

Myers, G. C. (1976). "Low-Density Boards from Wood Fiber and Plastic Resin Combinations." Forest Products Journal **26**(4): 4.

Nachtergaele, W. (1989). "The Benefits of Cationic Starches for the Paper Industry." Starch - Stärke **41**(1): 27-31.

Nast, E. (1997). "Materialparameter für Sandwichkonstruktionen." Technische Mechanik **Sonderheft:** 55-62.

Nilsson, C. and Svensson, P. (1989). Automated and continuous production of sandwich panels. Sandwich Constructions I. Stockholm; Sweden: 599-605.

Noack, D. and Schwab, E. (1977). "Beziehungen zwischen den Rohstoff-Eigenschaften und den Anforderungen der Verwendung. Teil 2. Eigenschaften und Verwendung von plattenförmigen Holzwerkstoffen." European Journal of Wood and Wood Products **35**(11): 421-429.

Nygaard, J., Lyckegaard, A. and Christiansen, J. (2005). Sandwich Panel With a Periodical and Graded Core. Sandwich Structures 7: Advancing with Sandwich Structures and Materials: 773-782.

Oelkers, J. (1991). "Discontinuous Manufacture of PUR Sandwich Panels." Kunststoffe German Plastics **81**(11): 999-1003.

Östman, B. A.-L., Svensson, I. G. and Blomqvist, J. (1985). "Comparison of three test methods for measuring rate of heat release." Fire and Materials **9**(4): 176-184.

Park, C. H., Lee, W. I., Han, W. S. and Vautrin, A. (2004). "Simultaneous optimization of composite structures considering mechanical performance and manufacturing cost." Composite Structures **65**(1): 117-127.

Paul, D., Kelly, L. and Venkayya, V. (2002). "Evolution of U.S. Military Aircraft Structures Technology." Journal of Aircraft **39**(1): 18-30.

Petrella, R. V. (1994). "The Assessment of Full-Scale Fire Hazards from Cone Calorimeter Data." Journal of Fire Sciences **12**(1): 14-43.

Petutschnigg, A., Zimmer, B., Koblinger, R., Pristovnik, M., Truskaller, M. and Dermouz, H. (2004a). Probleme der Kantenbeschichtung bei leichten Holzwerkstoffen - Machined Edge Gluing on Lightweight Panels made of Wood Based Material. 5th Furniture Days 2004. Dresden, Institut für Holztechnologie: 221-227.

Petutschnigg, A. J., Koblinger, R., Pristovnik, M., Truskaller, M., Dermouz, H. and Zimmer, B. (2004b). "Leichtbauplatten aus Holzwerkstoffen Teil I: Eckverbindungen." Holz als Roh- und Werkstoff **62**(6): 405-410.

Petutschnigg, A. J., Koblinger, R., Pristovnik, M., Truskaller, M., Dermouz, H. and Zimmer, B. (2005). "Leichtbauplatten aus Holzwerkstoffen. Teil II: Untersuchung zum Schraubenausziehwiderstand." Holz als Roh- und Werkstoff **63**(1): 19-22.

Pflug, J. (2008). Innovative Fertigungstechnologin für kosteneffiziente Wabenkerne. Leichtbau-Forum, euroLITE Salzburg.

Pflug, J., Vangrimde, B., Verpoest, I., Bratfisch, J. and Vandepitte, D. (2003). Continuously produced honeycomb cores. SAMPE 2003. Long Beach, CA, USA: 602-611.

Plantema, F. J. (1966). Sandwich construction : the bending and buckling of sandwich beams, plates, and shells. London, Wiley.

Plath, E. (1972). "Berechnung von Holzverbundwerkstoffen." European Journal of Wood and Wood Products **30**(2): 57-61.

Poppensieker, J. and Thoemen, H. (2005). Wabenplatten für den Möbelbau, Arbeitsbericht, Universität Hamburg, Zentrum Holzwirtschaft. Hamburg.

Poppensieker, T. (2010). Untersuchung der Wirtschaftlichkeit von leichten Holzwerkstoffen, Diploma Thesis, Department Biologie, Universität Hamburg.p.)

Pöyry (2010). The Global Panel Surfacing Business - Economic downturn, restructuring and new trends, Pöyry Management Consulting. London.

Puck, A. and Schürmann, H. (2002). "Failure analysis of FRP laminates by means of physically based phenomenological models." Composites Science and Technology **62**(12-13): 1633-1662.

Rachtanapun, P., Selke, S. E. M. and Matuana, L. M. (2003). "Microcellular foam of polymer blends of HDPE/PP and their composites with wood fiber." Journal of Applied Polymer Science **88**(12): 2842-2850.

Rakutt, D. (2003). Entwicklung neuer Polymerschäume und Fertigungsverfahren zur Herstellung von Sandwichstrukturen: Abschlussbericht für das BMBF-Forschungsprojekt im Rahmen des Programms: Neue Materialien für Schlüsseltechnologien des 21. Jahrhunderts - MaTech, Lauphheim.

Ranta, L. and May, H. (1978). "Zur Messung von Rohdichteprofilen an Spanplatten mittels Gammastrahlen." European Journal of Wood and Wood Products **36**(12): 467-474.

Ressel, J. (1986). Energieanalyse der Holzindustrie der Bundesrepublik Deutschland. Karlsruhe, Bundesministerium für Forschung und Technologie (BMFT).

Reuscher, G., Ploetz, C., Grimm, V. and Zweck, A. (2008). Innovationen gegen Rohstoffknappheit. Düsseldorf.

Richter, J. H. (2010). Herstellung und Ermittlung der Schraubenauszugwiderstände von leichten mehrlagigen Holzwerkstoffen, BSc-Thesis, Department Biologie, Universität Hamburg. (36 p.)

Roos, T. (2000). Entwicklung einer Methode zur Bestimmung der Querzugfestigkeit von Holzwerkstoffplatten, Diploma Thesis, Fachbereich Biologie, Universität Hamburg. (103 p.)

Särdqvist, S. (1993). Initial fires : RHR, smoke production and CO generation from single items and room fire tests. Lund, Dept. of Fire Safety Engineering.

Schartel, B., Bartholmai, M. and Knoll, U. (2005). "Some comments on the use of cone calorimeter data." Polymer Degradation and Stability **88**(3): 540-547.

Schartel, B. and Hull, T. R. (2007). "Development of fire-retarded materials—Interpretation of cone calorimeter data." Fire and Materials **31**(5): 327-354.

Schneider, A., Roffael, E. and May, H. A. (1982). "Untersuchungen über den Einfluß von Rohdichte, Bindemittelaufwand und Spänebeschaffenhei auf das Sorptionsverhalten und die Dickenquellung von Holzspanplatten." European Journal of Wood and Wood Products **40**(9): 339-344.

Schramm, S. and Welling, J. (2010). PTS -Forschungsbericht AiF 273 - Erzeugung leichter 3D-Holzformteile mittels eines papierbasierten Kernwerkstoffes, Papiertechnische Stiftung (PTS). Heidenau.

Schubert, R. (1979). "Die Auswirkung der Möbelwerkstoffe auf die Brandbelastung in Büroräumen." European Journal of Wood and Wood Products **37**(11): 411-418.

Schulte, K. (2004). "Part C of the world-wide failure exercise on failure prediction in composites." Composites Science and Technology **64**(3-4): 319-319.

SERI. (2010). "http://www.materialflows.net/mfa/index2.php." Retrieved 20.07.2010.

Shalbafan, A., Luedtke, J. and Welling, J. (2011a). Lightweight sandwich panels produced in a one-step process following different pressing schemes. International Conference on Lightweight Panels. K. Fischer. Hannover.

Shalbafan, A., Luedtke, J., Welling, J. and Thoemen, H. (2011b). "Comparison of foam core materials in innovative lightweight wood-based panels." European Journal of Wood and Wood Products: 1-6.

Sharma, R. S. and Raghupathy, V. P. (2008). "A Holistic Approach to Static Design of Sandwich Beams with Foam Cores." Journal of Sandwich Structures and Materials **10**(5): 429-441.

Soden, P. D., Kaddour, A. S. and Hinton, M. J. (2004). "Recommendations for designers and researchers resulting from the world-wide failure exercise." Composites Science and Technology **64**(3-4): 589-604.

Soiné, H. (1972). "Das Spanplattenwerk als erste Fertigungs-Kostenstelle der Möbelfabrik." European Journal of Wood and Wood Products **30**(1): 5-15.

Soiné, H. (1988). "Strangpreßplatten - ein Spezialprodukt für die Türenherstellung." European Journal of Wood and Wood Products **46**(10): 365-368.

Stamm, K. and Witte, H. (1974). Sandwichkonstruktionen; Berechnung, Fertigung, Ausführung. Wien, New York,, Springer.

Steeves, C. A. and Fleck, N. A. (2004a). "Collapse mechanisms of sandwich beams with composite faces and a foam core, loaded in three-point bending. Part I: analytical models and minimum weight design." International Journal of Mechanical Sciences **46**(4): 561-583.

Steeves, C. A. and Fleck, N. A. (2004b). "Material selection in sandwich beam construction." Scripta materialia. **50**(10): 1335.

Stevens, V. and Wienhaus, O. (1984). "Bedeutung und Bestimmung des Glasübergangszustandes von Lignin." Holztechnologie **25**(2).

Sun, C. T. (1971). "Microstructure Theory for a Composite Beam." Journal of Applied Mechanics **38**(4): 947-954.

Swanson, S. R. and Kim, J. (2002). "Optimization of Sandwich Beams for Concentrated Loads." Journal of Sandwich Structures and Materials **4**(3): 273-293.

Thoemen, H. and Humphrey, P. E. (2006). "Modeling the physical processes relevant during hot pressing of wood-based composites. Part I. Heat and mass transfer." Holz als Roh- und Werkstoff **64**(1): 1-10.

Tobisch, S. (1999). "Einsatz von Holzwerkstoffen im Bauwesen – Anforderungen und Prüfung." European Journal of Wood and Wood Products **57**(1): 29-39.

Torsakul, S. (2007). Modellierung und Simulation eines Verbunds von Sandwichplatten zur Entwicklung einer mechanischen Verbindungstechnik, Dissertation, Fakultät für Maschinenwesen, Rheinisch-Westfälische Technische Hochschule Aachen. (135 p.)

Triantafillou, T. and Gibson, L. (1989). "Debonding in foam-core sandwich panels." Materials and Structures **22**(1): 64-69.

Triantafillou, T. C. and Gibson, L. J. (1987a). "Failure mode maps for foam core sandwich beams." Materials Science and Engineering **95**: 37-53.

Triantafillou, T. C. and Gibson, L. J. (1987b). "Minimum weight design of foam core sandwich panels for a given strength." Materials Science and Engineering **95**: 55-62.

Tsai, S. W. and Wu, E. M. (1971). "A General Theory of Strength for Anisotropic Materials." Journal of Composite Materials **5**(1): 58-80.

Ueng, C. E. S., Asce, M. and Liu, T. L. (1979). Least Weight of a Sandwich Panel. Third Engineering Mechanics Division Specialty Conference. C. P. Johnson. Austin, ASCE, New York: 41-44.

Ueng, C. E. S. and Liu, T. L. (1988). "Minimum Weight of a Sandwich Panel." Journal of Aerospace Engineering **1**(4): 248-253.

Vassiliou, V. and Barboutis, I. (2005). "Screw withdrawal capacity used in the eccentric joints of cabinet furniture connectors in particleboard and MDF." Journal of Wood Science **51**(6): 572-576.

Vinson, J. R. (1999). The behavior of sandwich structures of isotropic and composite materials. Lancaster, Pa., Technomic Pub. Co.

von Mises, R. (1913). "Mechanik der festen Körper im plastisch- deformablen Zustand." Nachrichten von der Gesellschaft der Wissenschaften zu Göttingen, Mathematisch-Physikalische Klasse **1913**: 582-592.

Wagenführ, A., Buchelt, B. and Pfriem, A. (2006). "Material behaviour of veneer during multidimensional moulding." European Journal of Wood and Wood Products **64**(2): 83-89.

LITERATUR

Walter, K. (1984). "Einsparmöglichkeiten durch neue Herstellverfahren und verbesserte Platteneigenschaften." Holz als Roh- und Werkstoff(42): 181-185.

Wiedemann, J. (2007). Leichtbau. Elemente und Konstruktion. Berlin, Heidelberg, Springer-Verlag Berlin Heidelberg.

Wong, E. D., Zhang, M., Wang, Q. and Kawai, S. (1999). "Formation of the density profile and its effects on the properties of particleboard." Wood Science and Technology **33**(4): 327-340.

Wulf, P. and Raffel, B. (2005). "Simulation schäumender Polyurethane." Kunststoffe(5).

Xie, Y. M. and Steven, G. P. (1993). "A simple evolutionary procedure for structural optimization." Computers & Structures **49**(5): 885-896.

Zahorski, A. (1944). "Effects of material distribution on strength of panels." Journal of Aeronautical Sciences **11**(3): 247-253.

Zenkert, D. (1995). An introduction to sandwich construction. Warley, Engineering Materials Advisory Services.

Zenkert, D. (1997). The handbook of sandwich construction. Cradley Heath, UK, Engineering Materials Advisory Services Ltd. .

Zeppenfeld, G. and Grunwald, D. (2005). Klebstoffe in der Holz- und Möbelindustrie. Leinfelden-Echterdingen, DRW-Verlag.

Zhou, G., Hill, M. and Hookham, N. (2005). Investigation of Parameters Dictating Damage and Energy Absorption Characteristics in Sandwich Panels. Sandwich Structures 7: Advancing with Sandwich Structures and Materials: 373-382.

Zinoviev, P. A., Grigoriev, S. V., Lebedeva, O. V. and Tairova, L. P. (1998). "The strength of multilayered composites under a plane-stress state." Composites Science and Technology **58**(7): 1209-1223.

i want morebooks!

Buy your books fast and straightforward online - at one of world's fastest growing online book stores! Environmentally sound due to Print-on-Demand technologies.

Buy your books online at
www.get-morebooks.com

Kaufen Sie Ihre Bücher schnell und unkompliziert online – auf einer der am schnellsten wachsenden Buchhandelsplattformen weltweit! Dank Print-On-Demand umwelt- und ressourcenschonend produziert.

Bücher schneller online kaufen
www.morebooks.de

VDM Verlagsservicegesellschaft mbH
Heinrich-Böcking-Str. 6-8
D - 66121 Saarbrücken

Telefon: +49 681 3720 174
Telefax: +49 681 3720 1749

info@vdm-vsg.de
www.vdm-vsg.de

Printed by Books on Demand GmbH, Norderstedt / Germany